"새로운 얼굴로 바뀝니다"

골든벨의 얼굴(Corporate Identity)이 23년 만에 새로
운 전략 시각 커뮤니케이션으로 변모했습니다. 영문
로고는 메인 타이틀로, 한글 로고는 책등[背面]에 주
로 사용할 것입니다. **원형 컬러 세가닥은 지식의 전
달을 종소리의 파장으로 상징**한 것입니다.

디자인은 「제일기획」의 신문화팀 '한성욱' 아티스트
가 기획·제작한 것입니다.

머리말

미국이나 일본의 대형 여행사에서도 우주여행의 기획이 실현화되어 가고 있듯이 우주가 점점 가까워지고 있다. 그렇다고는 해도 우주나 별과 하늘에 대해서 얼마나 알고 있을까? 흥미를 가지고 있는 사람은 많아도 어려울 것 같아서 우주라고 하면 미리 손사래를 칠 분도 계실 것이다.

우주나 별과 하늘은 사람들의 마음에 무한한 낭만과 꿈을 그리게 해주는 대상이지만 한편으로는 궁극적으로 이과계통의 과목이기도 하다. 우주나 우주 개발을 다루는 것은 두말할 것도 없이 「천문학」이나 「천체물리학」, 「우주공학」과 같은 전문적인 학문이다.

천문학에서 우주개발까지를 포괄적으로 보고 싶다. 그것도 그렇게 어렵지 않게. 우선은 기본지식으로서 알아 두고 싶다는 사람에게 이 책은 알맞은 내용이다. 최신 천문학상의 뉴스에서부터 항성과 여러 천체의 개요 설명, 우주론의 기초, 그리고 우주개발의 역사까지 광범위한 영역을 다루어 기본적인 해설이 알차게 들어 있다.

말로써만 해서는 이해가 어려운 개념은 알기 쉬운 일러스트나 사진으로, 그리고 거의 수식 없이 설명되어 있는 점 역시 초보자에게 안성맞춤이다. 물론, 많이 알고 계시는 분들이라도 이 책을 다루는 최신 연구성과에는 새로운 감동을 줄 것이다. 이 책을 통하여 지금까지 흥미가 있던 분들은 물론이고 이 방면에 대해 잘 알지 못했던 독자 여러분들도 우주나 별과 하늘을 가까이 느끼면 즐거울 따름이다.

국립천문대
와타베 준이치

편역자의 말

우주의 구조에 기재된 내용은 태양계, 항성, 운하, 우주론, 우주 개발로 나누어 간략하고 명쾌한 설명과 이해력을 돕는 매우 효과적인 사진 등으로 잘 구성되어 있다고 판단된다.

본인 또한 처음으로 이 책을 접하였을 때 공상과학 소설 책을 보듯이 책장을 덮지 못하고 끝까지 읽게 되었던 기억이 난다. 매우 방대한 우주와 우주개발 역사에 대한 분야를 한정된 지면에 재치있고 효과적으로 기술한 양서임에는 틀림없다. 꿈을 키워가는 청소년들과 교육계에서 헌신하시는 선생님들과 꿈을 실현해 가는 대학생들에게 훌륭한 참고 서적이 되리라 단언한다.

이 책의 본문은 철저히 교정하고 확인하였으므로 완벽에 가깝도록 온 정성을 다했다. 만약 오류가 발견된다면 골든벨 출판사에 연락을 주시면 보다 신속한 교정이 될 수 있도록 협조할 것이다.

우선 누구보다도 '우주의 구조' 번역을 하여 주신 김병훈님께 노고와 헌신에 대해 감사드린다. 방대한 용어에 대한 적절한 번역이 쉽지 않은 내용이며, 역사적인 서술 방식에 대한 과학적 이해없이는 매우 어려운 일을 소화해 주신 점에 대해 다시 한번 감사드린다.

또한 이렇게 훌륭한 책을 국내에 출판하고자 어려운 여건에서도 많은 시간 동안 심혈을 기울여 준비해 주신 골든벨 출판사 김길현 사장과 최병석 부장을 비롯하여 편집부 및 관계자 여러분께 감사드린다.

과학 강국, 공학 강국을 꿈꾸며
2010년 경인년
임봉희

CONTENTS

우주 자료편

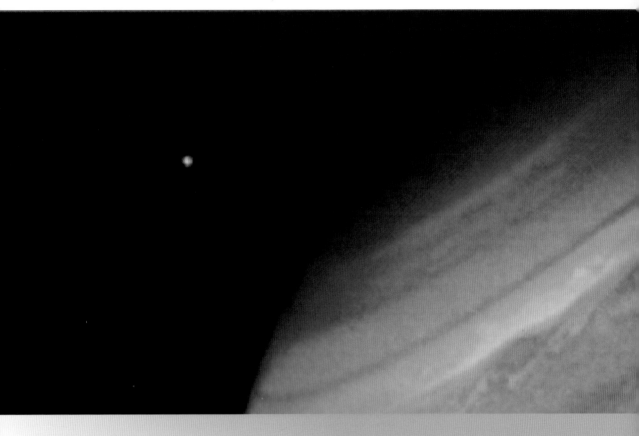

space gallery

태양

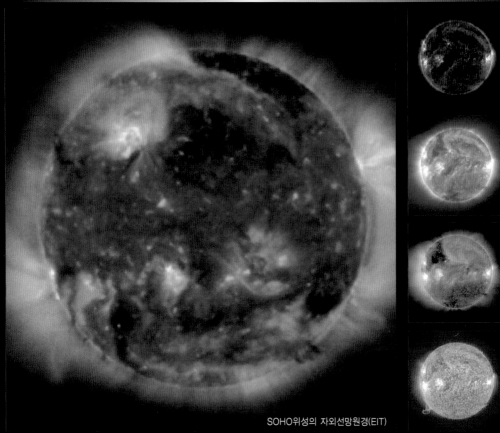

SOHO위성의 자외선망원경(EIT)

3개의 플라즈마의 모습을 복합하여 만든 유사 컬러의 태양.
200만K가 빨강, 150만K가 초록, 100만K가 파랑으로
표현되어 있다. (좌측그림)

2005년 4월 7일의 태양. 파랑: 100만K의 플라즈마
황록: 150만K의 플라즈마, 황색: 200만K의 플라즈마
빨강: 6만~8만K 플라즈마의 모습. (우측그림)

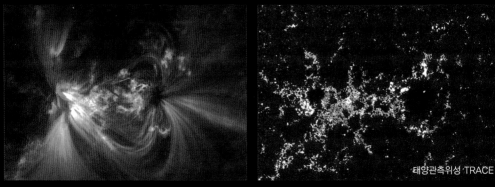

태양관측위성 TRACE

흑점에서 분출하는 100만K의 코로나 루프. 오른쪽은 그 때의 흑점의 모습. (2000년)

수성
MERCURY

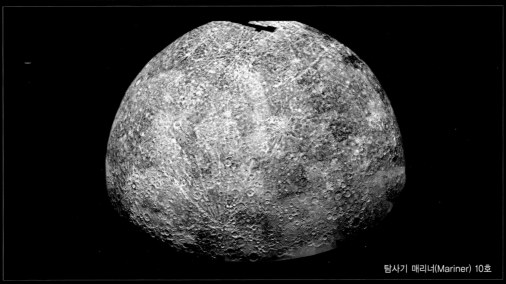

탐사기 매리너(Mariner) 10호

크레이터(crater)로 뒤덮인 수성의 남반구(1978년)

금성
VENUS

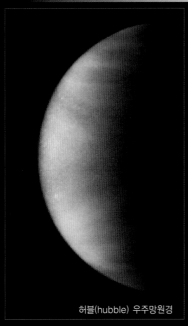

허블(hubble) 우주망원경

구름에 뒤덮인 금성(1999년)

탐사기 마젤란

사진처리에 의해 구름을 제거한 금성의 맨 모습(1996년)

지구와 달

EARTH and MOON

탐사기 갈릴레오

ASTER 프로젝트

사우디아라비아의 루브 알 하리
(the Rub' al khali)사막.
파란 부분은 점토와 흙으로 이루어진다.
지구에서는 육지면적의 약 4분의 1이
사막화되어 있다. (2001년)

태평양과 남아메리카가 보인다.
(1992년)

아메리카 방위기상위성

밤의 지구. 인간의 번영이 지구를 비춘다. (2002년)

화성

MARS

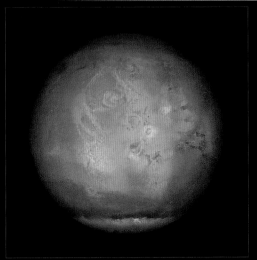

북반구의 늦여름. 북극에 큰 극관(極冠)이 있다. (2002년)

초여름의 북극관(2000년)

탐사기 Mars express

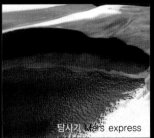

탐사기 Mars express

북극관에 있는 물의 얼음 층과 2km 의 절벽. 그리고 화산재. (2005년)

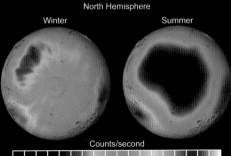

North Hemisphere

Winter

Summer

Counts/second

0.0   0.1   0.2   0.3

탐사기 Mars Odyssey

북극의 수소량·계절변화. 물의 얼음이 있다고 생각 된다.
파란색일수록 많은데 겨울 에는 드라이아이스 아래 숨는다. (2003년)

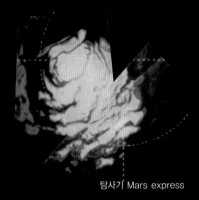

탐사기 Mars express

남극관. 녹색과 파란색이 물의 얼음 부분.(2004년)

탐사기 Mars Global Surveyor

Heart형의 지형(좌)과 Happy smile crater(우)
(1999년)

목성

허블 우주망원경

목성과 그 위성. 좌측부터 가니메데(ganymede: 그림자),
이오(IO: 그림자), 이오(흰색), 가니메데(파랑), 칼리스토(callisto: 그림자).
3개의 그림자가 이어지는 것은 10년에 1번이나 2번 꼴. (2004년)

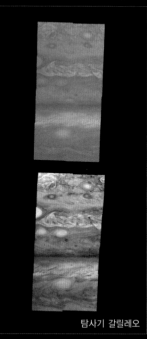

탐사기 갈릴레오

목성의 북반구, 위도 10~50도.
위에는 천연색, 아래는 구름의 높이
를 확실히 하기 위해 색을 입힌 것.
(밝은 청색: 높고 엷은 구름, 빨강계
통: 깊은 구름.
흰색: 높고 두꺼운 구름). (1997년)

탐사기 갈릴레오

화산의 위성 · 이오. 유황을 포함하므로 퇴적물의 색이
빨강이나 흰색. 황색이 된다. (1999년)

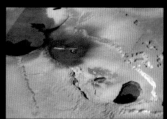

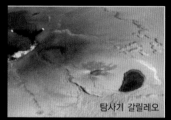

탐사기 갈릴레오

트배쉬타 파테라(Tvashtar Paterae)의
활동 모습.
1년이면 확 바뀐다. (1999년, 2000년)

JUPITER

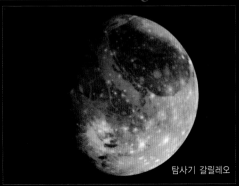

목성최대의 위성, 가니메데. 천연색(1996년)

이오의 화산 Prometheus에서, 가스가 분출된다.
높이 약100km(1999년)

탐사기 갈릴레오

위성 칼리스토. 밝은 곳은 얼음이라고 과학자는 믿고 있다.
(2001년)

탐사기 보이저(Voyager)2

위성 유로파(Europa). 표면을 덮은 얼음 아래에는 액체의 바다가 펼쳐져 있다고 한다. (1979년)

토성

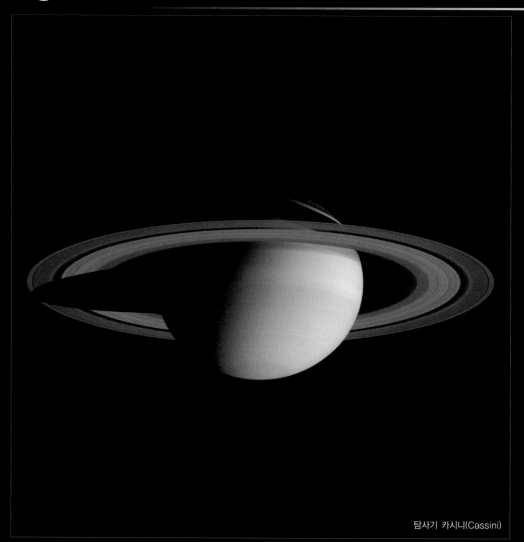

탐사기 카시니(Cassini)

태양계의 보석. 토성의 모습. 여러 위성도 동시에 찍혔다. (2004년)

탐사기 카시니

링의 모습. (2005년)

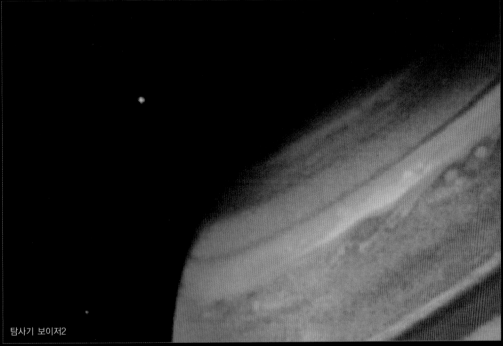

탐사기 보이저2

토성과 그 위성 디오네(Dione: 위), 엔켈라두스(Enceladus: 아래). (1981년)

탐사기 카시니

토성의 위성 타이탄(2004년)

타이탄에 Rock을

[music to titan] 프로젝트의 로고.
타이탄에 3곡의 음악이 전해졌다.

천왕성

URANUS

탐사기 보이저2

이 사진을 마지막으로 보이저2는 해왕성으로 떠났다. (1986년)

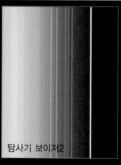

탐사기 보이저2

천왕성의 링(1986년)

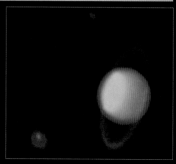

근적외선으로 본 천왕성과 미란다 (Miranda: 위), 아리엘(Ariel: 아래). (2002년)

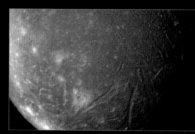

탐사기 보이저2

천왕성의 위성 아리엘(1986년)

해왕성

NEPTUNE

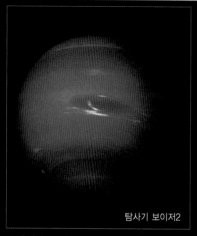

탐사기 보이저2

오렌지와 그린의 필터를 사용하여 촬영했다. (1986년)

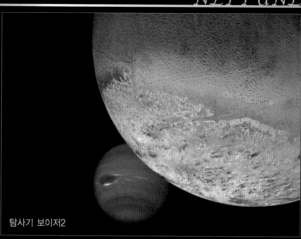

탐사기 보이저2

위성 트리톤(Triton)의 합성사진 (1989년)

명왕성 *PLUTO*

허블 우주망원경

명왕성과 위성 카론(charon) (1994년)

소혹성 *ASTEROID*

탐사기 니어 슈메이커(NEAR Shoemaker)

소혹성 에로스의 맨 모습(2000년)

아티스트

「또 하나의 세계」로 이름 지어진
소혹성 콰오아(Quaoar)의 이미지 일러스트. (2002년 이후)

혜성 *COMET*

키트피크국립천문대 망원경
(Kitt Peak National Observatory)

C / 2001 Q4, 별명 니트혜성(2004년)

탐사기 로제터(Rosetta)

C / 2002 T7, 별명 리니어혜성 (2004년)

탄생 암흑성운 / 산광(散光)성운

허블 우주망원경

VLT

M16 나성운의 중심부. 검은 기둥 속에 구름의 "알"이 숨어 있다. (1995년)

뒤쪽의 산광성운의 빛으로 떠오르는 말머리성운 (2001년)

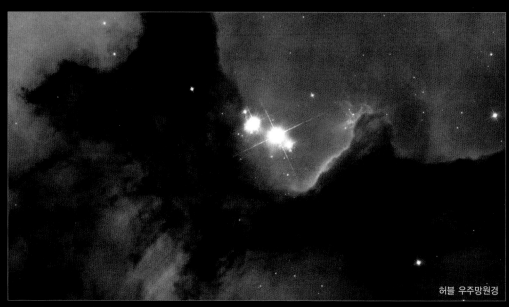

허블 우주망원경

산광성운으로 알려져 있는 삼열성운(M20, NGC 6514). 젊은 별과 나이를 먹은 별이 섞여 있으며, 성간(星間)물질에 영향을 미친다. (2004년)

dark nebura/emission nebula

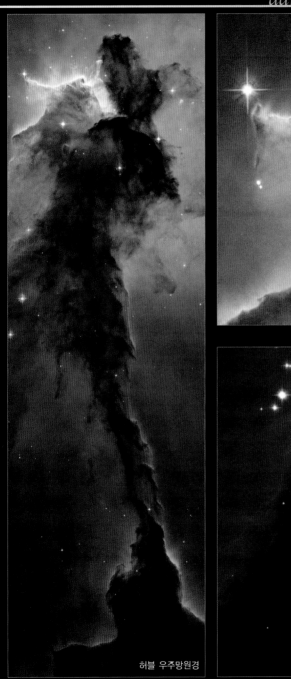

허블 우주망원경

허블 우주망원경

독수리성운(M16) 기둥 모양의 분자운의 길이는
90조km. 우측 위는 상부의 확대. (2005년)

갓 생겨난 별의 자외선으로 빨갛게 물든 Cone 성운
(NGC2264). (2002년)

별의 탄생

허블 우주망원경

사수자리에 있는 산광성운 M17. 백조성운이나 오메가성운이라 불린다. 가스 속에서 별의 "알"이 태어나고 있다. (2003년)

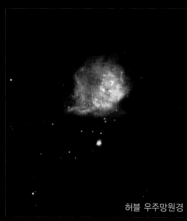

허블 우주망원경

NGC6822은하 중에서 활발히 별 형성이 일어나고 있는 "Hubble −X"라 불리는 영역 (2001년)

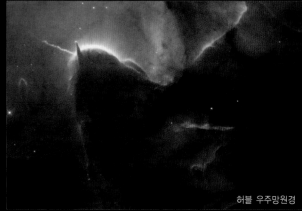

허블 우주망원경

삼열성운의 일부. 끄트머리에서 각진 것처럼 솟아나 있는 분자운의 정상에서는 새로운 별이 탄생하고 있다. (1999년)

birth of stars

허블 우주망원경

스피처(Spitzer) 우주망원경

은하M33 속에 있는 별 형성 영역 NGC604.
형성되고 나서 300만년 정도 된 것. (2003년)

적외선으로 떠오른 "우주의 귀신"처럼 보이는
갓 생겨난 별을 둘러 싸는 DR6성운.

VLT

오리온 대성운 속의 별 생성영역. 중심부에 젊은 별의 집단. 파랗게 빛나는 사다리꼴(Trapezium)성단이 있다. (2001년)

별 형성 영역

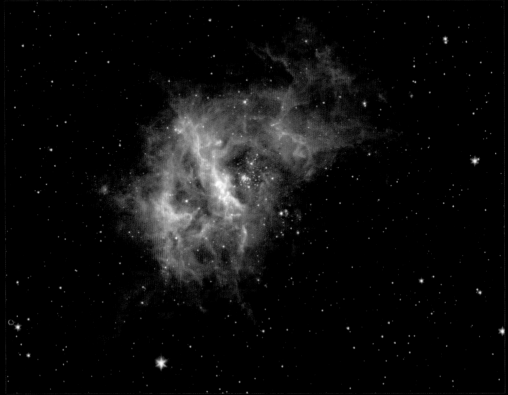

이 속에 300개 이상의 원시성이 촬영되어 있다. (2004년)

아메리카 국립광학천문대

아메리카 국립광학천문대

장미성운으로 원시성에서 분출하는 Jet가 찍혔다. (2004년)

Star formation area

허블 우주망원경

황새치자리(Swordfish)에 있는 산광성운. 육안으로도 보이기 때문에, 황새치자리 30이라는 항성의 명칭을 가진다. R136이라 불리는 중앙에 있는 한 단계 더 밝고 젊은 별의 에너지가 주위의 분자운을 비춘다. (2001)

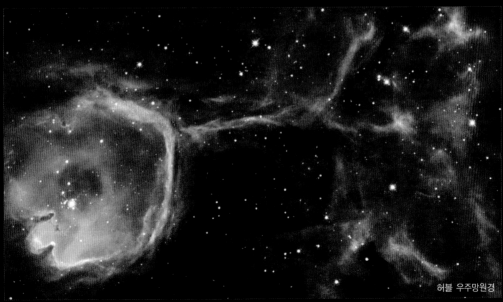

허블 우주망원경

젊고 뜨거운 별이 만든 거대한 버블. 중심 별의 막대한 에너지가 성간물질을 계속 불어 날리고 있다. N44F라 불리는 성운. (2004년)

죽음으로 가는 별(혹성형 성운)

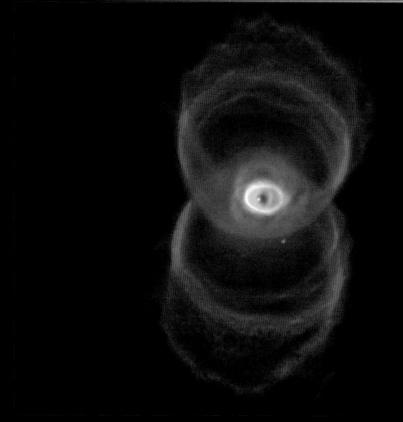

허블 우주망원경

모래시계 성운. 이러한 혹성형 성운의 연구가 우리들 태양의 운명을 가르쳐 준다. (2003년)

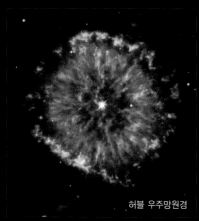

허블 우주망원경

거대한 하늘의 「눈」, NGC6751.
태양과 같은 별의 마지막 모습. (2000년)

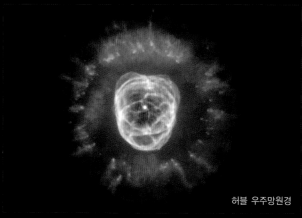

허블 우주망원경

에스키모성운. 중앙에 보이는 하얀 점이 소멸되어 가는 별.
(2000년)

Dying Star (Planetary nebura)

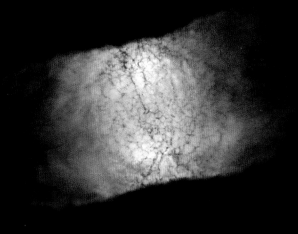

허블 우주망원경

지구에서 1900광년 떨어진 망막성운. (2002년)

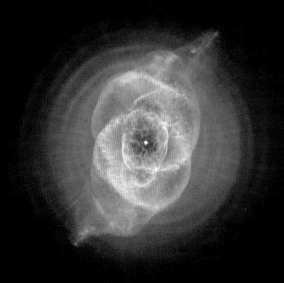

허블 우주망원경

약 3000광년 건너편에 있는 Cats Eye성운(NGC6543). (2004년)

죽음으로 가는 별(혹성형 성운)

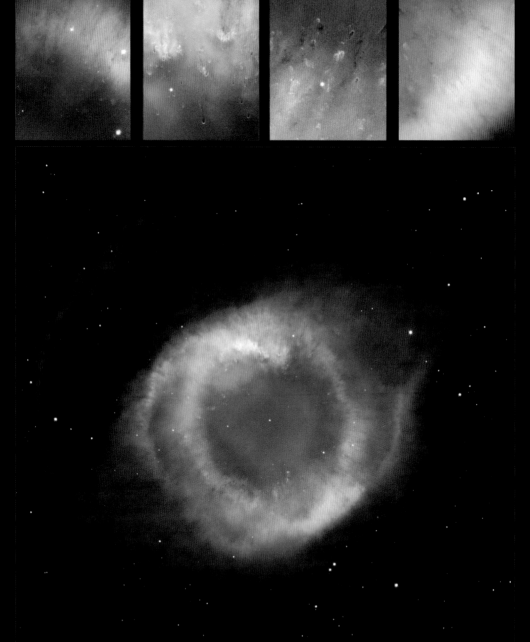

허블 우주망원경

나선성운(NGC7293)과 그 세부(위). (2003년)

Dying Star (Planetary nebura)

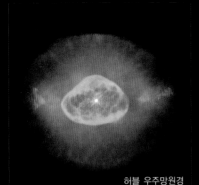

허블 우주망원경

2200광년 건너편에 있는 NGC6826(1997년)

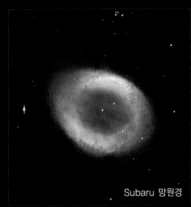

Subaru 망원경

M57(NGC6720) 중심에 백색왜성이 있다.
(1999년)

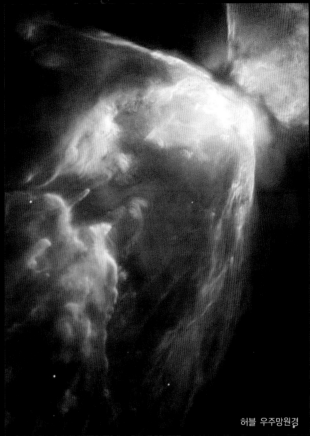

허블 우주망원경

벌레성운(NGC6302) 중심부에는 약 25만도라는 고온의 항성이 있는데,
먼지에 묻혀서 보이지 않는다. (2004년)

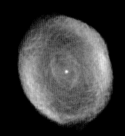
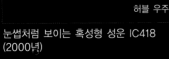

허블 우주망원경

눈썹처럼 보이는 혹성형 성운 IC418
(2000년)

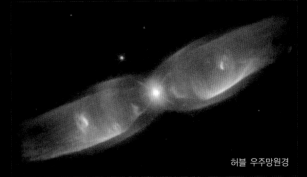

허블 우주망원경

중심에 2개의 별이 있는 버터플라이성운(M2-9) (1997년)

초신성 잔해

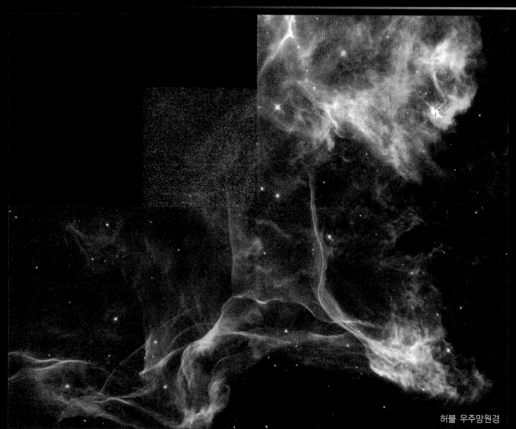

허블 우주망원경

백조자리의 망상성운. 대략 1만 5000년 전에 일어난 초신성 폭발 잔해의 일부. (1995년)

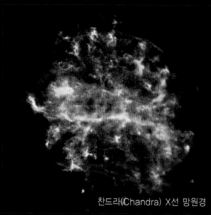

찬드라(Chandra) X선 망원경

켄타우로스(Kentauros)자리의 초신성 잔해.
중심에 펄서(pulsar)가 있다고 생각된다. (2001년)

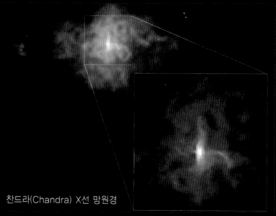

찬드라(Chandra) X선 망원경

이 중심부에는 3C58이라는 천체가 있다. 이 천체는 중성자 별보
다 밀도가 작고, 어쩌면 Quark로부터 만들어진 것일지도 모른다.
(2004년)

Supernova remnant

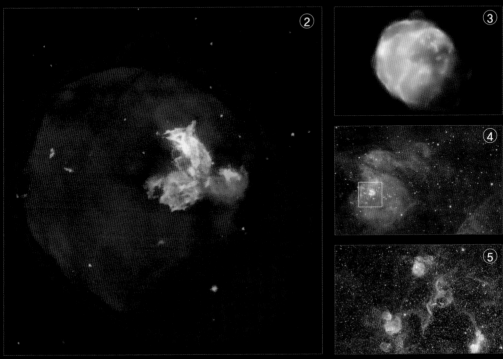

초신성 잔해 N63A를 여러 시점에서 촬영한 것. ①은 가시광으로 촬영한 중심부. ②는 둥글고 파란 안개는 폭발로 흩날린 것 같다. ③은 X선의 에너지 차이를 나타냈다. 파란 부분은 에너지가 높다. ④는 광범위한 사진. ㅁ가 ②나 ③의 부분에 해당된다. ⑤는 더욱 광범위한 사진이 된다. (2005년)

은하

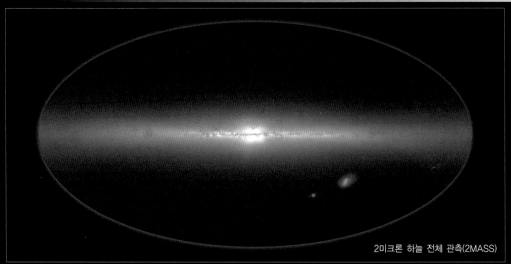

2미크론 하늘 전체 관측(2MASS)

가시광으로 본 은하계의 모습(2002년)

허블 우주망원경

소용돌이 은하인 NGC4622. 소용돌이 형태에서 반시계방향으로 회전한다고 예측되었지만, 실제로는 시계방향으로 회전하고 있다. (2002년)

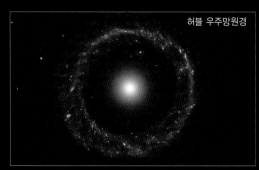

허블 우주망원경

1950년에 발견된 링 모양의 은하. 2개의 은하가 충돌하여 형성된 모습이라고 생각된다. (2002년)

허블 우주망원경

개의 은하가 밀집해 있는 「Stephan's Quint」 중 3개. 중앙이 NGC7319, 위가 NGC7318의 A와 B, 우측 N(삭제)GC7320. (2001년)

Galaxy

키트피크국립천문대
허블 우주망원경

키트피크국립천문대
허블 우주망원경

「부자(父子)은하」라는 애칭을 가지는 M51. 좌측이 가시광, 우측이 적외선으로 찍은 것. 적외선에 의해 은하 내의 먼지 분포의 모습이 잘 촬영되어 있다. (2004년)

스피처 우주망원경
허블 우주망원경

멕시코 모자와 닮은 이유로 Sombrero 은하라 불리는 M104. 가시광으로는 먼지에 가려 보이지 않는 별들의 빛이나 먼지의 분포 모습이 적외선에 의해 잘 보인다. 가시광과 적외선의 합성(위), 가시광(좌측 아래), 적외선(우측 아래)의 파장으로 각각 촬영했다. (2005년)

은하

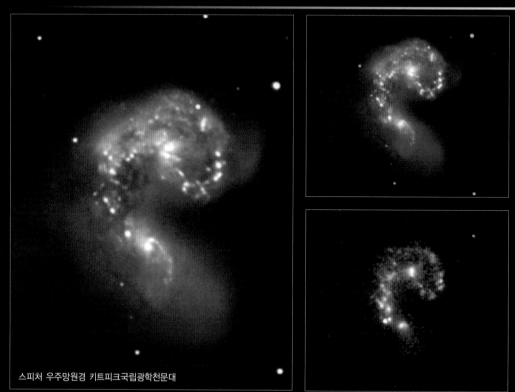

스피처 우주망원경 키트피크국립광학천문대

충돌하는 NGC4038과 NGC4039는 2개로서 「안테나은하」라 불린다. 적외선의 관측으로 폭발적인 별 형성의 모습이 촬영되었다. 우측 위는 적외선과 가시광의 합성사진. 우측 아래는 적외선, 좌측은 가시광으로 한 것. (2004년)

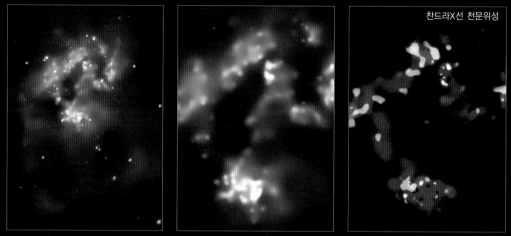

찬드라X선 천문위성

X선으로 촬영한 안테나은하. 가열된 거대한 가스 구름의 모습이 비춰져 있다(좌측). 한 가운데는 특히 강한 X선을 발하고 있는 부분. 우측은 철(빨강), 마그네슘(초록), 규소(파랑)가 특히 많은 부분을 나타내고 있다. (2004년)

Galaxy

허블 우주망원경

Hubble Ultra Deep Field(HUDF)라 명명된 영역. 약 100억 광년 건너편의 약 1만개의 은하가 촬영되었다. (2004년)

SPACE GALLERY

미래의 우주개발

화성탐사
미래의 smart lander

화성탐사
Mars airplane

목성의 위성탐사
Nano rover 100g이하의
작은 rover

목성의 위성탐사 titan explorer
대기 등의 관측을 실시함.

목성의 위성탐사 Prometheus1.
위성 칼리스토, 가니메데 유로파의 탐사를 실시함.

명왕성탐사 new horizon 명왕성과 위성 카론, 카이퍼 띠(Kuiper Belt, 카이퍼벨트) 천체의 탐사를 실시함.

Chapter >>

01

태양계

태양계의 시작

Key Word **원시혹성** 미혹성이 폭주와 같은 성장을 거쳐 형성된, 더욱 큰 천체를 원시혹성이라 부른다.

원시태양계 성운과 원시태양의 탄생

약 46억년 전 은하계의 한쪽에서 별의 일생의 최후에 해당되는 폭발이 일어났다. 이 폭발의 영향으로 우주공간에 떠도는 가스나 먼지와 같은 물질에 불균일이 생겼다. 물질이 집중되는 곳과 그렇지 않은 곳이 생겼기 때문이다. 물질이 집중된 짙은 부분은 태양계의 기초가 되었다. 그 물질의 짙은 부분은 점점 수축되어, 주위의 가스를 끌어 들이면서 밀도를 증가시켜 회전속도를 높여가게 된다. 짙은 부분을 중심으로 하여 이윽고 먼지와 가스가 생성된 **원시태양계 성운**이 되었다. 그 중심부는 고온·고압의 상태가 되어 한 곳에 모인 성운의 중심에 희미하게 별이 빛나기 시작한다. **원시태양**의 탄생이다. 원시태양은 주위를 끌어 들이면서 점점 크기와 밝기를 증가시켜 나갔다. 여기까지의 태양계 탄생의 시나리오는 많은 관측에 의해 계속 실증되고 있다.

원시혹성의 탄생과 지구형 혹성

원시태양이 밝기를 증가시켜가는 가운데 다른 곳에서, 혹성이 탄생될 준비도 시작되고 있었다. 원시태양계 성운에 원반형태의 밀도가 높은 부분이 생긴다. 성운에는 1000분의 1밀리미터 정도의 작은 먼지가 포함되어 있다. 이 먼지가 원반의 적도 위에 쌓이면서 점차 달라붙어 갔다. 커져간 먼지 덩어리는 **미혹성**이라 불리는 수 km정도의 천체로까지 성장한다. 이 미혹성이 지구나 금성 등 **지구형 혹성**이라 불리는 주로 암석이나 금속으로 이루어지는 혹성의 기초가 되었다. 미혹성의 수는 시뮬레이션으로 100억 개나 된다는 결과가 나왔다. 미혹성은 서로의 인력에 의해 충돌과 합체를 반복하여 점점 커져 갔다. 이 과정은 **미혹성의 폭주적 성장과정**이라 불린다. 이 폭주적 성장에 따라 생긴 큰 미혹성을 **원시혹성**이라 부른다. 지구는 원시혹성이 10개 정도 충돌·합체하여 만들어진 것으로 생각된다.

3개의 혹성타입

태양계의 혹성에는 크게 3가지 타입이 있다. 태양에 가까운 곳부터 수성, 금성, 지구, 화성 등의 암석으로 만들어진 **지구형 혹성**. 목성과 토성 등의 **목성형 혹성**은 거대한 가스혹성이다. 천왕성과 해왕성은 **천왕성형 혹성**이라 하며, 얼음의 혹성으로 분류된다.

명왕성은 혹성형으로 분류되지 않는다. 목성보다 안쪽에 있는 원시혹성은 작기 때문에, 중력이 약해, 주위의 가스 등을 흡수할 수 없었다. 그 때문에 미혹성의 성질을 그대로 남긴 금속과 암석이 주성분인 지구형 혹성이 생긴 것이다.

원시태양계 원반과 원시혹성

원시태양을 중심으로 가스와 먼지의 원반 중에서 혹성의 기초가 되는 미혹성이 생기기 시작한다.

원시태양계 원반

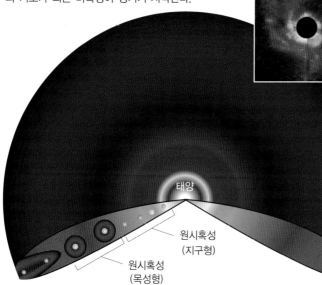

태양

원시혹성
(지구형)

원시혹성
(목성형)

소용돌이

탄생에서부터 100만년 정도인 젊은 별의 주위에 먼지와 가스로 이루어진 원반형의 구조가 보인다. Subaru 망원경이 촬영한 위 사진에서는 기존에 생각하고 있던 균일하고 평탄한 원반이 아니라 소용돌이형태를 하고 있었다. 우측 사진은 소용돌이 구조를 알기 쉽게 한 것. 이 이유에 대해서는 원반자체가 무겁기 때문에, 원반의 밀도에 불균일이 생기고 바로 그 회전의 영향으로 소용돌이형태가 되었다고 생각된다.

혹성과 궤도 약 46억년 전 태양을 중심으로 하는 태양계가 생겨났다.

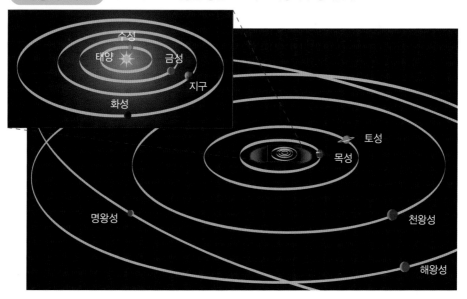

수성

태양

금성

지구

화성

토성

목성

명왕성

천왕성

해왕성

● Tip ● ● 혹성타입의 분류법에는 지구형 혹성과 목성형 혹성으로 크게 2종류로 나누는 경우도 있다.
　　　　　● 태양계의 시작이 어떠한 모습이었던 것인지는 확정되지 않았다.

Section **2** 태양

Key Word **핵융합반응**   태양의 중심부에서는 4개의 수소원자핵이 1개의 헬륨원자핵으로 바뀜으로써 거대한 에너지를 만들어 내는 핵 융합 반응이 일어나고 있다.

❯ 태양계의 모든 천체를 연결하여 고정시키다

태양계 중에서 태양은 어쨌든 거대한 존재이다. 직경은 지구의 약 109배, 태양계 최대의 혹성인 목성보다도 10배나 되는 사이즈다. 질량도 지구의 약 33만 배, 목성의 약 1000배로 태양계 전체 질량의 99.86%까지가 태양인 것이다.

태양은 거대한 질량이 만들어 내는 중력에 의해 태양계의 모든 천체를 주변으로 끌어들여 연결하여 고정시키고 있다. 그 태양의 주 성분은 수소이며 총 중량의 75%를 점한다. 나머지의 대부분은 헬륨이다.

❯ 핵융합반응

태양처럼 스스로 빛나는 천체를 **항성**(P98)이라 부른다. 태양의 표면온도는 약 6000K(약 5727 ℃). 대량의 열은 내부에서 일어나고 있는 **핵융합반응**이 거대한 에너지를 사방으로 내보내고 있는 것이다. 중력에 의해 강하게 압축된 중심부에서는 압력은 2500억 기압, 온도는 150만K나 되며, 원자도 높은 열에 의해 분해되고 있다.

핵융합반응

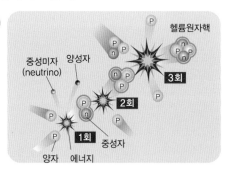

4개의 수소원자핵(양자)이 3회의 반응을 거쳐 1개의 헬륨원자핵으로 바뀔 때까지 방대한 에너지가 생성된다.

원자는 원자핵과 전자로 이루어지며, **원자핵**은 **중성자**와 **양자**로 이루어진다. 중심부에서는 양자가 격하게 충돌하여 핵융합을 일으킨다. 4개의 수소원자핵은 1개의 **헬륨원자핵**(2개의 양자와 2개의 중성자)으로 바뀜과 동시에 거대한 에너지가 생성되는 것이다. 수소가 헬륨으로 바뀜으로써 질량이 줄고, 그 만큼의 질량이 에너지로서 방출된다. 태양은 1초간 420만t 다이어트하며, 그 만큼을 에너지로 변환한다. 태양은 조금씩 가벼워지고 있는 것이다. 핵으로 생성된 에너지는 방사에 의해 바깥쪽으로 전달되어 간다. 빛의 형태로 에너지를 외부로 운반하는 복사층, 대류로 에너지를 외부로 운반하는 대류층이 있다. 대류층에서는 온도가 높고 가벼운 가스는 위쪽으로 올라 가며, 온도가 낮은 가스는 내려가는 대류가 발생한다. 가스는 대류를 일으키면서, 바깥쪽으로 에너지를 운반해 간다.

❯ 흑점

태양에는 적도를 사이에 낀 남북 5~40도의 범위에 흑점대라 불리는 범위가 있다. 여기에 커다란 검은 점, 흑점이 나타나는 것이다. **흑점**은 4000K로 다른 표면보다 온도가 조금 낮기 때문에, 검게 보인다. 크기는 여러 가지인데, 1000km에서 수만km에 이르며, 육안으로도 확인할 수 있다. 흑점은 태양의 활동과 밀접한 관계를 가지고 있다. 태양의 활동이 활발해지는 극대기에 흑점이 많이 나타난다.

흑점과 지구

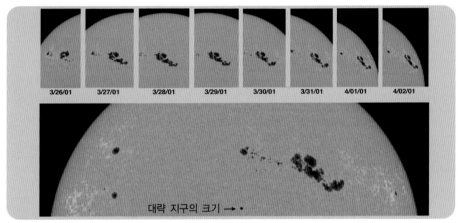

3/26/01 3/27/01 3/28/01 3/29/01 3/30/01 3/31/01 4/01/01 4/02/01

대략 지구의 크기 →•

태양의 자전과 함께 이동하는 거대한 흑점과 지구의 크기

태양의 구조

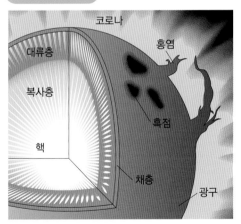

코로나
홍염
대류층
복사층
흑점
핵
채층
광구

핵 부분에서 핵융합반응이 일어나고 있다.

홍염(prominence)과 지구

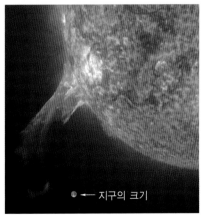

●— 지구의 크기

태양에서 분출되는 홍염과 지구의 크기. 태양의 직경은 지구의 약 109배나 된다.

> ● Tip ●
> • K는 켈빈(Kelvin)으로 읽으며, 온도의 단위. 절대온도. K=℃+273.15로 섭씨로 환산할 수 있다.
> • 우주에 있는 원소는 수소원자가 93.3%를, 그 뒤를 이어 헬륨원자가 6.49%를 점한다.

태양풍

코로나 태양표면에 있는 외부로 가장 많이 확산되는 전기적으로 해리(解離 : dissociation)된 고온의 가스층. 200만K나 된다.

❯ 태양풍의 정체

태양의 표면에는 **코로나**(corona)라 불리는 100만K이상의 초고온이며 밀도가 낮은 엷은 대기가 있다. 초고온인 코로나는 기체가 전자와 이온으로 분리된 **플라즈마 상태**로 되어 있다. 이 정도의 초고온에서는 태양의 중력이라도 코로나 가스를 묶어둘 수 없기 때문에, 굉장한 속도로 양자나 전자가 방출된다. 전기를 띤 입자(**플라즈마**)가 방출된 것이 **태양풍**이라 불리는 것이다.

❯ 흑점과 홍염

대류층에서는 **다이나모**(dynamo)**작용**이라 불리는 전기전도도가 높은 물질의 대류로 인해 생성되는 전류에 의해 자장이 발생하는 현상이 일어나고 있다. 이 다이나모작용에 의한 자력선의 다발은 광구(光球)면까지 올라 와서, 태양표면을 가로지르면 그 경계 면이 흑점이 된다. 태양에는 **플레어**(Flare)폭발이나 **홍염** 등의 돌발적인 분출이 알려져 있다. 플레어는 흑점 주변에서 볼 수 있는 폭발적인 현상, 홍염은 태양표면에서 불꽃이 분출되는 것처럼 보이는 현상이다. 이러한 현상은 왜 일어나는 것일까?

전기를 통하기 쉬운 플라즈마의 흐름은 자력선과 강하게 결합하여 서로 끌어당긴다. 대류층에서는 플라즈마의 흐름이 자력선에 대해 강하게 작용하며, 비틀어 올리거나 한다. 코로나에서는 반대로 자력선이 강하게 작용한다. 대류층과 코로나에서의 자력선과 플라즈마의 흐름에 따른 힘의 공방 결과에 의해 돌발적인 분출이 일어나며, 플레어폭발이나 홍염이 일어나는 것이다.

플레어에 따라서 태양풍이 격렬하게 분출되면 지구에서는 2~3일 후에 오로라(aurora)가 나타나거나 전파장해가 발생하거나 한다. **오로라**는 태양풍의 일부가 지구를 뒤덮는 자장을 따라 남극이나 북극 상공으로 침입하여 100km정도의 거리에서 대기의 산소나 질소의 원자와 충돌하기 때문에 발생된다. 네온 관 속에서 일어나는 것과 아주 비슷한 현상이다. 산소원자와 충돌했을 때에는 빨강과 초록의, 질소원자와 충돌했을 때에는 분홍색의 오로라가 나타난다.

태양에는 11년 주기로 활동이 활발해지는 **극대기**와 비교적 온만해지는 **극소기**가 교대로 온다(단, 최근에는 그 폭의 변동이 있는 것이 아닌가 하고 일컬어지고 있다). 극대기는 플레어가 빈번히 출현하며, 지구에서는 오로라출현의 기회가 많아진다. 너무 강한 태양풍이 지구까지 도달하면 심한 경우에는 우주비행사가 피폭되거나, 지상에서 정전이 일어나기도 한다.

태양풍과 지구자기권

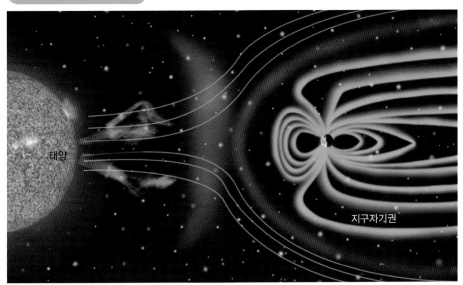

태양

지구자기권

태양에서의 태양풍이 지구의 자기권에 부딪히는 이미지. 파랑색이 지구의 자기권이다. 태양풍의 영향으로 지구의 극지방에 오로라가 출현하거나 인공위성이 궤도에서 벗어나기도 한다.

코로나 질량방출

위성 SOHO의 관측기기 코로나그래프 LASCO로 촬영한 코로나가 방출된 거대한 구름. 발생하고 나서 2일 정도 지나면 지구에 태양풍이 도달한다.

오로라

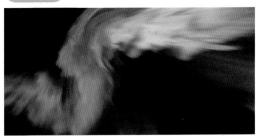

알래스카 페어뱅크(fairbanks)에서 촬영되었다. 오로라는 발광이 일어나는 높이에 따라 색이 바뀐다. 보통 자주 볼 수 있는 것은 200~100km에서 일어나는 산소원자의 발광인 녹색이다.

코로나 루프

위성 TRACE가 촬영한 코로나 루프. 자력선을 따른 거대한 아치(arch)형의 흐름인 코로나 루프는 다수의 얇은 자력선을 따라 생성되어 있다. 파란 구슬은 지구의 크기.

● Tip ● • 격한 태양풍이 지구에 오는 시기를 알려주는 우주기상예보가 한국 천문연구원(KASI)에서 나오고 있다.
• 미국 알래스카대학에서는 오로라의 출현을 예보하는 오로라예보를 실시하고 있다.

Section 4 수성

1일의 길이 태양이 남쪽 하늘에 가장 높게 오르는 남중(南中)에서부터 다음 남중까지의 시간 간격을 말한다. 1일의 구분과는 다른 정의.

❯ 크레이터(Crater)로 뒤덮인 혹성

NASA의 탐사기 매리너10호가 촬영한 수성의 표면은 수많은 크레이터로 뒤덮여 있었다. 수성에는 대기가 없고, 화산활동 등 혹성 내부에 의한 활동도 없다. 그 때문에 풍화도 없고, 표면이 바뀌는 일 없이 약 46억~40억년 전에 운석이 많이 떨어졌을 때 생긴 크레이터가 거의 그대로 남아 있는 것이다.

❯ 거대한 크레이터 · 카로리스(Caloris) 분지

수성에 남은 최대의 크레이터는 **카로리스분지**라고 한다. 직경은 1300km, 수성 직경의 4분의 1 크기에 달하며, 직경 100km이상의 소혹성이 부딪혀서 생겼다고 추측되고 있다. 카로리스분지의 주변에는 2000m나 되는 카로리스산맥도 있다. 이것도 소혹성이 부딪혔을 때 생긴 것으로 추측된다. 이 소혹성 충돌 시의 충격파는 수성내부를 통해 뒤쪽에 산과 계곡이 형성된 복잡한 지형을 만들었다. 목성이나 토성의 위성, 달에도 거대 크레이터가 있는 그 뒤편에는 이러한 지형이 있는 것으로 알려져 있다.

다른 신기한 지형에는 **링클리지**(Wrinkl Ridge)라 불리는 높이 수km, 길이 500km에 달하는 깎아지른 듯한 절벽과도 같은 지형도 있다. 이것은 수성 내부가 냉각되어, 전체가 열수축된 결과, 생성된 주름이라고 생각된다.

❯ 1년보다 긴 1일

수성은 매우 높은 밀도를 가지고 있다. 그것은 내부에 수성 직경 4분의 1에서 3분의 1에 달하는 커다란 금속의 핵이 있기 때문으로 생각된다. 자전주기는 지구시간으로 약 59일, 공전주기는 약 88일이 된다. 그러나 수성에서는 1일이 1년보다 긴 것이다. 1일의 길이는 태양의 남쪽 하늘에 가장 높게 떠오르는 시각(남중)에서 다음 남중까지의 시간을 가리킨다. 그러면 수성은 다음 남중까지 태양을 2바퀴 돌게 되어 수성의 1일은 수성의 2년, 지구시간으로 환산하면 176일이 된다. 즉, 수성에서는 1일이 1년보다 길어지는 것이다.

태양				
수성				
0년 한 낮	▶ 반년 저녁	▶▶ 1년 한밤중	▶ 1년 반 아침	▶▶ 2년 한 낮
(태양이 남중이다)	(태양의 주위를 절반회전했다)	(태양의 주위를 일주했다)	(태양의 주위를 1주 반했다)	(태양이 다시 남중이다)

수성

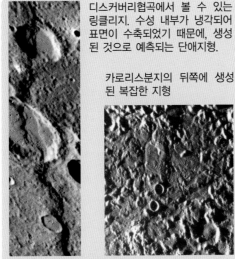

디스커버리협곡에서 볼 수 있는 링클리지. 수성 내부가 냉각되어 표면이 수축되었기 때문에, 생성된 것으로 예측되는 단애지형.

카로리스분지의 뒤쪽에 생성된 복잡한 지형

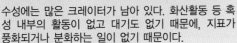

카로리스
분지

카로리스산맥

수성에는 많은 크레이터가 남아 있다. 화산활동 등 혹성 내부의 활동이 없고 대기도 없기 때문에, 지표가 풍화되거나 분화하는 일이 없기 때문이다.

지구형 혹성의 내부 구조

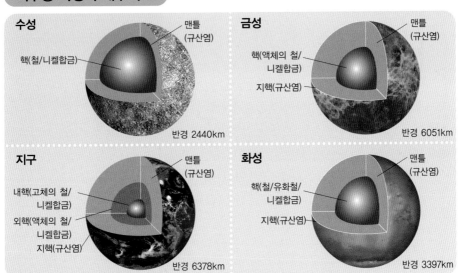

수성
핵(철/니켈합금)
맨틀
(규산염)
반경 2440km

금성
핵(액체의 철/니켈합금)
지핵(규산염)
맨틀
(규산염)
반경 6051km

지구
내핵(고체의 철/니켈합금)
외핵(액체의 철/니켈합금)
지핵(규산염)
맨틀
(규산염)
반경 6378km

화성
핵(철/유화철/니켈합금)
지핵(규산염)
맨틀
(규산염)
반경 3397km

수성의 내부에는 직경 4분의 1에 달하는 핵이 있다고 예측되고 있다. (　)안은 주요 성분.

● Tip ●
• 카로리스분지를 만든 소혹성이 조금 더 컸다면 수성은 가루가 되었을 것이다.
• 수성은 태양계의 혹성 중에서 2번째로 작고 목성의 위성 가니메데나 토성의 위성 타이탄보다 작다.

Section **5**

금성

Key Word 플룸 테크토닉스 내부 구조에 나타나는 거대한 맨틀의 덩어리 플룸의 상하움직임에 의해 표층의 지곡부분의 움직임이 변동한다고 하는 가설.

◉ 아주 두꺼운 구름과 온실효과

금성은 지구 바로 안쪽을 돌아 태양계의 혹성 가운데에서도 지구와 거의 같은 크기다. 그래서 지구와 가장 닮은 혹성이라고 긴 세월동안 여겨져 왔지만 실제로는 그 모습은 지구와 많이 다르다.

금성의 대기부분은 거의 이산화탄소로 농유산과 유황으로 된 아주 두꺼운 구름이 표면을 뒤 덮고 있다. 대기층은 상공 50~70km 사이에 있는 이 구름층에 의해 상층, 운(雲)층, 하층의 3단계로 나뉜다. 유산 구름에서는 유산 비가 내린다. 그러나 기온이 매우 높기 때문에 도중에서 증발하고 지표까지 다다를 수 없다.

두꺼운 구름은 태양광을 거의 통과시키지 못하고 지표는 희미하게 어둡다. 하지만 두꺼운 구름은 강한 온실효과를 갖기 때문에 금성의 표면은 기온이 420~480℃라는 작열하는 지옥인 것이다. 금성에는 납과 유황도 녹일 정도의 뜨거운 황야가 펼쳐져 있다. 지표를 흐르는 용암은 기본적으로는 지구와 같은 현무암이지만 유황성분을 많이 포함한다. 그 유황이 이산화탄소와 수증기와 반응하여 아황산가스를 발생시켜 구름의 재료가 되고 있다.

금성대기의 구조

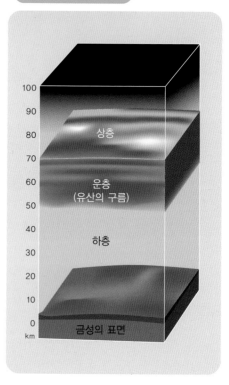

상층

운층
(유산의 구름)

하층

금성의 표면

◉ 증발한 바다

지구와 금성의 커다란 차이는 바다이다. 금성에도 예전에는 바다가 있었지만 지구보다도 태양에 가까웠었기 때문에 기온이 너무 상승하여 증발하고 말았다.

대기상공에서는 태양광에 의해 수증기는 산소와 수소로 나뉜다. 수소는 우주공간으로 방출되기 때문에 두 번 다시 바다가 부활할 수 없었다.

● **Tip** ● 지구에서 플룸의 상승이 확인되었지만 인류는 아직 한번도 플룸의 분화를 경험한 적이 없다.

❯ 플룸 테크토닉스(Plume tectonics)

금성표면에는 분화구가 별로 없다. 이것은 표면이 화산활동 등에 의해 끊임없이 새로워졌다는 것, 또한 짙은 대기에 원인이 있는 것 같다. 짙은 대기에 방해를 받아 운석이 부서져서 작은 것은 지표에 닿기전에 타버린다. 분화구도 원형이 아닌 부서지기 때문에 분화구가 연속하여 존재하는 **체인 분화구** 같이 되어있는 경우가 많다.

또한 금성에는 평원이 많다. 지표평균에서 2km이상의 고원은 전체의 13%, 대표적인 것으로 아프로디테 대륙이 있다. 아프로디아 대륙에는 금성 특유의 **코로나** 라는 직경 수백km의 원형 구조가 200개 이상 있다. 이 지형은 거대한 맨틀의 상승류인 플룸에 의해 생긴 것 같다. 플룸의 상하운동에 의해 표층 지곡의 움직임이 좌우되는 **플룸 테크토닉스**라는 메커니즘이 금성에서는 강하게 작용하고 있다고 사려된다.

지형 데이터

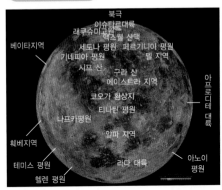

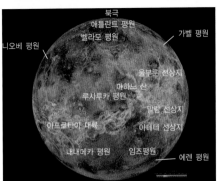

아프로디테 대륙은 폭이 1만 3900km정도된다. 색은 알기 쉽게 하기 위해 착색한 유사 컬러.

이슈타르 대륙과 맥스웰 산맥

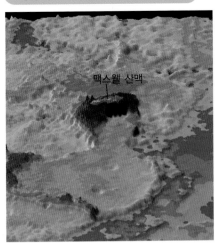

코로나 지형

플룸의 상승에 의해 생겨났다고 생각된다. 팬케익과 같은 모양을 한 코로나 지형. 평균직경 25km, 최고 750m의 높이를 갖는다.

이슈타르대륙(오스트레일리아와 같은 정도의 크기)의 서부에는 높이 1만8000m의 맥스웰 산이 있다.

●Tip● 금성의 지형은 전체적으로 비교적 매끄럽고 분화구도 적다.

Section **6** 지구

맨틀(Mantle) 지각과 핵 사이에 있는 고체의 층. 지구에서는 감람암(peridotite)을 주성분으로 하며, 용해된 액체상태의 것을 마그마라고 부른다. 맨틀은 고체라도 오랜 시간을 거쳐 액체처럼 대류한다.

❯ 20개의 원시혹성

46억년 전 미혹성이 충돌과 합체를 반복하여 지금의 수성에서 화성까지의 범위에 20개 정도의 원시혹성이 탄생된 것으로 생각된다. 20개의 원시혹성 각각의 크기는 현재 화성과 비슷한 정도였다. 이 20개의 **원시혹성**에서 수성, 금성, 지구, 화성이 생성되었다. 지구는 그 중 10개의 원시혹성이 충돌·합체하여 생성되었다고 한다.

20개의 원시혹성

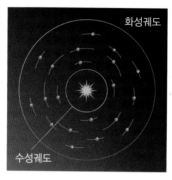

화성궤도

수성궤도

수성궤도에서 화성궤도까지 사이에 20개 정도의 화성사이즈의 원시혹성이 나타났다는 시뮬레이션 결과가 나왔다.

❯ 40억년 이상 전의 암석은 거의 없다

지구의 구조를 간단히 표현하면 알에 비유할 수 있다. 껍질은 **지각**, 흰자는 **맨틀(mantle)**, 노른자는 **핵(core)**이다. 지구 내부는 주로 고체로 이루어지는데, 맨틀은 오랜 시간을 거쳐 대류하며, 액체처럼 유동하고 있다. 뜨거운 맨틀은 상승하고, 차가운 맨틀은 핵으로 떨어져 부딪힌다. 이것은 지구가 크기 때문에, 내부의 열을 오늘날까지 유지했기 때문이다. 이 열원에 의해 맨틀은 대류하면서, 지구환경 그리고 표면에 달라붙듯이 생활하고 있는 생물에 커다란 영향을 미치고 있다.

지구의 반경은 대략 6378km, 지구는 탄생 당시부터 지구 내부의 활동 예를 들면, 맨틀대류 등에 의해 그 표면은 끊임없이 모습을 바꾸어 왔다. 그 때문에 40억년 이상 오래된 기원을 가지는 암석이나 오래된 크레이터 등은 거의 존재하지 않는다.

❯ 바다의 존재

지구는 현재 70%가 바다, 나머지 30%가 육지라고 한다. 태양계에서도 드문 수(水)혹성이다. 수혹성으로서 존속하기 위해서는 3가지 조건이 있다고 한다. 첫째로 기본이 되는 수소와 산소가 있을 것. 둘째로 H_2O인 물이 혹성표면에 있을 것. 셋째로 H_2O가 액체가 될 것이다.

태양과의 거리가 적절하고 대기를 잡아 둘 수 있을 만큼의 중력의 존재가 바로 바다를 존속시켰다. 아마 화성에도 바다는 있었으나, 화성은 너무 작아서 중력이 약하여 대기를 충분히 잡아 둘 수 없었다. 그 때문에 표면을 물로 뒤덮는 것은 사라져 버린 것이다.

바다가 언제 탄생한 것인지 확실한 것은 알지 못한다. 그러나 그린랜드의 이스아지방에 38억년 전의 심해에서 퇴적된 것으로 추측되는 **퇴적암**이 있었기 때문에, 적어도 그 연대에는 바다가 있었던 것으로 생각된다. 44억년 전에는 바다나 육지를 가질 수 있을 정도로 지구는 충분히 냉각되어 있었다는 논문도 2001년에 발표되었다.

우주에서 본 지구

기상관측위성 GOES-7이 촬영한 지구. 북아메리카의 상공에 허리케인 앤드류(Andrew)가 찍혔다.

지구의 내부 구조

지구 내부는 모두 고체로 이루어지는데, 맨틀부분은 오랜 시간을 거쳐 대류한다. 아프리카 아래에는 거대한 맨틀의 상승류 Hot plume이 있다. 아시아 아래에는 차가운 맨틀이 깊이 위치하고 있어, Cold plume이 있다고 생각된다.

플레이트가 스며듦

Hot plume

상부 맨틀

맨틀 대류

Cold plume

지각

외핵

내핵

하부 맨틀

맨틀 대류

약1470km 약2100km 약2400km 약16km

약400km

● Tip ● • 어느 시뮬레이션 결과에서는 20개의 원시혹성은 1000만년 정도 평화로이 태양주위를 돌았었다.

• 원시지구에는 물이나 아미노산 등과 같은 생명 원재료의 시초는 혜성이라는 가설도 있다.

Section 7

자이언트 임팩트

Key Word 로체 한계 혹성 등의 주성(主星)에 대해 달 등의 반성(伴星)이 존재할 수 있는 경계. 이것보다 안 쪽에서는 주성의 조석력(P52)에 의해 반성은 파괴되어 버린다.

❯ 달의 탄생에 얽힌 4가지 설

달의 탄생에는 포획설, 친자설, 쌍둥이설, 자이언트 임팩트설이 있다. **포획설**은 지구와는 전혀 다른 장소에서 생성된 달이 지구의 중력에 의해 포획되었다고 하는 것이다. **친자설**은 원시지구의 일부가 끊어져서 달이 되었다고 하는 것. **쌍둥이설**은 원시지구와 동시에 달이 생성되었다는 것. 이 중에서 가장 유력한 설이라고 생각되는 것이 **자이언트 임팩트(Giant impact)설**이다.

❯ 원시지구에 대한 최후의 원시혹성 충돌

원시혹성끼리 충돌·합체를 반복하여 어느 정도 커진 원시지구에 대한 최후의 충돌, 그것이 달을 탄생시킨 자이언트 임팩트라고 생각되고 있다.

수성에서 화성까지의 영역에 생성된 20개의 원시혹성은 서로의 중력에 의해 점차 궤도가 어긋나기 시작해, 충돌을 시작한 것이다. 원시지구에 대한 최후의 충돌인 자이언트 임팩트에서는 화성 정도 크기의 원시혹성이 중심에서 45도 각도로 부딪혔다. 충돌의 기세로 인해 각각의 원시혹성으로부터 용해된 암석과 그 증기는 우주공간으로 흩어졌다. 2개의 원시혹성은 이윽고 하나로 뭉쳐 지구가 된다. 우주공간으로 흩어진 용해된 암석이나 그 증기는 지구의 중력에 이끌려 지구의 주위에 토성의 고리 같은 둘레를 만든 것으로 생각된다.

로체 한계

지구반경의 대략 3배 이내의 범위에서는 지구중력의 영향이 강하고, 달과 같은 반성이 생성될 수 없다. 파괴되어 버린다.

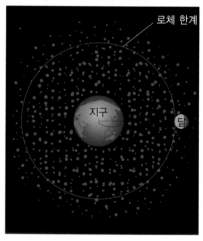

로체 한계
지구
달

우주공간으로 퍼진 원시혹성의 파편끼리도 충돌·합체를 시작한다. 지구반경의 3배 이상 바깥쪽에 있는 파편은 이윽고 하나의 덩어리를 만들어 간다. 그보다 안쪽에 있는 파편은 지구중력의 영향을 받아 커질 수 없다. 이 경계를 **로체(Roche) 한계**라고 한다. 한계의 안쪽에 있는 파편은 지구쪽으로 낙하한다.

로체 한계보다도 바깥쪽에서 커진 덩어리가 달이었다.

달과 지구의 맨틀성분이 비슷한 것, 또 달의 핵 크기가 전 질량의 약 2%로 작은 것이 바로 이 자이언트 임팩트설을 지지하고 있다.

❯ 충돌의 영향

탄생 시, 달은 지금보다 훨씬 가까운 곳에 있어 자전도 현재보다 빠르게 회전했었다. 자이언트 임팩트의 충돌지점은 중심에서 크게 벗어나 있었기 때문에, 지축의 기울기가 23.5도가 되었다. **지축의 기울기**는 지구가 태양 주위를 회전하는 공전면과 자전방향이 이루는 각도를 말한다. 지축의 기울기에 의해 지구에 계절이 생겼다.

지구와 달

탐사기 갈릴레오가 촬영했다. 현재, 달과 지구의 거리는 평균 38만km. 탄생 당시에는 약 5000만km정도였다.

시뮬레이션에 의한 달의 형성

원시지구에 대한 최후의 원시혹성 충돌이 달을 탄생시켰다. 충돌에 의해 흩어진 파편이 로체 한계보다 바깥쪽에서 굳어져 달의 종류가 생기고, 그것이 커져서 달이 탄생된다.

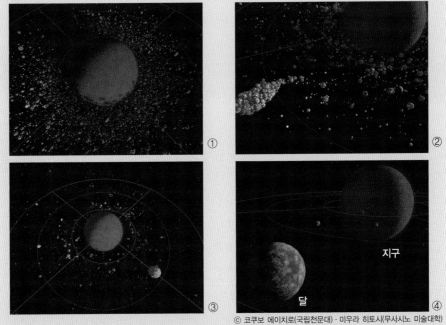

① ② ③ ④

지구

달

© 코쿠보 에이치로(국립천문대) · 미우라 히토시(무사시노 미술대학)

● Tip ● • 로체 한계는 1848년 Edward Roche가 생각한 이론이다.
• 달이라는 큰 위성이 지구의 기울기를 일정하게 하여 기후를 안정시키고 있다.

Section 8 달

조석력 2개의 천체 사이에 작용하는 중력의 차이에 의해 발생한다. 천체를 끌어당기며 형상을 일그러뜨리는 힘.

지구 초기의 정보가 있다

반경은 지구의 약 4분의 1. 명왕성의 위성 카론을 제외하고서는 주성에 대해 이 정도로 큰 위성은 태양계에는 없다. 달에는 약 45억~38억년 전에 쏟아진 운석에 의한 많은 크레이터가 남아 있다. 한편 지구에서는 40억년 이상 전의 암석은 거의 없다. 달은 40억년 이상 전의 정보를 현재까지 보존하고 있는 것이 된다. 이것은 달이 지구에 비해 작기 때문에, 비교적 빨리 냉각되어 화산분화 등이 거의 없었던 것, 또 대기가 없는 것 등이 주요 원인이다. 그 때문에 달을 이해하는 것은 40억년 이상 전의 지구 초기의 정보를 아는 것으로 이어지는 것이다.

달의 바다

달의 표면에는 어둡게 보이는 **바다**라 불리는 부분과 크레이터로 뒤덮여 밝게 보이는 고지가 있다. 이 바다라 불리는 부분은 지구처럼 물이 있는 것이 아니라 약 38억~32억년 전에 크레이터의 내부가 용암으로 매워진 것이다. 용암은 **현무암질**(玄武岩質)이기 때문에, 검고 어둡게 보인다. 한편, 밝게 보이는 고지는 거의 **사장암**(斜長岩)으로 만들어져 있다. 달의 자전주기와 공전주기는 거의 같기 때문에, 달은 항상 지구에 같은 면을 향하여 돌고 있다. 탄생하고 곧바로 무거운 면을 지구로 향하기 시작한 것 같다. 달의 중심은 약 2km정도 중심에서 지구쪽으로 기울어 있다. 바다로 되어 있는 현무암은 고지를 형성하고 있는 사장암보다 무겁다. 달의 뒷면에는 현무암으로 이루어진 바다가 거의 없고 앞쪽에는 많은 바다가 있는 것이다. 달의 뒷면은 크레이터로, 앞면과는 전혀 다른 표정을 보이고 있다.

지구에서 멀어지고 있다

달은 거의 타원운동을 하고 있어, 가장 가까울 때와 가장 멀 때의 외관 크기를 약 10%나 변화시킨다. 현재의 달과 지구의 평균거리는 약 38만 4400km, 하지만 탄생 직후는 지금보다 가까웠다고 생각되고 있다. 달은 지구와의 사이에 작용하는 **조석력**(潮汐力)의 영향으로 탄생시 보다도 서서히 멀어져 가고 있다. 현재도 연간 3.4cm씩 멀어지고 있다. 조석력이란 천체 사이에 작용하는 중력의 차에 의해 천체의 형태를 늘어뜨리는 힘을 말한다. 달에서의 조석력도 지구에 영향을 미치고 있다. 태양과 달이 일직선에 놓이는 초승달이나 보름달일 때에는 태양과 달의 조석력이 합쳐져서 지구를 크게 일그러뜨리고, 화산분화를 유발한다고 하는 보고도 있다.

달의 앞면 바다는 달의 앞쪽에 집중되어 있다.　**달의 뒷면** 뒤쪽에는 5개의 바다밖에 없다.

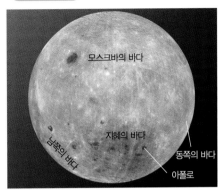

태양계의 주요 위성과 지구의 크기

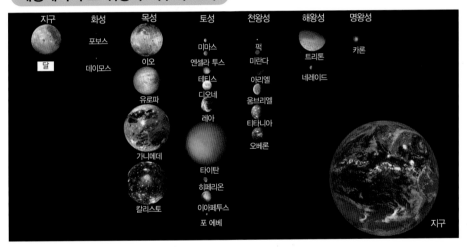

조석력

지구에서 조석간만의 차가 최대가 되는 대조(大潮)는 달과 태양이 일직선상에 놓일 때 온다.

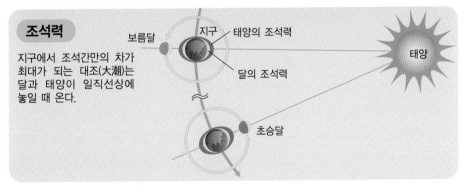

● Tip ●　• 작은 위성밖에 가질 수 없는 화성은 10만년 주기로 20도 이상이나 지축의 기울기를 변화시킨다.
　　　　• 1610년 이탈리아의 천문학자 갈릴레오 갈릴레이가 달에서 산이나 크레이터를 처음으로 발견했다.

Section 9

대륙이동

Key Word

Plume 대기 중에 방출된 따뜻한 연기에 의한 버섯형태의 상승기류를 말한다. 맨틀에서도 같은 형상이 추측되고 있기 때문에, 플룸(plume)이라 불린다.

❯ 판 구조론(plate tectonics)

대륙이 이동한다는 설을 처음으로 주장한 것은 **알프레드 베게너**(Alfred Wegener)였는데, 1920년 대에 이 설은 받아들여지지 않았다. 그런데 50년대에 해저탐사가 진행되어 해저에 있는 **해령**(海嶺)이 대지를 찢어 버리는 것이나 암석에 남은 자기에 의해 암석이 생긴 장소가 판명(P56 Tip), 점차 대륙 이동의 모습이 명확해졌다. 표층에 있는 지각과 맨틀의 최상부는 두께 70~150km의 **플레이트**라는 구조를 만든다. 지구표면은 수 십장의 플레이트로 이루어지며, 플레이트는 맨틀의 움직임에 항상 좌 우되고 있다. 플레이트는 충돌하거나 이탈하거나 함으로써 화산활동이나 지진 등을 일으켜, 산맥이 나 해령 등의 지형이나 여러 대륙이 모인 **초대륙**을 생성한다. 60년대에는 이러한 **판 구조론**이 거의 완 성되었다.

❯ 윌슨 사이클(Wilson Cycle)

대륙은 과거 몇 번이나 집합과 이탈을 반복해 왔다. 약 19억년 전에 초대륙인 Neuna, 약 15억년 전에 Pannotia, 약 10억년 전에 Rodinia, 약 2억 5000만년 전에 Pangaea 등이 있었고, 그 후 분산 된 것으로 생각된다. 현재는 판게아가 분열되어 새로운 초대륙을 생성할 만큼 대륙이 집합되고 있는 시기라고 한다. 이러한 대륙의 이합집산 사이클은 판 구조론에 가장 공헌한 J. 투저 윌슨(Tujor Wilson)의 이름을 따라 **윌슨 사이클**이라 불린다.

❯ 플룸 구조론(plume tectonics)

80년대 이후 대륙이동을 포함한 새로운 개념이 탄생했다. 계기가 된 것은 도쿄대학 지질연구소의 후카오 요시오(深尾 良夫)가 진행한 **지진파 토모그래피**(tomography)의 결과다. 지진파가 뜨겁고 부 드러운 곳에서는 천천히 전파되고, 차갑고 딱딱한 곳에서는 빠르게 전파되는 성질을 이용하고 있다. 이 수법으로 뜨거운 맨틀물질과 차가운 맨틀물질의 분포가 활발해졌다. 아프리카와 타히티 지하에 는 거대한 뜨거운 맨틀의 상승류(hot plume)가, 동아시아 바로 아래에는 차가운 플레이트가 잠겨 있 고 그와 더불어 맨틀 바닥으로 붕락(cold plume)이 있었다. 이러한 관측으로부터 판 구조론과 같은 수평방향의 비교적 옅은 범위만이 아니라 수직방향까지도 포함한 가장 큰 틀로 지구 전체의 움직임 을 다시 포착하려고 하는 **플룸 구조론**이라는 개념이 생겨난 것이다.

지구표면을 뒤덮은 플레이트

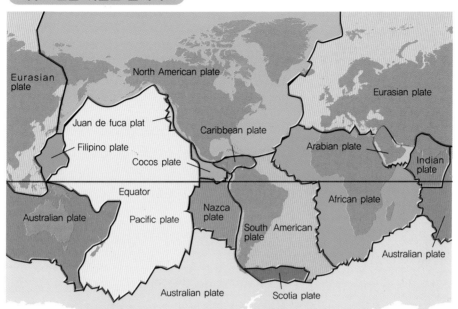

지구표면은 여러 장의 플레이트로 나뉘어 있으며 대륙은 플레이트 위에 있고, 플레이트의 이동에 따라 대륙이동이 일어난다.

플레이트의 이동

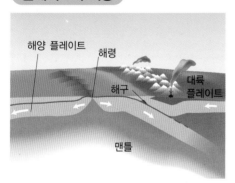

플레이트의 이동에 따라 해령이나 지구대에서는 대지가 찢어지고, 해구에서는 함몰이 일어난다.

지진파 토모그래피에 의한 지구의 내부구조

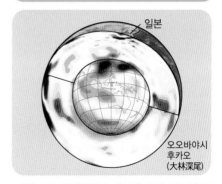

지진파의 전달방법의 차이에 따라 비교적 뜨겁고 부드러운 hot plume(빨간 부분)과 비교적 차갑고 딱딱한 cold plume(파란 부분)의 존재가 명백해졌다. 핵 부분에 지표의 지도를 옮겨놨다. 동아시아 바로 아래에 거대한 함몰(subduction)이 있는 것을 알 수 있다.

● Tip ● • 굳어서 한 덩어리가 되었을 때가 그 암석이 탄생한 해가 된다.
• 오스트레일리아는 북으로 연간 8cm 진행하고, 약 6000만년 후에는 일본과 충돌한다고 추측된다.

지구동결

빙하성 퇴적물   빙하에 의해 옮겨진 바위가 해저 등에 떨어져 토사에 묻혀 퇴적된 것. 그 존재는 일대가 빙하에 뒤덮여 있었던 것을 나타낸다.

원생대에 크게 2시기가 있었다

지구의 모든 것이 얼어붙고, 설옥(雪玉)처럼 된 지구동결(Snowball Earth)은 원생대의 약 24억 ~22억년 전의 휴런(Huronlan)기에 수 차례, 8억~6억년 전에도 수 차례 일어났다고 추측된다. 과학자 사이에서는 90년대 말 정도부터 진지하게 검토되게 되었다.

적도까지 빙하로 뒤덮인 증거

이 설을 최초로 제창한 것은 캘리포니아 공과대학의 **요셉 카슈빙(Joseph Kirschuink)**교수이다. 이때까지 지구는 단 한번도 전체가 얼어붙은 적은 없다는 것이 정설이었다. 왜냐하면 지구동결 상태는 매우 안정되어 있어 두 번 다시 그 상태로부터 빠져나갈 수 없다고 생각되었었기 때문이다. 그러나 남아프리카 등에서 거의 적도부근에 있었다고 생각되는 **빙하성 퇴적물**이 발견되었고, 그 존재의 제대로 된 설명이 없었다. 빙하성 퇴적물의 존재는 그곳이 빙하로 뒤덮여 있었던 것을 나타내고 있다. 적도까지 빙하로 뒤덮여 있던 것, 그것은 지구동결을 의미하고 있었던 것이다.

지구내부의 활동은 멈추지 않는다

그러면 지구는 어떻게 하여 지구동결에서 벗어날 수 있었던 것일까? 이 수수께끼를 카슈빙 교수가 이론적으로 설명했다. 지구동결 사이에도 지구 내부의 활동은 변하지 않는다. 모든 것이 얼어붙어도 화산에서는 가스가 계속 방출되고 있었다. 이 화산가스에는 **온실효과가스**인 이산화탄소가 포함되어 있다.

보통 이산화탄소의 대부분은 바다에 흡수된다. 지구는 탄소를 순환시키는 시스템을 가지고 있는 것이다. 그런데 지구동결은 바다도 얼음으로 뒤덮여 있었기 때문에, 방출된 이산화탄소는 공기 중에 머물 수 밖에 없었다. 지구동결이 일어나고 수백 만년에서 수천 만년 후에는 모였던 다량의 이산화탄소의 온실효과에 의해 지구는 지구동결 상태로부터 벗어날 수 있었던 것이다. 1998년 6억년 전에 적도에 있었던 나미비아(Namibia)의 지층에서 빙하성 퇴적물이 발견되었다. 이 퇴적물 위에는 다량의 이산화탄소가 존재했던 것을 나타내는 두께 50m의 탄소 칼슘 퇴적층이 있었다. 또, 빙하성 퇴적물의 전후 지층의 탄소성분을 조사해본 결과, 바다의 생물활동이 거의 정지되어 있었던 것을 알 수 있었다. 그것은 나미비아뿐만이 아닌 전 지구규모의 환경변화를 의미하는 것이 된다고 한다. 목성 제2의 위성 유로파(P74)는 얼음에 뒤덮여 있어, 지구동결 상태와 매우 비슷한 것이 아닌가 하고 생각되고 있다.

안정된 기후상태

지구의 안정된 기후상태에는 3가지 종류가 있다. 지표에 얼음이 전혀 없는 상태, 일부분에만 얼음이 존재하는 상태, 전체가 얼음으로 뒤덮인 상태이다. 현재는 부분동결상태가 된다.

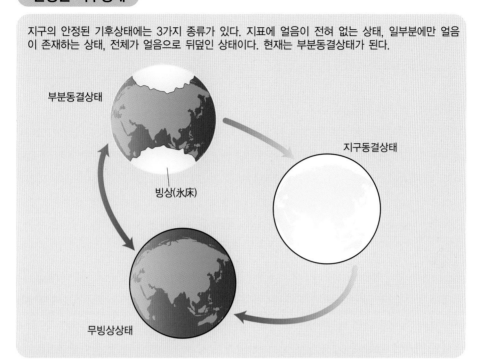

부분동결상태

빙상(氷床)

지구동결상태

무빙상상태

우주에서 본 남극대륙

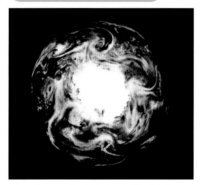

남극과 북극에 빙상이 발달한 현재는 부분동결상태이며, 빙하기에 해당된다. 100만년 정도 전부터 지구는 10만년 빙하기가 계속되고, 비교적 온화한 기후의 간빙기가 1만년 계속된다고 하는 주기적인 기후변동이 있었다.

지구역사 후반의 빙하기

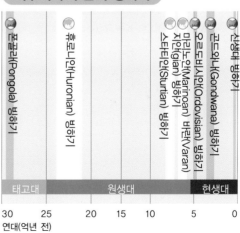

퐁골라(Pongola) 빙하기
휴로니안(Huronian) 빙하기
마리노안(Marinoan) 빙하기
바란(Varan)
스터티안(Sturtian) 빙하기
오르도비스안(Ordovisian) 빙하기
곤드와나(Gondwana) 빙하기
신생대 빙하기

| 태고대 | 원생대 | 현생대 |

30   25   20   15   10   5   0
연대(억년 전)

지구역사 후반의 빙하기. 원생대의 빙하기에 지구동결의 가능성이 있다.

● Tip ● • 방위자석은 자력선과 같은 방향으로 상하로 함께 움직이기도 한다. 도쿄는 47도. 고자기(古磁氣)는 암석의 이 각도를 측정하여, 암석의 원래의 장소를 밝혀낸다.
• 8억~6억년 전의 지구동결은 남조류(藍藻類)에 의한 산소증가, 온실효과가스인 메탄감소의 원인설이 있다.

Section 1 바다

 생존가능지역 생명생존이 가능한 천체가 존재할 수 있는 영역. 바꿔 말하면 액체인 물이 존속할 수 있는 온도환경의 영역.

❯ 원시혹성에 바다의 가능성

지질학적인 증거로부터 적어도 38억년 전에는 지구에 바다가 있었다고 한다. 그러나 바다의 기원은 훨씬 더 이전으로 거슬러 올라갈 가능성이 있다. 지금의 지구 사이즈로 성장하기 전의 단계, **원시혹성**(P38) 일 때에 이미 바다가 존재했을 가능성조차 제안되고 있는 것이다. 그 가설에 의하면 원시혹성의 두터운 대기를 벗어 나가면, 지표에는 한 면의 바다가 열려 있었다. 원시지구에 대한 최후의 충돌인 **자이언트 임팩트**(P50)에 의해 그 바다도 한번은 전부 증발하게 되었다. 그러나, 수증기로서 상공에 머물러 있던 바다는 대략 1000년 후에는 호우(豪雨)가 되어 내리기 시작한 것으로 생각된다. 1000년 동안 비는 단속적으로 계속 내리고, 45억년 전에는 바다가 부활했다고 한다. 생명의 생존이 가능한 천체가 있는 영역, 바꿔 말하면 액체인 바다가 존재할 수 있는 영역을 **생존가능지역(habitable zone)**이라 한다. 액체인 물이 존재할 수 있을지 어떨지는 천체 대기가 가지는 증기압 즉, 대기에 포함되는 물질이 기체로 있을 수 있는 압력에 의해 달라진다. 증기압이 낮으면 그만큼 낮은 수치로 증발된다. 예를 들면, 220기압에서 370℃, 100기압에서는 0℃까지 증발하지 않는다. 태양에서 받는 방사에너지도 바다의 존재에 크게 관계한다. 일반적으로 단위면적당 태양방사에너지가 현재 지구의 1.4배 이상이 되면 어떠한 대기량에서는 바다는 증발해 버린다고 한다. 금성이 바다를 보존할 수 없었던 것은 이 때문으로 생각되고 있다.

❯ 팽창하는 태양과 바다

태양은 조금씩 팽창하여, 방사하는 에너지량을 늘리고 있다. 도쿄공업대학의 이다 시게루(井田茂)에 의하면 현재 태양계의 생존가능지역은 최대한으로 0.85~1.6천문단위(지구와 태양의 거리가 1.0천문단위, 화성궤도반경은 약 1.52천문단위)인데, 이것이 60억년 후가 되면 지구궤도에서 벗어나, 1.2~2.2천문단위가 된다고 한다. 그래서 50억년 후에는 팽창된 태양이 지구를 삼켜버린다는 이야기도 있다. 앞서 이야기한 것보다 안쪽에 있으면 태양에서의 방사에너지가 너무 많아서 금성처럼 바다는 증발해 버리고, 그보다 멀면 바다는 얼어버린다. 목성의 위성 유로파(P74)에는 얼어붙은 바다 아래에 액체인 물이 있다고 추측되고 있다. 생존가능 지역에서는 벗어나지만 거대위성에는 태양 이외에도 무시할 수 없는 열원이 있다고 생각되며, 생명이 있을 가능성도 지적되고 있다.

태양계의 Habitable zone

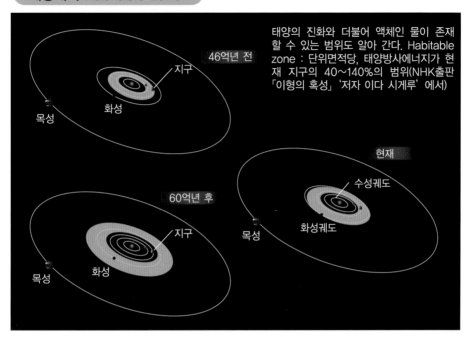

태양의 진화와 더불어 액체인 물이 존재할 수 있는 범위도 알아 간다. Habitable zone : 단위면적당, 태양방사에너지가 현재 지구의 40~140%의 범위(NHK출판 「이형의 혹성」 '저자 이다 시게루' 에서)

태양의 진화와 Habitable zone의 변화

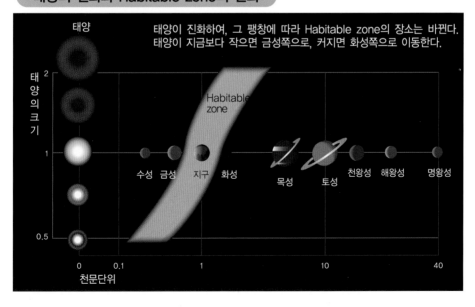

태양이 진화하여, 그 팽창에 따라 Habitable zone의 장소는 바뀐다. 태양이 지금보다 작으면 금성쪽으로, 커지면 화성쪽으로 이동한다.

● Tip ● • 화성에서 생명이 진화하는데 적합했던 시대는 대략 30억년 전까지라고 생각되고 있다.
  • 지구 바다의 평균수심은 4000m. 바다 생물의 70% 이상이 수심 200m이하의 얕은 바다에서 살고 있다.

생명

 Key Word 열수분출구멍　맨틀에 포함된 수분이 분출되는 장소로, 말하자면 심해의 온천지대. 수백℃의 열수 (熱水)는 중금속이나 유화수소를 풍부하게 포함한다.

❯ 가장 오래된 생명의 흔적

지구에서 가장 오래된 생명을 발견하는 연구의 경쟁에 있어서, 지금 시점에서는 코펜하겐대학의 미닉 T. 로징의 손을 들어주고 있다. 그는 그린랜드의 이스아지방에 있는 38억년 전 바위의 탄소성 분 분석으로부터 생명의 흔적을 확인했던 것이다.

❯ 생명은 언제 탄생한 것인가

많은 과학자는 최초의 생명이 **열수분출구멍** 부근에서 생겨났다고 생각하고 있다. 초기의 생명은 아 마도 생체활동에 필요한 에너지를 스스로 만들어 낼 수 없었다. 그런 한편 열수분출구멍에는 풍부한 미네랄이나 에너지가 있고, 생명이 이를 이용할 수 있다고 생각할 수 있기 때문이다. 38억년 전 생 명의 흔적이 발견된 바위에는 규칙적인 줄무늬(stripe) 모양이 있었다. 이것은 오랜 세월을 거쳐 토 사가 퇴적된 퇴적암인 것을 나타내고 있다. 이 퇴적암의 줄무늬 모양을 확대하자 그것은 더욱 미세 한 층의 집합인 것을 알 수 있었다. 로징은 조금의 흐트러짐도 없는 이러한 줄무늬 모양은 물을 흔들 어 대는 분출구멍 등 아무것도 없는 심해였다고 생각했다. 38억년 전에는 생명은 이미 상당한 진화 를 이루어, 열수분출구멍 근처가 아니라도 살아 갈 수 있는 단계에 있었다. 그래서 적어도 38억년 전 보다 이전에 생명이 존재했다고 생각하고 있는 것이다. 바다가 있으면 곧바로 생명이 탄생된다는 설 도 있어, 바다가 탄생되었다고 추측되는 연대는 점점 뒤로 거슬러 올라가고 있다. 위스콘신 대학의 John Bally에 의하면 44억년 전에는 바다가 탄생할 수 있을 정도로 지구는 냉각되어 있었다고 한 다. 생명의 기원도 수 억년 전으로 거슬러 올라갈지도 모른다.

❯ 화성에도 생명의 가능성

혹성에 생명이 탄생하기 위해서는 액체인 바다와 동시에 화산활동이 중요한 요소라고 여겨지고 있다. 왜냐하면, 열수분출구멍처럼 초기생명이 에너지를 얻기 위해 필요하며, 혹성 내에서 물질이 순환하기 위해서도 필요하기 때문이다. 현재의 화성은 **Habitable zone**(P58) 내에 있다고 한다. 탐 사기 Opportunity는 2004년 계속해서 화성에 물이 있었던 증거를 보내왔다. 활발한 화산활동이 있 었던 증거로서 태양계 최대의 화산인 올림푸스(Olympus)산도 있다. 화성은 일찍이 생명이 존재하 는 조건을 충분히 만족하고 있었던 것이다. 태양계에는 이 외에도 목성의 위성 유로파나 토성의 위 성 타이탄에 생명이 있는 것이 아닐까 하고 기대가 고조되고 있다.

수중에서의 퇴적암 생성방법

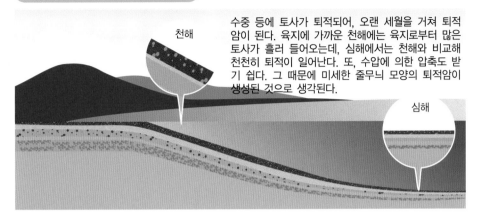

천해

심해

수중 등에 토사가 퇴적되어, 오랜 세월을 거쳐 퇴적암이 된다. 육지에 가까운 천해에는 육지로부터 많은 토사가 흘러 들어오는데, 심해에서는 천해와 비교해 천천히 퇴적이 일어난다. 또, 수압에 의한 압축도 받기 쉽다. 그 때문에 미세한 줄무늬 모양의 퇴적암이 생성된 것으로 생각된다.

열수분출구멍

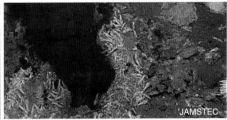

심해에 있기 때문에 분출되는 열수의 온도는 300℃나 되지만, 압력이 높기 때문에 끓지는 않는다. 주위에는 많은 생물이 살고 있다.

화성환경과 생명

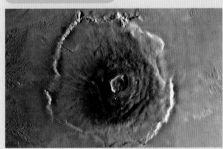

태양계 최대의 화산 올림푸스산. 수백 만년 전까지 분화했었다는 연구자도 있다. 혹성 내부에 열이 있어, 화산활동이 있는 것도 생명이 존재하는 조건이다.

2005년 3월 Mars Global Surveyor에서 보내온 Herschel crater의 모래언덕. 물이 흐른 흔적처럼 보인다.

2005년 3월 Mars Global Surveyor에서 보내온 침전작용에 의해 생성되었다고 생각되는 바위.

● Tip ● • 지층은 해저나 하천바닥 등 대개 수중에서 생긴다. 단, 화산재에서 생기는 경우도 있다.
• 지구상의 바위는 크게 화산성의 「화성암(火成岩)」과 주로 물의 바닥에서 생성되는 「퇴적암」 2종류로 분류된다.

대량절멸

Big Five 해산(海産) 무척추동물의 다양성 증감 그래프에 의해 명백해진 지구역사에서의 5차례 대량절멸을 말한다.

❯ 지구역사상 5차례의 대량절멸

지구역사에는 **빅 파이브**라고 불리는 세계 각지에서 일제히 생물이 절멸한 **대량절멸(mass extunction)**이 5차례 알려져 있다. 유명한 것은 공룡이 절멸한 약 6500만년 전의 **K/T경계**. 중생대 백악기(Kreide)와 신생대 제3기(Tertiary)의 앞 글자를 따서 이렇게 부르는 것이다. K/T경계에서는 생물의 과(科)의 레벨로 약 18%. 종(種)의 레벨로 약 최대 70%가 절멸했다고 한다. 이 외에도 오르도비스기(Ordovician), 데본기(Devonian) 후기, 2억 5000만년 전의 P/T경계, 트라이아스기(Triassic) 말의 대량절멸이 있다. 이 중에서도 종의 레벨로 95%에 달하는 사상최대의 대량절멸이 있어난 것은 고생대의 페름기(Permian)와 중생대의 트라이아스기(Triassic)의 경계로, **P/T경계**라 불린다.

❯ 원인은 확정되지 않았다

애초에 지질연대는 생물화석의 교체, 즉 어느 생물이 어느 지층까지 출토되는가 결정되었다. 그 때문에 연대가 바뀔 때에는 많든 적든 생물의 절멸이 일어났던 것이다. 고생대, 중생대, 신생대와 같은 큰 지질시대의 구분에는 역시 큰 대량절멸이 일어났다. 대량절멸의 원인은 지금도 중요한 연구테마이다. K/T경계에서는 직경 10km정도의 천체충돌이 원인이라고 생각되고 있다. 그 외의 대량절멸에 대해서는 원인은 확정되지 않았다. P/T경계는 초대륙 판게아를 분열시킨 플룸의 거대 분화가 계기라고 생각되고 있다.

❯ 대량절멸과 진화

오랜 동안, 지구는 생명을 육성하는 안정된 천체라고 생각되어 왔다. 그러나 최근 연구에서는 지구동결(P56)이나 거듭되는 대량절멸의 증거가 속속들이 나오고 있다. 지구표면에 달라붙듯이 생활하고 있는 생물은 항상 지구환경에 휘둘리고 있었던 것이다. **David Raup**가 실시한 시뮬레이션에 의하면 복잡한 고등생물의 진화에는 절멸이 불가결이라고 한다. 절멸이 일어나지 않으면 지구는 순식간에 생물들로 포화상태가 되어 그 이상은 진화가 진행되지 않게 되어 버린다는 것이다. 이러한 대량절멸의 연구성과로 인해, **SETI(지구 외 지적 생명탐사계획** : P218)의 방침도 재검토되고 있다. 20년 전에는 생명이 진화하는 무대는 안정된 환경을 가지는 천체라고 생각하고 있었다. 그러나 현재는 소혹성의 충돌이나 거대 분화가 일어나는 것처럼 대량절멸이 발생하기 쉬운 환경을 가진 천체를 찾으려고 하는 것이다.

빅 파이브

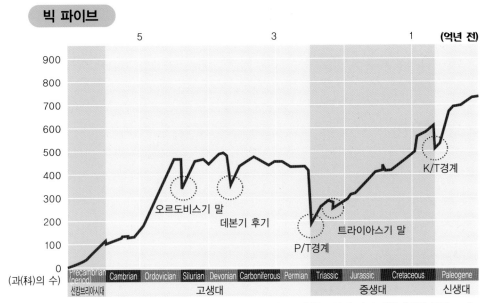

시카고대학의 Jack Sepkoski와 David Raup가 만든 해산 무척추동물의 과의 레벨에서의 증감 그래프. 이 그래프에 의해 빅 파이브의 존재가 명백해졌다.

K/T경계 / 운석충돌의 장소 　　　天체충돌

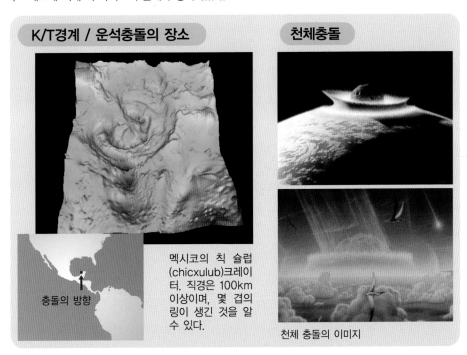

멕시코의 칙 슐럽(chicxulub)크레이터. 직경은 100km 이상이며, 몇 겹의 링이 생긴 것을 알 수 있다.

충돌의 방향

천체 충돌의 이미지

● Tip ●　• K/T경계의 운석충돌지점에서는 백합의 꽃가루가 발견되어, 충돌시기는 6월이라고 추정되고 있다.
　　　　　• 시베리아홍수 현무암이라 불리는 대량의 용암의 존재와 P/T경계의 관련성을 지적하는 연구자는 많다.

Section 14 화성

극관　화성의 양극에는 얼음으로 만들어진 하얀 빙상이 발달되었다. 얼음의 성분은 이산화탄소나 물(H_2O)이다.

❯ 철로 만들어진 핵

화성도 지구와 마찬가지로 중심에 주로 철로 이루어진 **핵(core)**이 있다. 핵은 직경의 절반 정도의 크기이며, 모든 것이 액체 상태로 되어 있거나, 중심부가 고체이며 주위가 액체로 되어 있다고 생각되고 있다. 화성에는 포보스(Phobos)와 데이모스(Deimos)라는 반경 10km의 감자처럼 생긴 삐딱하고 작은 위성이 2개 있다.

❯ 겨울에는 성장하는 극관

지축의 기울기는 25도 정도로 지구와 마찬가지로 계절이 있다. 극에는 물(H_2O)과 이산화탄소의 얼음으로 이루어진 **극관**이 있다. 겨울, 북극관은 중위도에까지 도달하고 봄에는 녹아서 작아진다. 대기가 있으며 구름도 드리운다. 여기까지는 지구와 비슷한 것 같지만, 화성 대기는 이산화탄소가 95.3%를 차지하고, 수증기는 0.03%정도다. 화성에 드리운 구름은 물로 이루어지는 얼음과 이산화탄소로 이루어지는 드라이아이스가 섞인 **빙정운(氷晶雲)**이다. 태양으로부터 받는 방사에너지도 지구의 절반밖에 없고, 평균기온은 −58℃, 여름 적도부근에서 약 25℃, 겨울 극점에서는 −138℃나 된다. 화성의 표면이 붉은 것은 철이 산화된 산화철이 많이 포함되어 있기 때문. 지표의 산화철이 먼지가 되어 대기 중을 떠다니고 있다. 그 때문에 빨갛게 보이는 것이다.

❯ 슈퍼 플룸에 의한 산지

달의 앞면과 뒷면이 전혀 다르듯이 화성도 북반구와 남반구가 다르다. 북반구의 평원은 남반구보다도 평균 5km나 높고 매우 평탄하다. 지형은 다양성이 풍부하다. 타르시스(Tharsis)고원에는 타르시스 삼산이라는 높이 10km나 되는 거대한 화산이 연이어 3개가 있다. 이것은 거대한 맨틀의 상승류인 **슈퍼 플룸**의 상승으로 인해 생긴 것으로 생각된다. 타르시스고원의 서쪽에는 높이 25km, 산기슭의 직경 60km라는 태양계 최고봉인 **올림푸스산**이 솟아 있다. 이 산은 대략 240만년 전까지 화산활동을 하고 있었다는 설도 있다. 마침 지구에서는 인류가 원인(猿人)에서 원인(原人)으로 변천할 무렵의 시대다. 타르시스고원에서는 높이 4000km, 폭 100km, 깊이 7km나 되는 마리네리스(Marineris)협곡도 있다. 이 협곡은 물의 흐름에 의한 것이 아니라 타르시스 삼산이 생겼을 때, 지각의 신장(伸長)과 균열로 생긴 것으로 생각되고 있다. 화성의 남반구는 많은 크레이터로 뒤덮여 있으며 달과 매우 비슷하다.

화성의 모래폭풍

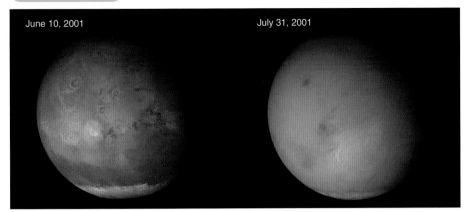

June 10, 2001   July 31, 2001

모래폭풍이 일어나기 전의 화성(좌)과 일어난 후(우). 화성에는 대기가 있어, 시시각각 격렬한 모래폭풍이 지표를 뒤덮는다. 극관도 모래폭풍에 의해 흐릿해 보인다.

화성의 석양

먼지가 대기 중을 떠다니고 있기 때문에 흐려있다.

극관

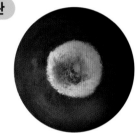

화성의 남극에도 극관이 있다.

화성의 지형

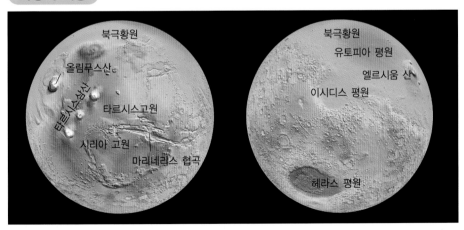

북극황원
올림푸스산
타르시스고원
시리아 고원
마리네리스 협곡

북극황원
유토피아 평원
엘르시움 산
이시디스 평원
헤라스 평원

● Tip ● • 거대한 맨틀의 상승류로 정상부가 직경 1000km를 넘는 것을 슈퍼 플룸이라고 한다.
• NASA(미국항공우주국)에서는 화성을 제2의 지구로 개조하려고 하는 「테라 포밍(Terra Forming) 계획」이 있다.

Section 15 화성의 물

Key Word 유산염 광물 유산기(硫酸基)를 가지는 광물이며 금속 광상(鑛床)이나 지열지대 등의 수중에서 자주 발견된다. 명반석(明礬石, alunite : 백반석이라고도 함) 이나 철(鐵)명반석 등.

❯ 물 존재 가능성이 높은 장소

2004년 3월 **탐사기 오퍼튜니티(Opportunity)**의 착지점은 메리디아니 평원(Meridiani Planum) 이라는 장소였다. 그때까지의 관측으로는 이곳에는 진한 회색의 산화철(grey hematite)이라는 특수한 광물이 있다고 추측되고 있었다. 이 광물은 지구에서는 호수나 온천이었던 장소에서 자주 발견되는 것이다. 전세계의 연구자가 물 존재의 기대를 가진 장소였다.

❯ 속속들이 발견되는 예전의 물의 증거

노출된 바위 표면에는 퇴적된 것 같은 줄무늬 모양의 층 구조가 보였다. 그러나 화산재의 퇴적에서도 비슷한 층 구조가 생기는 것을 알고 있다. 그래서 분광계를 사용하여 성분을 조사해본 결과, 수중에서 발견되기 쉬운 **유산염 광물**이라는 물질이 발견되었다. 그 중에서도 발견된 철명반석은 지구에서는 강산성의 수중이나 열수환경에서 생성되는 것이다. 이 외에도 **블루베리**(blueberry)라고 명명된 둥근 형태의 돌이 발견되었다. 이 돌 가운데 3개가 연결된 것이 발견되었다. 둥근 형태의 돌은 운석충돌이나 화산분화에 의해서도 생기는데, 연결형태의 입자는 수중에서 결정화되지 않으면 생성되기 어렵다. 이 블루베리가 그레이 헤마타이트일 가능성도 지적되고 있다. 이때까지도 탐사기 매리너나 마스글로벌 서베이어(Mars Global Surveyor)가 촬영한 화성의 표면 사진으로부터 홍수에 의해 생긴 것으로 생각되는 냇가 같은 지형이나 층 형태의 퇴적지형 등이 발견되었다. 그러나 이번에 탐사기의 관측으로부터 유산염 광물 등의 직접적인 증거가 발견되어, 화성에도 일찍이 대량의 물이 존재했던 것이 확실해 진 것이다.

❯ 지하에 물이?

그러면 대체 화성의 물은 어디로 사라진 것일까? 물의 이동장소에 대해서는 2가지 설이 생각되고 있다. 하나는 증발되어 우주공간으로 사라져 버렸다는 것. 다른 하나는 지하로 스며들어, 얼음으로서 존재한다는 것이다. 2002~2003년에 관측을 실시한 탐사기 마스 오딧세이(Mars odyssey)는 감마선 스펙트로미터(spectrometer)를 사용하여 화성에 대량의 물이 있을 가능성을 시사했다. 물의 존재가 시사됨으로써 생명이 있을 혹은 있었을 가능성은 점점 높아져갔다. 화성 대기 중에 포함되는 메탄 등의 분석으로부터 2005년에도 메탄을 생성하는 박테리아 등이 존재할 가능성이 보고되고 있다.

물 존재의 가능성이 높은 장소

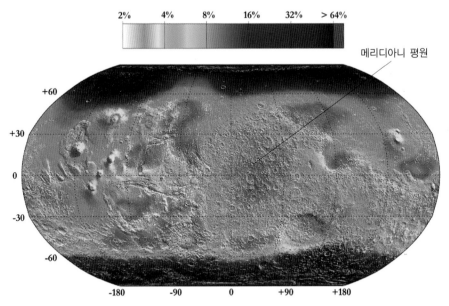

탐사기 마스 오딧세이(Mars odyssey)가 측정한 수소의 양. 짙은 곳일수록 물이 존재할 가능성이 높은 장소. 양 극관에는 대량의 물의 얼음이 잠들어 있을지도 모른다.

블루베리

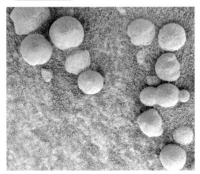

「블루베리」라 명명된 바위. 수중이 아니면 3개 연결된 듯한 둥근 형태의 입자생성은 어렵다.

물이 흐르는 장소에서 생기는 층 구조를 가진 바위

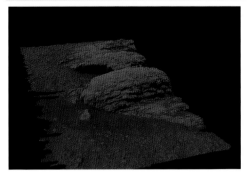

물이 흐르는 장소에서 생기는 사층리(斜層理 : cross-bedding)라 불리는 지층구조를 볼 수 있다. 이 바위는 「Last Chance」라 명명되었다.

● Tip ●
- 1996년 화성 운석에서 생명의 흔적발견이라는 발표가 있었다. 그러나 이 견해는 현재는 부정적이다.
- Opportunity의 착지점은 직경 약 20m의 작은 크레이터. 상공에서 이 작은 구멍으로 착지하는 것은 실로 홀인원(hole in one) 수준의 기적이었다.

소혹성

 Key Word 근지구형 소혹성 지구궤도 안쪽에 있는 궤도를 가지는 소혹성. 탐사의 대상이 되는 소혹성의 대부분이 이 종류들이다. 에로스도 근지구형 소혹성.

❯ 소혹성이 집중되는 소혹성대

소혹성은 태양계의 넓은 범위에 있지만, 집중되는 장소가 있다. 그것은 화성궤도와 수성궤도의 사이. 2~3천문단위의 범위로, **소혹성대**라 불린다. 여기에 있는 소혹성의 대부분은 직경 수km~수십km정도로, 100km를 넘는 것은 10개 이하밖에 없다. 궤도가 확정된 소혹성의 수는 10만개(2005년 4월 현재), 그 중 5000개 이상이 일본인이 발견한 것이다. 궤도의 확정에 공헌한 사람에게 명명권(命名權)이 부여된다.

❯ 태양계 창세기의 정보를 가진다

태양계가 탄생했을 때, 원시태양계 성운(P38)에는 직경 수km~10km정도의 미혹성이 100억 개나 생겼다고 한다. 이 미혹성은 서로 충돌과 합체를 반복하여 어느 것은 혹성으로까지 성장했다. 소혹성대에 있는 소혹성에는 그 때에 성장하지 못하고 남았던 것과 격렬한 충돌에 의해 큰 천체가 부숴져서 생긴 것이 있다고 생각되고 있다. 소혹성 궤도의 대부분은 목성이나 화성궤도의 안쪽이 있는데, 실로 지구나 태양에 근접하는 긴 타원궤도를 그리며 도는 것도 있다. 지구궤도 안쪽에 들어가는 소혹성은 **근지구형 소혹성**이라 불린다. 이러한 천체에 아폴로형 천체 등이 있다. **아폴로형 천체** 중에는 일찍이 **혜성**(P86)이 바로 그 궤도에 머물렀다고 생각되는 것도 존재한다. 소혹성은 원시태양계의 정보를 보존 및 유지를 하고 있다고 생각되기 때문에, 탐사기로 소혹성을 조사하여 샘플을 가지고 귀환하는 등의 시도에 따라 원시태양계의 해명이 기대되고 있다. 2000년에는 탐사기 니어 슈페이커(NEAR Shoemaker)가 소혹성 에로스의 관측을 실시하여, 그 지표면이 **콘드라이트(Chondrite) 운석**과 비슷하다는 것이 밝혀졌다. 지구에서 자주 볼 수 있는 콘드라이트 운석은 원시태양계 성운 속에서 형성되어, 태양계의 원료가 되었다고 생각되고 있는 것이다.

❯ 지구에 충돌하는 소혹성

유진 멀 슈메이커(Eugene Merle Shoemaker)는 지구에 충돌하여 지구규모의 재해를 일으킬 위험성이 있는 소혹성을 750~900개나 추려냈다. 매사추세츠(Massachusetts)대학에서 2000년에 실시한 이론계산으로는 적어도 1000개 이상이라고 예측했다. 공룡을 절멸로 몰아넣은 소혹성의 직경이 약 10km. 불과 직경 1km정도의 소혹성이 충돌해도 전 인구의 10%는 소멸될 것이라고 시험계산의 결과가 나왔다.

소혹성대의 궤도

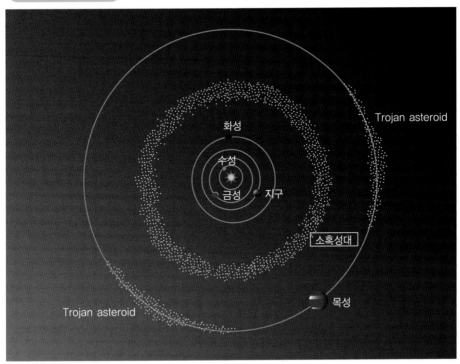

목성궤도에 있는 것은 트로얀 소행성(Trojan asteroid)이라 불리는 소혹성의 무리. 태양과 목성을 연결하는 선을 저변으로 하여 항상 정삼각형이 되는 위치(Lagrange점)에 모여 있는 것으로 2곳 있다.

소혹성 마틸다와 에로스

소혹성탐사기 NEAR Shoemaker가 촬영한 마틸다와 에로스. 두 개의 소혹성은 전혀 다른 모양을 보이고 있다.

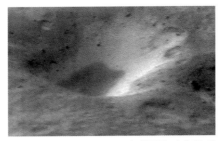

위성 NEAR Shoemaker가 촬영한 소혹성 에로스의 표면. 크레이터 속에 주위보다도 한층 밝은 부분을 볼 수 있다. 지하의 물질이 운석충돌 시에 분출되어 그대로 노출되어 있는 것으로 생각된다.

● Tip ● • 소혹성의 이름에는 신화에서 인용한 것이 많은데, 타코야키와 같은 이름의 소혹성도 있다.
• 2029년에 소혹성 2004MN4가 300분의 1 확률로 지구에 충돌한다고 NASA가 발표했다.

Section
17 목성

Key Word 중력수축 천체의 질량에 따라 발생하는 중심을 향하는 힘으로. 내부로 물질이 함몰됨으로써 생기는 수축. 대부분의 경우 열에너지를 발한다.

❯ 태양이 될 수 없었던 천체

거대 가스혹성인 목성의 주성분은 수소가 약 90%, 헬륨이 약 10%로, 태양과 거의 같은 조성이다. 목성의 질량(1.90×10^{27}kg)이 80배가 더 되었더라면 태양처럼 빛나는 항성이 되었다. 덧붙여 태양은 목성의 1000배 질량을 가지고 있다. 목성의 대기 중을 내려가면 점점 압력이 높아져 간다. 100km정도 내려가면 그 압력에 의해 수소가 액체상태가 된다. 이 액체수소의 층은 약 2만km나 이어진다. 그리고 더 내려가면 액체금속수소가 되어 이것이 약 4만km, 중심에는 직경 2만km의 철을 주성분으로 하는 핵(core)이 있다. 그 부근은 4000만 기압, 5만도나 된다고 한다.

❯ 300년 이상 꺼지지 않는 대적점(大赤點)

목성의 표면에는 희거나 갈색의 줄무늬 모양을 볼 수 있다. 밝은 부분을 띠(帶), 어두운 부분을 **줄무늬**(縞)라 한다. 대기에는 질소나 수소도 있어 표면온도는 −150℃로 낮기 때문에 메탄이나 암모니아의 구름이 생성되어 있다. 또, 자전이 약 10시간이라는 속도이기 때문에, 구름은 흐르고 흘러 목성표면에 아름다운 줄무늬 모양을 그려내고 있다. 짙은 색 부분에서는 주로 상승기류가, 엷은 부분에서는 하강기류가 있는 것이 탐사기의 관측으로부터 밝혀졌다. 발견 이후 300년이라는 세월 동안 꺼지지 않는 **대적반**은 목성 최대의 소용돌이 모양으로, 그 중심부분에는 거대한 상승기류가 있다. 지구의 태풍과 마찬가지로 반시계방향으로 소용돌이를 그리며 불려 올라간다. 상승된 대기에 태양광이 닿으면 인(Phosphorus)이 생겨 빨갛게 보인다고 생각되고 있다. 대적반 속에서는 초속 120km나 되는 바람이 불고 있는데, 지구처럼 태양에너지에 의한 것은 아니다. 목성의 질량에 의한 물질을 중심으로 함몰시키는 힘(**중력수축**)의 영향으로 생긴 열에너지로, 이러한 대기운동을 볼 수 있다고 생각된다.

❯ 갈릴레오 위성과 오로라

목성의 극지방에서도 오로라가 관측되고 있다. 지구의 오로라와 마찬가지로 태양풍(P42)이 목성의 자기권으로 파고 들어 빛나는 것인데, 목성의 경우 위성이 이 오로라에 커다란 영향을 미치고 있다. **갈릴레오 위성**(P72)이라는 4개의 거대위성이 가지는 자기권은 목성의 자기권과 서로 영향을 주어, 목성의 극지방으로 연결되는 자력선을 만든다. 위성과 목성의 자력선이 겹쳐진 곳은 국소적으로 강한 자력선이 되기 때문에, 오로라도 이 부분에서 보다 강하게 빛나게 된다.

변화하는 대적반

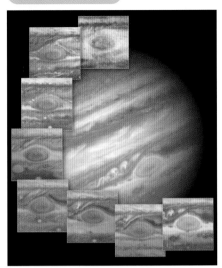

허블 우주망원경이 촬영한 목성과 대적반의 변화. 지구직경 2~3배나 되는 크기. 동서로는 움직이지만, 남북 방향으로는 움직이지 않는다.

아름다운 줄무늬 모양

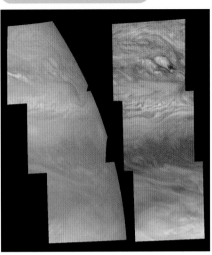

목성의 북위 3~30도 구름. 좌측은 실제로 보았을 때와 같은 색. 우측은 화상처리에 의한 유사 컬러로 구름의 고도 등을 알기 쉽게 표현한 것. 좌측 사진은 우측의 40분 후에 촬영되었다.

극의 오로라

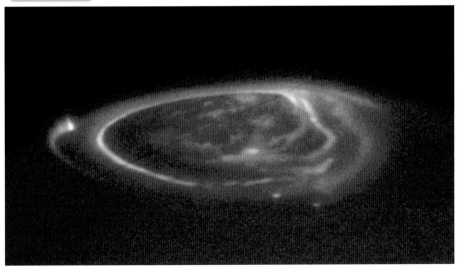

목성의 오로라. 갈릴레오 위성의 자기권이 목성의 자기권에 영향을 주어, 국소적으로 강한 빛을 발산한다. 좌측 끝은 이오의, 우측 2개 나열된 점 형태의 것은 좌측이 가니메데, 우측이 유로파의 자기권 영향에 의한 것이다.

● Tip ● • 줄무늬 모양의 색이 다른 요인은 잘 알려져 있지 않지만, 포함되는 물질이나 온도의 차이인 것 같다.
 • 목성이 없었다면, 지구에 충돌할 소혹성의 수는 1000배, 수만 년에 1회 충돌한다고 한다.

갈릴레오 위성

원시목성계 원반 원시태양과 마찬가지로 초기 목성을 둘러싼 먼지와 가스의 원반이 있었다고 생각된다. 원시태양계 원반보다 규모는 훨씬 작았다.

❯ 1610년 갈릴레오 갈릴레이가 발견

목성에는 이름이 붙은 위성이 48개, 이름이 없는 것을 합하면 63개의 위성이 발견되었다(2006년 7월). 그 중에서도 1610년에 갈릴레오 갈릴레이가 발견한 4개의 위성은 목성을 중심으로 하여 안쪽부터 이오, 유로파(P74), 가니메데, 칼리스토라 하여 총칭 목성의 **4대 위성** 또는 **갈릴레오 위성**이라 부르고 있다. 갈릴레오위성은 목성중력의 큰 영향을 받아 목성을 향해 항상 같은 면을 하고 있다.

❯ 100 이상의 활화산을 가진 이오

목성의 제1위성 **이오(Io)**는 반경 약 1821km. 반경 약 1713km의 달은 작기 때문에, 내부의 열을 거의 소실했다. 그런데, 달과 거의 같은 크기인 이오에는 태양계에서 가장 활발한 화산활동이 있다. 100개 이상의 활화산이 있으며, 지구의 30배나 되는 활발한 활동을 하고 있다. 이오의 표면에는 1610℃라는 고온의 장소도 있는 것이다. 이오에서 이러한 활발한 활동을 볼 수 있는 것은 목성의 중력이 강한 영향을 미치고 있기 때문이다. 또, 이오의 바깥쪽을 돌고 있는 유로파(Europa)가 이오의 공전궤도를 크게 일그러뜨리고 있다. 그 결과 이오가 목성에 근접하거나 멀어지거나 함으로써 끊임없이 형상이 일그러진다. 그 마찰에 의한 열에너지가 모여 화산활동의 원동력이 생겨나는 것이다.

❯ 3개의 얼음 위성에 감춰진 바다

갈릴레오 위성의 다른 3개의 위성은 얼음이 표면을 덮고 있다. **가니메데(Ganymede)**는 태양계 최대의 위성으로 반경이 2634km, 수성보다도 크다. 가니메데의 얼음 아래에도 물이 존재할 가능성이 있다. **칼리스토**의 반경은 2403km. 2001년에 실시된 탐사기 갈릴레오에 의한 자장(磁場)의 계측으로부터 염(鹽)류를 다양하게 가지는 전해질 바다의 존재가 시사되었다. 얼음의 지하 150km 위치에 20km정도 깊이의 바다가 있다고 추정된다. 목성의 초기에는 목성을 중심으로 한 미니태양계와 같은 것이 있었을 것으로 생각된다. 갈릴레오 위성은 아마 **원시목성계 원반**의 먼지로부터 생성되었다. 또, 갈릴레오 위성보다 바깥쪽을 돌고 있는 위성은 태양의 주위를 돌던 천체가 목성의 중력에 의해 붙들린 것으로 생각되고 있다. 갈릴레오 위성보다 안쪽의 기원에 대해서는 잘 알려져 있지 않다.

● Tip ● 이오의 화산은 태양계에서 태양을 제외하면 가장 고온이다.

목성과 갈릴레오 위성

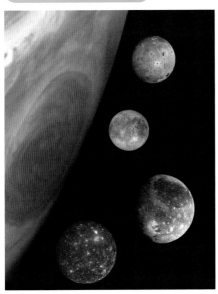

위에서부터 이오, 유로파, 가니메데, 칼리스토

이오의 화산

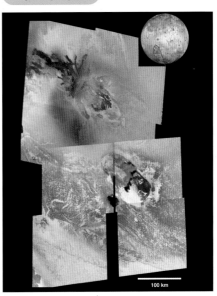

100 km

목성의 조석력에 의해 활발한 화산활동을 하는 이오. 활발한 화산 중의 하나(Culann Patera 화산)

목성의 고리와 주요 위성

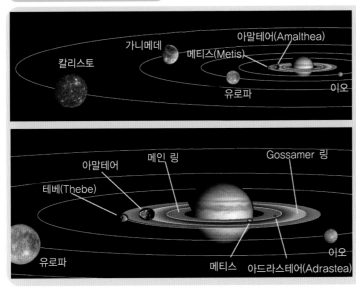

아말테어(Amalthea)
가니메데
메티스(Metis)
칼리스토
유로파
이오

아말테어
메인 링
Gossamer 링
테베(Thebe)
유로파
메티스
아드라스테어(Adrastea)
이오

목성에도 고리가 있다. 목성의 고리를 만들고 있는 입자는 점점 목성으로 낙하되어 가는데, 그 만큼이 목성의 위성으로부터 공급된다. 주요 테두리는 위성 아드라스테어와 메티스로부터, Gossamer 링은 위성 테베와 아말테어로부터 공급되고 있다고 여겨진다.

● Tip ● 위성 이오에서는 상공 500km나 달하는 분화가 관측되었다.

Section 19 유로파

산화환원반응 화학반응으로 관계하는 원자 사이에서 산소나 전자를 주고받는다. 지구에서는 이 과정에서 에너지가 생기며, 생명활동에 이용된다.

❯ 바다와 생명이 존재할 가능성

목성의 제2위성 유로파는 반경 1565km, 갈릴레오위성 중에서도 가장 작다. 그러나 바다가 있고, 원시적인 생명이 있을지도 모르는 태양계에서 가장 주목을 받는 위성 가운데 하나다. 미국의 SF영화 「2010년」에서도 새로운 생명이 탄생하는 장으로서 그려져 있었다. 크레이터의 관측과 수치 시뮬레이션을 조합한 결과, 유로파의 표면을 뒤덮은 얼음의 두께는 적어도 3~4km로 추정되었다. 탐사기 갈릴레오가 보내 온 여러 화상에는 지하의 물이 용출되어 증발했기 때문에, 남은 염(잔류물)의 흔적 등이 나타나 있었다. 생명에너지의 기본은 산소의 주고 받음, **산화환원반응**이라는 화학반응이라고도 할 수 있다. 지구상의 생명에서는 식물이나 균류가 수행하는 광합성이 모든 생명을 지지하여, 이 반응을 대행하고 있다. **광합성**에서는 탄소와 산소가 결합하고, 전자를 공유하여 에너지를 방출하거나, 물질로부터 산소를 추출하는 환원반응을 하여, 산화에 필요한 산소를 만들어 낸다. 지구상의 산화제의 대부분은 광합성이 생성한다. 그러나 목성의 위성은 태양으로부터 멀고, 두꺼운 얼음에 뒤덮여 있기 때문에 광합성은 불가능하다. 스탠포드대학의 Kevin Hand에 의하면 위성에 쏟아지는 하전(荷電) 입자가 산소분자 등의 산화제를 만든다고 한다. 하전입자란 전기를 띤 입자로 이온 등을 말한다. 유로파 등 위성의 궤도는 목성의 자기권 속에 있으며, 고속 하전입자가 끊임없이 표면으로 쏟아진다. 이 하전입자가 위성표면과 충돌하면 산소분자나 이산화탄소 등의 산화제가 생성된다. 이 산화제가 지하의 바다에 도달하면 생명활동에 필요한 에너지가 생긴다고 한다.

❯ 내부에 열원이 있을지도 모른다

또 생명활동에는 천체내부의 활동이 불가결이다. 달보다도 다소 작은 유로파는 그 크기로 볼 때 보통 내부에 열이 있을 거라고는 생각하기 어렵다. 그런데, 목성이라는 거대혹성의 **조석력**에 의해 위성은 끊임없이 변형하고, 그 때에 마찰열이 발생하는 것이다. 이오에서는 이 마찰열이 활발한 화산활동을 불러 일으킨다. 갈릴레오 위성 중에서 2번째로 목성에 가까운 유로파에도 내부에 마찰열에서 유래한 열원이 있는 것은 아닌가 하고 생각된다. 만약 열원에 의해 지구의 **열수분출구멍**(P60)과 같은 것이 있으면 유로파에 생명이 있을 가능성은 매우 높아진다.

● **Tip** ● 전기를 띤 입자를 하전입자라 부른다. 수소원자 핵의 양자 등의 이온이나 전자 그 자체도 하전입자.

위성 유로파

유로파의 표면 확대. 대략 10km. 빨갛게 보이는 곳은 지하 바다의 성분이 표면으로 나와 있는 건지도 모르는 곳.

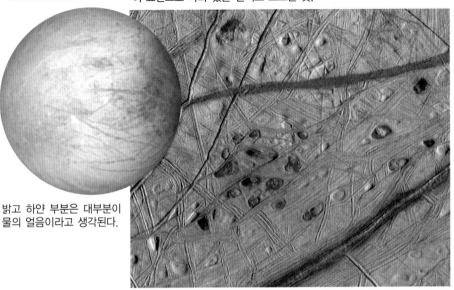

밝고 하얀 부분은 대부분이
물의 얼음이라고 생각된다.

갈릴레오 위성의 내부구조

이오 이외의 모든 갈릴레오위성에 물의 얼음 또는 액체의 바다가 존재할 가능성이 있다.

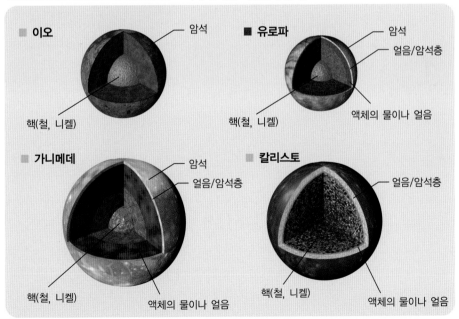

■ **이오**
암석
핵(철, 니켈)

■ **유로파**
암석
얼음/암석층
핵(철, 니켈)
액체의 물이나 얼음

■ **가니메데**
암석
얼음/암석층
핵(철, 니켈)
액체의 물이나 얼음

■ **칼리스토**
얼음/암석층
핵(철, 니켈)
액체의 물이나 얼음

● Tip ● 바다가 있을 가능성을 가진 위성은 유로파, 칼리스토, 가니메데, 토성의 위성 타이탄 4개다.

Section **20**

토성

Key Word 알베도(albedo) 혹성의 표면이 태양 빛을 반사하는 비율을 말한다. 반사율, 반사능이라고도 한다.

❯ 태양계의 보석

아름다운 고리(ring)를 가진 토성은 태양계의 보석이라 불린다. 목성과 더불어 커다란 가스 혹성이며 중심에는 암석이나 얼음 핵, 그 위에 액체금속의 층이 그 바깥쪽을 액체수소의 층이 덮고 있다. 태양계의 혹성 중에서도 가장 밀도는 작아 물에 뜰 정도다. 한편, 편평률(扁平率)은 태양계에서 가장 높다. 초속 9.8km라는 엄청난 속도로 자전하기 때문에, 상하가 찌부러져 적도 면이 부풀어 오른 타원형이 된 것이다.

❯ 물의 얼음이 형태를 만드는 링

고리는 20만km나 되는 폭을 가짐에도 불구하고, 단 수십~수백m의 두께밖에 되지 않는다. 고리의 온도는 -180℃ 전후. 또, 고리는 공전주기에 맞추어 지구에서 봤을 때의 기울기를 변화시킨다. 토성의 고리는 크게 8개로 나뉘어져, A~G고리(ring)로 명명된 것과 **탐사기 카시니**가 발견한 R/2004S1이 있다. 한 장의 판처럼 보이는 고리인데, 실제로는 무수히 많은 고리가 모여, 1개의 고리도 무수히 많은 입자가 모여서 생성된 것이다. A, B고리는 바깥쪽으로 물의 얼음이 밀집되어 있다. 얼음 이외의 다른 입자로 구성되어 있는 것은 A고리 사이에 있는 **엔케의 간격(Encke gap)**이나 A고리와 B고리 사이에 있는 **카시니의 간격(Cassini gap)**, C고리 안쪽 등이다. 이러한 입자는 위성에서 분출된 것 등으로 성분에는 탄수화물이나 암석 등이 포함된다.

❯ 대기가 발견된 위성 엔켈라두스(Enceladus)

발견된 토성의 위성 수는 전부 59(2006년 7월), 이 중 타이탄을 제외하면 대부분의 위성은 얼음으로 이루어진다. 크기는 여러 가지로 작은 것은 반경 수km. 최대의 위성은 타이탄으로 반경 2575km, 수성과 거의 같은 크기다. 타이탄은 생명존재의 가능성이 있을 위성으로서 주목되고 있다. 물의 얼음으로 뒤덮여 있는 위성 **엔켈라두스(Enceladus)**는 **알베도**(반사율)가 90%로 태양계에서 가장 높다. 2005년에는 희박한 대기의 존재가 밝혀졌다. 반경 249km의 작은 엔켈라두스가 대기를 묶어 두기 위해서는 화산이나 간헐천(geyser) 등의 화산활동이 필요하다고 생각된다. 그 외에도 같은 궤도를 도는 3개의 위성 테티스(Tethys), 텔레스토(Telesto), 칼립소(Calypso)나 충돌할 정도로 근접하면 서로의 궤도를 교환하여 충돌을 피하는 위성 야누스(Janus)와 에피메테우스(Epimetheus) 등 독특한 위성의 존재가 알려져 있다.

토성 주요 위성의 위치와 링

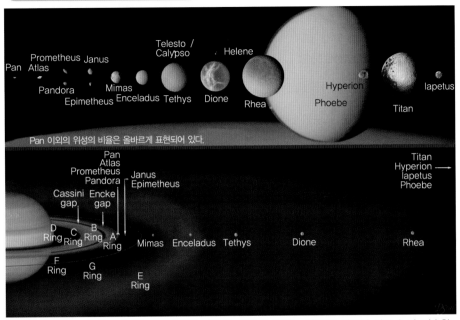

고리를 구성하는 입자는 바깥쪽으로 갈수록 커진다. 입자의 크기는 대체로 지구의 가루 눈과 비슷한 정도다.

대기의 운동

줄무늬 모양은 메탄과 암모니아로 이루어진 구름이 만든 다이내믹한 대기의 운동을 나타내고 있다.

위성 엔켈라두스와 그 표면

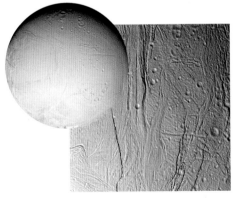

탐사기 카시니의 관측에 의해 엔켈라두스에는 상당한 대기가 있다는 것을 알았다. 1981년 보이저의 관측으로는 알지 못했었기에 이번에 새로 관측하기까지 사이에 무언가가 일어났을 가능성도 있다.

● Tip ● • 갈릴레오 갈릴레이가 2년 후에 다시 토성을 관측했을 때, 지구에서 봤을 때의 기울기가 변했기 때문에, 고리가 사라져 보였다.
 • 토성의 고리는 토성에 너무 접근하여 부숴진 위성의 파편으로 생성된 것으로 추측된다.

타이탄

Section 2 1

아르곤40 방사성 원소 칼륨이 파괴되어 변한 것. 타이탄의 대기 데이터에서 검출되었다. 칼륨의 대부분이 지하에만 있기 때문에, 지하에서의 마그마분출 증거가 되었다.

❯ 생명탄생의 수수께끼를 풀다

태양계의 위성 중에서 2번째로 크다. 대기압은 1.5기압으로 질소를 주성분으로 한 대기를 가진다. 이 대기조성은 지구의 원시대기와 비슷하다. 그 때문에 타이탄의 탐사는 원시적인 생명이나 생명탄생의 수수께끼를 푸는 단서가 된다고 기대되고 있다. 지구도 탄생 당초는 금성이나 화성처럼 이산화탄소가 주성분인 대기였다고 생각되는데, 생명탄생 후에 박테리아나 식물의 작용으로 질소를 주성분으로 하는 대기로 변모했다. 타이탄의 대기중 질소가 무엇으로부터 유래하는 것인지 해명이 기대되고 있다.

❯ 메탄의 비가 내린다

타이탄의 대기에는 두께 약 200km의 짙은 안개 층이 있다. 2005년 1월 14일에 **탐사기 카시니**에서 떨어져 타이탄으로 돌입한 **탐사기 호이겐스**(Huygens)의 시계는 안개 층에 저지당했다. 시계는 지상까지 20km정도 되는 곳에서 겨우 보였다.

타이탄의 대기

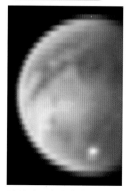

탐사기 카시니에서 보낸 데이터에 의한 타이탄의 모습. 색은 유사컬러로 노란 부분은 탄화수소가 풍부하며, 녹색은 얼음이 많고, 흰색은 메탄의 구름이라고 생각된다.

질소 15와 질소 14의 존재비

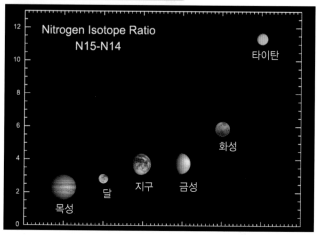

질소에는 방사성 동위원소인 15와 14가 있다. 그 계측에 의하면 타이탄은 가벼운 질소(N14)의 수치가 현저히 낮다. 그 원인에 대해서는 현재 규명 중이다.

탐사기 호이겐스가 촬영한 타이탄의 모습

탐사기 호이겐스가 고도 16km 지점에서 촬영한 화상. 바다 또는 호수를 향해 냇가 같은 지형이 흘러 들어가는 모습이나 섬, 사주(砂州, sand bar) 같은 것도 보인다. 호수나 냇가는 화상으로는 건조되어 보이지만 메탄의 비가 내린 것은 그렇게 오래된 것은 아니라고 생각된다.

타이탄의 표면에서 촬영된 돌. 각진 돌은 큰 것이라도 15cm정도, 물의 얼음으로 이루어져 있다고 생각된다.

냇가 같은 수계(樹系)의 지형과 그 끝으로 넓어지는 바다나 호수와 같은 지형.

착륙 3분 후에는 주위의 메탄이 30% 증가, 호이겐스의 열에 의해 지표지각에 포함되어 있던 액체상태 메탄이 기화되었기 때문으로 생각된다. 타이탄의 표면온도는 −180℃로 매우 낮다. 이런 상황 하에서 메탄은 액체 혹은 기체로서 존재한다. 대기 중에서는 탄화수소의 입자를 핵으로 메탄에 응집, 메탄의 구름이 되었다. 또, 지표에는 어디까지나 냇가를 흘러서 각이 진 것 같은 물의 얼음으로 만들어진 바위나, 냇가처럼 분기된 도랑이 이곳 저곳에서 볼 수 있었다. 굽이굽이 분기된 여러 갈래의 도랑은 메탄의 비가 내린 증거라고 생각된다. 지구에서는 물이 액체로서 순환하지만, 타이탄에서는 메탄이 같은 역할을 완수하고 있는 것 같다. 두툼한 메탄 구름으로부터는 메탄의 비가 내리고, 비는 대지를 깎아 내려 냇가를 만든다. 지구의 물 순환과 비슷한 사이클을 메탄이 수행한다. 타이탄은 태양계의 위성에서 유일하게 비가 내리는 천체로 확인되었다.

❯ 용암 대신에 물과 암모니아를 분출하는 화산

탐사기 호이겐스가 얻은 대기 데이터에는 화산활동의 징후가 나타나 있었다. **아르곤40**이 검출된 것이다. 아르곤40은 방사성 원소인 칼륨이 파괴되어 변한 것으로 대부분의 칼륨은 암석 속으로 내포되기 때문에 지하에만 있다. 그 때문에 대기중의 아르곤40은 지하에서 마그마가 분출된 증거라고 생각된다. 타이탄의 화산에서는 용암 대신에 물과 암모니아가 분출된다고 한다. 타이탄은 지구와는 전혀 다른 시스템을 가지고 있는 것이다.

● Tip ● • 호이겐스에는 Rock 음악 4곡이 탑재되었다. Julien Civange와 Louis Haeri가 만든 이 곡들을 www.music2titan.com에서 다운로드 할 수 있다.
• 호이겐스는 낙하 중, 바람(시속 약 5km)에 흔들려, 착지지점은 진흙 땅과 같은 부드러운 장소였다.

Section 2 천왕성

Key Word 양치기(shepherd)위성 두 위성의 중력이 입자가 분산되는 것을 방지하여, 링 형태를 이루며 안정시킨다. 이러한 역할을 하는 위성을 말한다.

❯ 대기성분의 메탄이 적색을 흡수한다

태양계에서 3번째로 큰 혹성으로 다른 가스혹성과 마찬가지로 수소나 헬륨을 주성분으로 하고 있다. 두께 약 7000km의 대기 아래에는 10km정도의 물과 메탄의 층이 있다. 대기에 포함되는 메탄은 적색 계열을 흡수하기 때문에, 천왕성은 청록색으로 보인다. 또 중심에는 직경 약 1만 5000km의 암석과 철, 니켈로 이루어지는 핵(core)이 있다고 생각되고 있다.

❯ 두 위성 사이에 위치한 링

천왕성은 낮과 밤이 교대하는데 지구 시간으로 약 42년 걸린다. 왜냐하면 자전축이 궤도 면에 대해 약 98도 기울어 있기 때문이다. 천왕성은 옆으로 쓰러져 있어, 태양의 주위를 엎드리듯이 회전하고 있다.

천왕성과 위성과 밝은 구름

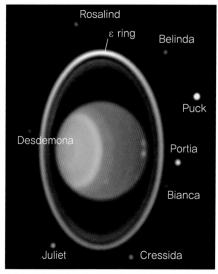

허블 우주망원경이 촬영한 천왕성. 띠 형태의 구름이 병행하여 달리고 있는 것을 알 수 있다. 특히나 밝은 구름은 유라시아와 같은 대륙 정도의 크기가 있다.

ε ring과 양치기 위성

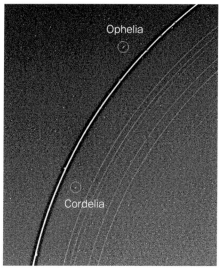

위성 Cordelia와 Ophelia라는 양치기 위성이 ε ring을 구성하는 입자를 모아, 링을 유지하고 있다.

● Tip ● 천왕성의 위성 수는 27개, 모두 셰익스피어의 희곡에서 나온 이름이 붙여졌다.

그 때문에, 북극이나 남극의 한 가운데 위에 태양이 온다. 옆으로 엎드린 자전 축에 대해 자극(북극이나 남극)도 약 60도 어긋나 있다. 자전축, 자극이 어긋나 있는 원인은 확실하지 않지만, 천왕성 절반 정도인 천체가 생성된 지 얼마 지나지 않은 천왕성의 공전 면에 대해 수직에 가까운 각도로 충돌했기 때문이라는 설이 있다.

천왕성이 가지는 링도 토성과 마찬가지로 수많은 미세한 링이 모여 생성되어 있다. 전체로 보면 매우 어둡기 때문에, 얼음 같은 물질이 아니라 암석 같은 것이 알갱이들로 이루어진 것으로 생각된다. 현재까지 크게 11개의 링이 발견되었다. 링 중에는 위성의 존재에 따라 형태를 유지하고 있는 것으로 여겨지는 것도 있다. ε(epsilon) ring은 바깥쪽에 위성 Ophelia가, 안쪽에 Cordelia가 있다. Ophelia는 링 입자를 안쪽에 머물도록 하며, Cordelia는 링 입자를 바깥쪽으로 밀어내기 때문에 링의 형태가 유지되고 있다. 이러한 작용을 하는 위성을 **양치기 위성**이라 부른다.

❯ 천왕성과 해왕성 탄생의 수수께끼

천왕성이나 해왕성의 탄생에는 알 수 없는 것이 많다. 두 혹성은 태양에서 너무나 멀리 떨어져 있기 때문에, **원시태양계 성운(P38)** 안에서는 가스나 먼지가 너무 희박하여 커다란 혹성이 성장할 수 있는 모델이 없었다. 퀸(Queen)대학의 에드워드 톰이 발표한 설에 의하면 두 혹성의 탄생장소는 지금보다도 태양에 가까웠다고 한다. 원시태양계 중에서 우선 목성이 그 다음으로 토성이 커진다. 중력적으로 우세인 이들 혹성이 뒤늦게 성장한 천왕성과 해왕성을 멀리 내던졌다. 이렇게 하여 두 혹성이 탄생했다고 하는 것이다.

위성 미란다

천왕성 27개 위성 중, 신기한 지형이 많이 발견되고 있는 것이 미란다이다. 크레이터도 거의 볼수 없어 이러한 지형은 비교적 새로운 것이라고 생각된다.

천왕성의 공전과 자전

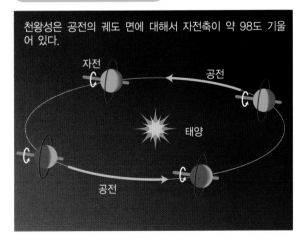

천왕성은 공전의 궤도 면에 대해서 자전축이 약 98도 기울어 있다.

자전

공전

태양

공전

●Tip● 토성의 위성 프로메테우스와 판도라도 양치기 위성

Section 2.3 해왕성

역행위성　주성의 공전방향과는 역방향으로 주성의 주위를 도는 위성. 주성의 중력에 붙잡힌 천체라고 생각된다. 천왕성이나 목성에도 있다.

❯ 내부에 큰 열원이 있을 가능성

　허블 우주망원경이 촬영한 천연색의 천왕성과 해왕성은 마치 쌍둥이 혹성 같다. 두 혹성은 해왕성 쪽이 조금 작긴 하지만, 거의 같은 크기이다. 가스혹성인 해왕성의 대기성분은 85%를 수소가 점하며 나머지 헬륨이나 메탄 등을 포함한다. 해왕성이 청록색으로 보이는 것도 천왕성과 마찬가지로 메탄이 붉은 색 빛을 흡수하기 때문이다. 입사(入射)하는 태양광의 2배 이상의 에너지를 내부에서 방출하고 있기 때문에, 내부에는 큰 열원을 가질 가능성이 있다.

❯ 사계가 있다

　1980년대 후반에 보이저2호가 촬영한 해왕성에는 지구와 거의 같은 크기의 **대암반**(大岩斑)이라는 목성의 대적반(P70)과 비슷한 크고 어두운 반점이 있었다. 그 가까이에는 메탄으로 생각되는 하얀 구름 같은 것이 떠 있었다. 이 대암반도 태풍 같은 것이라고 생각되고 있다. 그런데, 1994년에 허블 우주망원경이 촬영한 해왕성에는 이 대암반이 없었다. 대암반은 대적반과 비교해 어지러울 정도로 형태나 크기를 바꾼다. 대적반이 300년 이상 계속 존재하는 이유와 마찬가지로 대암반이 사라진 이유도 수수께끼이다. 다른 기후의 특징으로서는 해왕성에는 사계가 있는 것 같다. 해왕성의 남반구 부분에서 띠 형태의 구름이나 밝은 부분이 늘어나는 모습이 관측되었다. 자전축이 공전 면에 대해 29도 기울어 있기 때문에, 이러한 사계가 발생하는 것으로 생각된다. 저위도 지방에서 그다지 변화가 일어나지 않는 것은 지구의 열대지방과 같은 이유이다. 그러나 해왕성에서는 하나의 계절이 40년 이상 계속되는 일이 있다.

❯ 낙하하는 트리톤

　해왕성에는 4개의 가는 고리(ring)가 존재한다. 그러나 보통 미세한 링은 역학적으로 길게 안정되어 존재할 수 없기 때문에, 링에는 어떠한 힘이 작용하고 있다고 생각된다. 지금까지 발견된 위성의 수는 13개. 그 중에서 최대 위성인 트리톤은 해왕성의 중력에 붙잡힌 **역행위성**이다. 해왕성의 자전과는 반대 방향인 공전궤도와 해왕성의 **조석력**(P52) 때문에, 트리톤의 공전반경은 점차 작아져 이윽고 해왕성에 낙하할 것으로 생각되고 있다. 그 트리톤의 표면온도는 −234℃로, 현재도 활동중인 화산이 있다고 생각되고 있다.

쌍둥이 혹성

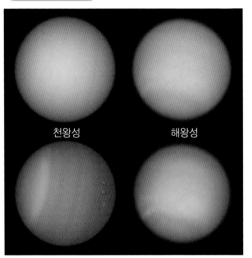

천왕성   해왕성

허블 우주망원경이 촬영한 천왕성과 해왕성. 상단이 천연색이고 하단은 유사컬러. 상단에서는 두 혹성은 똑같지만, 하단을 보면 띠 형태의 구름 모습, 자전축의 기울기 등 서로 다른 것을 알 수 있다.

대암반을 가지는 해왕성

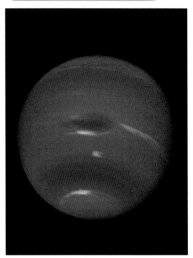

보이저2호가 1989년에 촬영한 해왕성에는 대암반이 있었다. 좌측이나 아래의 허블 우주망원경의 화상에서는 사라졌다.

계절변화

허블 우주망원경이 촬영한 해왕성의 계절변화. 고위도에서 층 형태의 구름 모습 등이 변화되고 있는 것을 알 수 있다.

 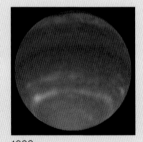 

1996   1998   2002

위성 트리톤의 신기한 지형

트리톤의 표면에는 머스크 멜론(Muskmelon)의 껍질 같은 「cantaloupe」라 불리는 지형이 있다. 왜 이러한 지형이 형성되는 것인지 알 수 없다. 덧붙여 트리톤에는 얼음의 화산이 있다.

● Tip ● • 해왕성을 방문한 유일한 탐사기는 보이저2호다.
　　　　• 해왕성의 적도 부근에서는 시속 1500km의 바람이 불며, 거대한 폭풍이 일어나고 있다.

Section 24 명왕성

Key Word 에지워스 카이퍼 벨트 천체, EKBO ▶ 해왕성에서 바깥쪽에 있으며 태양으로부터 30~50천문단위의 에지워스 카이퍼 벨트에 있는 천체.

❯ 갈릴레오 위성보다도 작은 천체

태양계 제9혹성으로 여겨져 온 명왕성은 목성의 갈릴레오 위성이나 토성의 위성 타이탄보다도 작은 천체이다. 태양계의 다른 혹성의 궤도로부터 17도나 기울어, 상당히 찌부러진 원형의 궤도를 돌고 있다. 명왕성은 가스로 구성된 천체는 아니다. 메탄이나 네온으로 구성된 희박한 대기를 가진다. 표면온도는 −233 ~ −223℃, 허블 우주망원경의 관측으로부터 표면의 반사율이 달라져 있어, 모양이 있다는 것을 알았다. 남북의 극역은 반사율이 높기 때문에 화성처럼 **극관**이 있을지도 모른다.

❯ 성간물질을 그대로 흡수하다

명왕성은 카론(charon)이라는 위성이 1개 있으며 그 반경은 약 593km. 이 크기는 명왕성의 절반 이상에 해당되며, 주성에 대해 이만큼 큰 위성을 가진 혹성은 없다. 또, 궤도도 매우 가까워 달은 지구반경의 약 60배의 위치에 있는데, 카론은 명왕성 반경의 약 17배 위치에 있다. 명왕성과 카론의 밀도는 둘 합쳐서 평균 1.95g/㎤정도로, 내부는 모두 암석과 얼음으로 이루어졌다고 생각되고 있다. 스바루(Subaru) 망원경의 관측으로부터는 명왕성에 고체의 에탄이 발견되었다. 에탄은 고온이 되면 간단히 부숴지는 물질이기 때문에, 명왕성은 지구처럼 용해되고 나서 냉각되어 굳어진 것은 아니고, 혜성 같은 성간물질의 조성을 그대로 흡수해 왔을 가능성이 있다고 한다. 카론은 표면에 물의 얼음이 있었는데 고체인 에탄은 확인 할 수 없다. 카론과 명왕성은 전혀 다른 표면조성을 가지는 것 같다. 스바루 망원경의 관측결과로는 명왕성의 표면조성은 해왕성의 위성 트리톤과 매우 비슷했다.

❯ 혹성이 아니라 준(準)혹성

명왕성의 분류는 90년대 후반부터 논의되어 왔으며 해왕성의 바깥쪽에 있는 **에지워스 카이퍼 벨트 천체**(Edgeworth-Kuipor Belt Object : **EKBO**)라는 얼음이나 암석으로 만들어진 천체군의 하나가 아닐까 하고 일컬어졌었다. 2001년에는 미국 자연사박물관의 로즈(Rose) 지구우주센터가 혜성에 가깝다는 입장을 표명했었다. 그리고 2006년 8월 24일에 열린 국제천문학연합의 총회에서 명왕성은 태양계의 혹성이 아니라 새로이 정의된 「dwarf planet(준혹성)」으로 분류되게 되었다.

● Tip ● 「dwarf planet(준혹성)」에는 명왕성 외에 엘리스나 세레스도 분류되었다.

특이한 명왕성의 궤도

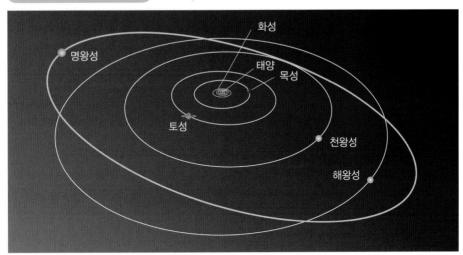

혹성의 궤도 이미지. 명왕성의 궤도는 다른 혹성과 크게 다르다. 이러한 이유로부터도 명왕성은 EKBO의 일원이 아닐까 하고 생각되고 있다.

명왕성의 반사율 차이

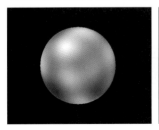

허블 우주망원경에 의한 1994년 관측으로부터의 명왕성의 정면 모습. 2장의 사진으로 전체 모습이 된다. 장소에 따라서 반사율이 다른 것을 알 수 있다. 이것은 성간 물질이 다른 것을 나타내고 있다.

위성 카론의 궤도

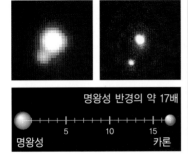
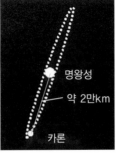

명왕성과 단 하나의 위성 카론. 카론의 크기는 명왕성의 절반 정도나 되어, 약 2만km라는 근거리를 돌고 있다. 그 때문에 2개는 2중성(2重星)이 아닐까 하는 설도 있다. 좌측 위는 하와이에 있는 캐나다 – 프랑스 – 하와이 망원경, 위 중앙은 허블 우주망원경에 의한 화상

● Tip ● 항성의 주위를 도는 천체를 혹성이라 부르는데, 명확한 규정은 없다. 그 때문에 명왕성의 분류가 문제가 된 것이다.

Section
25

혜성

Key Word 코마(coma)　태양열에 의해 혜성의 핵을 구성하는 얼음이 증발한 것으로, 핵을 뒤덮고 있는 대기를 말한다. 밝게 빛난다.

오염된 설옥(雪玉)

혜성은 태양 주위를 도는 작은 천체로 밝게 빛나는 **머리 부분**(頭部)과 머리 부분부터 긴 꼬리가 이어지는 꼬리 부분(尾部)으로 이루어진다. 머리 부분에는 **핵**이라 불리는 혜성의 천체가 있으며, 핵 주위를 **코마**라 불리는 대기가 뒤덮고 있다. 핵은 얼음과 먼지로 이루어져 있기 때문에 혜성은 오염된 설옥이라 불린다.

단주기(short period) 혜성과 장주기(long period) 혜성

혜성의 본체인 핵이 태양에 접근하면 그 열에 의해 주성분인 얼음이 증발하여 핵 주위를 크게 뒤덮어, 밝게 빛난다. 이것이 코마이다. 코마는 밀도가 매우 엷다. 가장 짙은 부분이라도 지구대기의 1000만분의 1밖에 되지 않는다. 핵의 크기는 수~수십km인데, 코마는 직경 10만~100만km나 된다. 태양직경이 약 140만km이므로, 매우 크다는 것을 알 수 있다. 혜성의 꼬리 부분에는 2종류가 있다. 하나는 **이온의 꼬리(플라즈마의 꼬리)**라 불리는 것으로 태양으로부터의 자외선 등에 의해 코마 속의 입자가 전기를 띤 플라즈마로 되어 있다. 이 플라즈마가 다시 태양풍(P42)에 의해 코마로부터 밀려 나가 태양과 반대 방향으로 비교적 똑바로 뻗어있다. 색은 파랑.

다른 하나는 **먼지 꼬리(dust tail)**라 불리는 것. 핵의 표면으로부터 얼음이 증발할 때 방출된 먼지로, 비교적 폭이 넓은 꺾어진 꼬리다. 먼지의 꼬리는 태양광을 반사하여 다소 노란색을 보인다. 태양의 주위를 몇 년 동안 일주하는지에 따라 혜성을 2종류로 분류할 수 있다. 주기가 200년보다 짧은 것을 **단주기 혜성**, 그 이상의 주기의 것과 태양에 한번만 다가가지만 두 번 다시 다가가지 않는 것을 **장주기 혜성**이라 부른다. 또 단주기 혜성 중에서도 핼리(Halley) 혜성처럼 보통의 혹성과 반대 방향으로 공전하는 역행궤도를 가진 것을 **핼리 타입**, 템펠(Tempel) 혜성 등 혹성과 같은 방향으로 공전하는 순행궤도의 것을 **목성족 타입**이라 한다.

생명의 기원으로써 주목 받는다

혜성의 기원은 해왕성의 바깥쪽에 있는 소혹성대(EKBO, P84)나 그 바깥쪽에 있는 오르트운(Oort cloud)에 있는 것 같다. 그 작은 천체는 태양계의 창성기에 남겨진 혹성의 원재료라고 생각된다. 2004년에는 쿠도 후지카와(kudou-fujikawa)혜성의 꼬리에 대량의 탄소가 포함되어 있는 것을 알았다. 탄소는 생명에 없어선 안될 물질이며, 생명의 기원을 명백히 하는 천체로서도 혜성은 주목 받고 있다.

혜성의 해부도

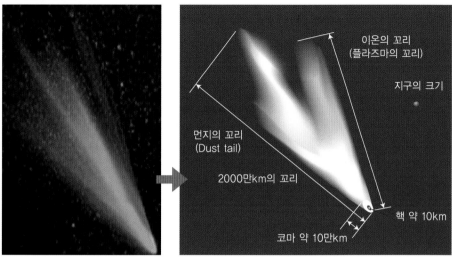

이온의 꼬리
(플라즈마의 꼬리)

지구의 크기

먼지의 꼬리
(Dust tail)

2000만km의 꼬리

핵 약 10km

코마 약 10만km

76년 주기로 지구에 접근하는 핼리 혜성은 우측 그림 같은 구조로 되어 있다. 다음에 관측할 수 있는 것은 2061년. 또, 혜성은 항상 보이는 것은 아니다. 태양에 가까워지면 밝게 빛나기 때문에, 일몰 후나 일출 전에 보인다.

핼리 혜성의 핵

1986년 ESA의 탐사기 지오트가 찍은 핼리 혜성의 핵 모습
핵은 길이 15km, 폭 8km로 표면에는 크레이터나 언덕같은 것이 보인다. 태양을 향한 면에서는 먼지나 가스를 분출하고 있었다.

Wild 제2혜성의 핵

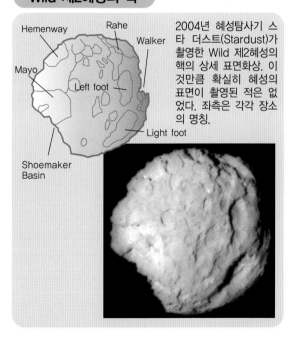

Hemenway
Rahe
Walker
Mayo
Left foot
Light foot
Shoemaker
Basin

2004년 혜성탐사기 스타 더스트(Stardust)가 촬영한 Wild 제2혜성의 핵의 상세 표면화상. 이것만큼 확실히 혜성의 표면이 촬영된 적은 없었다. 좌측은 각각 장소의 명칭.

● Tip ● • 쿠도 후지카와 혜성(C/2002X5)은 아마추어 천문가인 쿠도 테츠오(工藤哲生)와 후지카와 시게히사(藤川繁久)가 2002년에 각각 발견한 것.
• 지구와 혜성의 궤도가 교차하고 있는 장소에서는 혜성의 먼지가 지구대기에 일제히 돌입하여 유성군이 된다.

태양계의 끝

 Key Word <u>오르트운</u> 천문학자 Jan Hendrik Oort가 제창한 것으로 태양계의 바깥 테두리를 감싸듯이 존재하는 천체군. 장주기 혜성의 알이라고 한다.

❯ 존재는 예언되었었다

해왕성의 궤도(약 30천문단위)에서부터 50천문단위 사이에 있는 천체를 에지워스 카이퍼 벨트 천체(Edgeworth Kuipor Belt : EKBO) 라고 한다. 1949년에 Kenneth Essex Edgeworth가, 1951년에는 Gerard Peter Kuiper가 해왕성의 바깥쪽에 작은 얼음 천체가 다량으로 있다고 예언한 것으로부터 명명되었다. 줄여서 **카이퍼 벨트** 천체라고도 불린다. EKBO의 대부분의 천체가 물의 얼음으로 이루어져, **단주기 혜성**(P86)의 공급원이 된 것으로 생각된다. 현재까지 대략 800개의 EKBO가 발견되었다.

❯ 에지워스 카이퍼 벨트 천체의 종류

EKBO는 공전 궤도에 따라 여러 그룹으로 나뉘어진다. **켄타우로스(Kentauros)속(屬)**은 목성과 해왕성 사이에 공전궤도를 가지기 때문에, 유명한 것에 키론(Chiron)이 있다. **플루티노(Plutino)속**이란 명왕성과 마찬가지로 해왕성의 공전주기와 호응하여 3대 2의 주기를 가지는 천체이다. **확산 EKBO**란 해왕성이나 명왕성의 중력의 영향으로 크게 튕겨나가 찌부러진 타원궤도를 가지는 천체이다. **고전적 EKBO**는 해왕성의 주기에 호응하지 않는 것을 말한다. 명왕성이나 명왕성의 위성 **카론**, 해왕성의 위성 **트리톤** 등도 EKBO가 아닐까 하고 생각하는 연구자도 있다. 조성이나 공전주기 등 공통점이 많기 때문이다. 지금까지 발견된 큰 EKBO에는 「세드나(Sedna)」가 있으며, 추정되는 직경은 1300~1800km였다(세드나는 오르트운 천체라는 설도 있다). 또 2005년에는 보다 큰 2003UB313이 발표되었다.

❯ 장주기 혜성의 알

EKBO의 끝에는 약 10만 천문단위 끝까지 **오르트운**이라는 **장주기 혜성**의 원천이 되는 작은 천체군이 있다. 이곳은 「혜성의 알」이라 불린다. 오르트운 천체는 EKBO보다도 태양에 가까운 곳에서 생성되어, 거대 혹성의 영향에 의해 튕겨져 나간 것으로 생각되고 있다. 태양계는 은하계의 중심 약 2만 8000광년 지점에 위치하며, 약 2억 4000만년에 걸쳐 은하계를 일주한다. 또, 은하 면(P126)에 대해 약 6000만년의 주기로 상하로도 운동하고 있다. 이러한 운동에 따라 태양계의 주위에 있는 항성이 오르트운의 내부로 잠식당하거나, 성간물질의 짙은 부분이 태양계를 통과할 때 그 중력에 의해 오르트운은 흩날려진다. 이것이 오르트운에 있는 천체를 태양계 내부로 떨어트려 혜성이 태어난다고 한다.

태양계의 모습

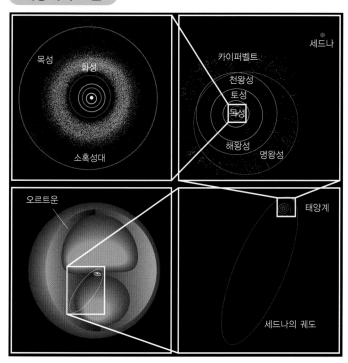

태양계로부터 점점 멀어져 가는 것을 이렇게 그림으로 나타낼 수 있다. 세드나는 2004년에 발견된 EKBO.

크기 비교

최근에 발견된 거대한 EKBO인 세드나와 콰오아. 관측 정밀도가 높아지면 아주 먼 더욱 거대한 EKBO를 발견할 수 있을지도 모른다.

● Tip ● • 마침내 명왕성보다도 큰 천체가 EKBO 중에서 발견되었다. 이 2003UB313이 만약 혹성으로 인정받으면 75년만의 쾌거가 된다.
• 혹성이라 하기엔 작고, 소혹성과도 다른 EKBO나 오르트운 천체를 유사행성(planetoid)라고 부르는 연구자도 있다.

계외혹성의 발견

 Key Word 계외(系外)혹성　태양계 이외의 혹성. 태양 이외의 항성을 친성(親星 : Parent star)으로서 공전하는 혹성.

❯ 절망의 1994년

　지구는 우주에 단 하나의 특별한 혹성일까? 반세기에 걸쳐 태양계 이외의 혹성을 발견하는 노력을 이어왔지만, 무의미한 노력으로 끝났었다. 1994년에는 그때까지 십 수년 이상을 걸쳐 태양계 이외의 혹성, 계외혹성을 찾으러 다녔던 브리티시 컬럼비아(British Columbia)대학의 Gordon Walker의 철퇴선언도 나왔다. 이제 우리들 지구인은 이 넓은 우주에서도 고독한 존재인 것인가 하며 포기하는 것이 확산되었다.

❯ 마침내 발견된 작열하는 혹성, Hot Jupiter

　그런데 그로부터 불과 1년 후에 **계외혹성** 발견 보고가 의외의 팀에 의해 이루어졌다. 제네바(Geneva)천문대의 Michel Mayor, 계외혹성이 아니라 낮은 질량의 별 연구자들이 페가수스(Pegasus)자리 51번성에 혹성을 발견한 것이다. 이때까지 발견할 수 없었던 것은 태양계의 혹성과 매우 비슷한 혹성을 찾고 있었기 때문이었다. Mayor가 발견한 계외혹성은 태양계의 혹성과는 전혀 다른 것이었던 것이다. 친성인 페가수스자리 51번성은 태양과 매우 비슷하긴 하지만, 발견된 혹성은 목성보다도 안쪽의 단지 0.05천문단위라는 궤도를 불과 4.2일에 공전하는 목성질량의 절반 정도의 천체였다. 친성을 스칠 정도의 근거리로, 그 방사열에 노출되면서 고속으로 주위를 도는 작열하는 혹성이었다. 뜨거운 혹성과 Hot news를 더해 **Hot Jupiter**로 불리고 있다. 1995년에 Hot Jupiter가 발견되자 그 후 잇달아 계외혹성이 발견되었다. 혜성처럼 큰 타원을 그리며, 친성의 주위를 돌고, 작열과 극한의 세계를 반복하고 있는 **Eccentric Planet** 등 태양계의 혹성으로부터는 대략 상상도 할 수 없는 혹성이 발견되기 시작했다. 지금은 발견되는 항성 중 10개 가운데 1개는 이러한 혹성을 따르고 있다. 발견되고 있는 항성의 절반 이상이 혹성계를 가지고 있을 가능성조차 있다는 것이다.

❯ 기술의 향상과 우주의 확산

　관측기술이 향상됨에 따라 태양계와 비슷한 혹성계도 발견되기 시작했다. 1995년 최초의 발견으로부터 수년 동안 지구처럼 물을 가진 혹성이 존재할 가능성도 충분히 논의 범위 내에 들어왔다. 2005년 4월까지 134개의 혹성계, 150개의 혹성, 14개에 여러 혹성이 있는 다중혹성계가 발견되고 있다.

대기를 가진 계외혹성

2001년 허블 우주망원경에 의해 대기가 있는 것이 확인된 계외혹성의 상상도. 페가수스자리에 있는 HD 209458로 질량은 목성의 70%정도. 항성으로부터 640만km밖에 떨어져 있지 않기 때문에 표면 온도는 1100도나 된다고 한다.

130억년 전의 혹성

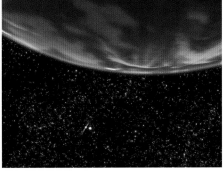

전갈자리 M4의 중심부에 있는 이때까지 발견된 것 중 가장 오래된 혹성(좌측 화살표)과 상상도(우측). 허블 우주망원경에 의한 관측 결과, 130억년 전에 탄생했다는 것을 알 수 있었다. 질량은 목성의 약 2.5배, 중성자성 근처에 있으며, 강렬한 X선에 노출되어 있을 가능성이 높기 때문에 생명은 없다고 생각된다.

● Tip ● • 실은 1993년의 PSR 1257+12(Pulsar)를 둘러싼 3개의 혹성이 발견되었는데, Parent star가 태양 같은 항성은 아니었다.
• 1960년대에 Barnard's star에 계외혹성이 있다고 여겨졌지만, 지금은 부인되고 있다.

계외혹성의 검출방법

도플러 편이법 친성(Parent star)에 대한 혹성중력의 영향, 친성이 휘청거릴 때에 일어나는 도플러 편이를 관측하는 방법.

❯ 보이지 않는 것을 보는 방법

태양계 이외의 혹성은 너무 어두워서, 혹성이 반사하는 빛을 포착하는 것은 어렵다. 그래서 첫째 방법은 혹성을 따르는 친성의 움직임을 포착하는 것이다. 친성도 혹성중력의 영향을 받아 미세하게 원 궤도를 그린다. 포환던지기 선수가 포환을 날릴 때에 원 궤도를 그리는 것과 비슷한 원리다. 예를 들면, 태양과 목성의 경우, 태양은 반경 0.005천문단위의 원을 목성의 공전주기인 12년에 걸쳐 그린다. 이것을 저 멀리 천체에서 관측하면 어디까지나 그 천체에서는 친성이 가까워지거나 멀어지거나 하는 것처럼 관측된다. 이 휘청거림은 항성에서의 빛의 도플러 편이로서 관측할 수 있는 것이다. 예를 들면, 구급차의 사이렌은 멀어지면 낮은 음, 즉 음의 파장은 길어진다. 반대로 가까워지면 높은 음, 파장이 짧아진다. 마찬가지로 빛에서도 멀어지는 파장은 늘어나고, 가까워지는 것은 파장이 수축한다. 이것을 이용한 것이 도플러 편이법이다. 친성인 항성의 빛의 주기적인 파장의 변화(도플러 편이)를 측정하여, 간접적으로 혹성의 존재를 파악하는 방법이다. 이 **도플러(Doppler) 편이법**으로 혹성과 친성의 거리를 알 수 있으며, 거리와 속도의 진폭으로부터 혹성의 질량을 구할 수 있다.

❯ 친성의 빛을 이용하여 본다

계외혹성을 알 수 있는 또 하나의 방법은 친성을 배경으로 한 혹성의 그림자를 측정하는 방법이다. 지구에서 볼 때, 찾으려는 혹성의 궤도 면이 딱 바로 옆이라면 친성 위쪽을 혹성이 정기적으로 가로지르게 된다. 혹성의 크기만큼 그림자가 친성의 빛 위에 나타나기 때문에, 외관상 친성의 빛의 밝기는 줄어 든다. 이 빛의 밝기가 줄어 드는 것으로 혹성의 존재를 알 수 있다. 항성 면 통과(Transit)를 이용하기 때문에, **트랜싯(Transit)법**이라 한다. 도플러법에 비교해, 직접적으로 혹성을 포착하여 멀리 있는 어두운 항성에 있는 혹성이라도 발견 가능하다.

❯ 혹성의 타입을 안다

도플러법과 트랜싯법을 조합하면 더욱 많은 것을 알 수 있다. 혹성의 질량, 단면적을 확정할 수 있으며, 이것으로부터 밀도를 추정할 수 있다. 항성의 크기는 빛의 색과 밝기로부터 계산할 수 있다. 트랜싯법에 의해 친성과 혹성의 단면적 비를 알 수 있으면, 혹성의 단면적을 계산할 수 있다. 밀도를 알 수 있으면 지구와 같은 **암석혹성**이거나 그렇지 않으면 해왕성처럼 얼음으로 이루어진 **거대 얼음 혹성**이거나 혹은 목성과 같은 **거대가스 혹성**인가를 추정할 수 있는 것이다.

도플러 편이법

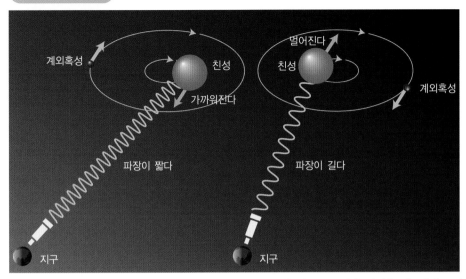

친성 주위를 혹성이 공전하는 것으로 친성 자체도 미세하게 원 궤도를 그린다. 이것을 지구에서 보면 친성이 어디까지나 휘청거리는 것처럼 보여, 이것은 도플러 편이로서 관측할 수 있다. 지구에 근접해 있을 때에는 빛의 파장이 짧고, 멀어질 때에는 길게 관측된다.

트랜싯법

친성의 뒤쪽에 혹성이 있을 때	친성 앞에 혹성이 생겼을 때

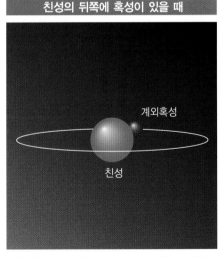

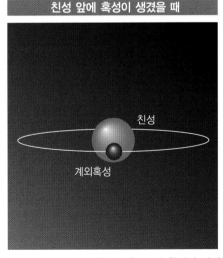

트랜싯법에서는 지구에서 볼 때 혹성의 궤도가 바로 옆인 경우에 친성 앞을 통과할 때의 친성의 빛의 밝기 감쇄를 이용하여 혹성의 존재를 알 수 있다.

●Tip● • 도플러 편이법은 질량이 무겁고, 궤도반경이 짧은 혹성일수록 친성의 흔들림 폭이 커지기 때문에 발견하기 쉽다.
• 트랜싯법은 설령 구경 10cm 정도의 작은 망원경이라도 관측장치만 있으면 검출이 가능하다.

계외혹성과 지구형 혹성

생명을 육성하는 혹성 지금 시점에서 지구 정도로 작은 혹성을 직접 관측할 방법은 없다. 시뮬레이션과 관측을 조합하여 상정할 수 밖에 없다.

❯ Hot Jupiter가 지구형 혹성을 삼킨다?

앞서 말한 도플러 편이법(P92)에서는 식별할 수 있는 친성의 최소속도는 초속 3m, 이 수치는 혹성이 토성사이즈인 경우의 속도이다. 지구로 치면 겨우 초속 0.09m가 된다. 즉, 도플러 편이법으로는 토성사이즈까지가 한계, 트랜싯법이라도 지구 사이즈의 천체를 발견하는 것은 어렵다. 태양계로부터 수십 광년 떨어진 영역에서 지금까지 발견된 120개 이상의 계외혹성 중 30개 이상은 목성사이즈의 대형 혹성이며, 태양에 대해 목성의 궤도보다 안쪽에서 공전하고 있던 것이다. 모델계산에 의하면 이러한 Hot Jupiter와 같은 혹성은 원시혹성계 원반의 멀리 떨어진 곳에서 생성된다고 한다. 그런데, 그 후 혹성궤도의 바깥쪽에 있는 물질의 영향으로 친성 쪽 안쪽으로 이동한다고 한다. 혹성이 그 자리에 머무르기 위해서는 바깥쪽의 물질을 스스로 흡수해 버려야 한다. 태양계의 경우, 원시태양계 원반의 물질이 적었기 때문에 목성의 이동은 비교적 단거리로 끝나버려, 친성인 태양에 흡수되지 못했다. 그 때문에 목성에서 안쪽인 지구형 혹성도 살아 남을 수 있었던 것이다.

그 수는 매우 적지만, 태양과 목성과 유사한 궤도를 가진 계외혹성도 발견되었다. 게자리 55번성으로 불리는 항성을 친성으로 하는 혹성계로, 그 친성은 태양과 거의 같은 연령인 약 50억의 나이다. 2002년 이 항성에 5.5천문단위의 거리에 있는 공전주기가 약 13년인 혹성이 발견되었다. 덧붙여 태양과 목성의 거리는 5.2천문단위로, 목성의 공전주기는 12년. 매우 유사한 수치를 보이고 있다. 게다가 1996년에는 이 항성에서 0.1천문단위 떨어진 지점에 14.6일로 공전하는 가스혹성도 발견되었다. 두 가스혹성 사이에 지구 규모의 혹성이 존재할 가능성이 있다고 한다.

또, 2005년 6월에는 질량이 지구의 5.9~7.5배 정도인 혹성이 발견되었다. Gliese876이라는 친성의 주위를 약 1.94일 주기로 돌고 있는 혹성으로, 지금까지 발견된 것 중에서 가장 가벼운 것이다. 단, 표면온도는 200~400℃에 달할 것으로 생각되므로 생명존재의 가능성은 적다. 그런데, 지구처럼 생명을 육성하는 혹성은 우주에 있는 것일까? 워싱턴대학의 Sean Raymond가 실시한 44의 시뮬레이션으로의 결과로는 태양에서 지구까지의 거리에 여러 타입의 혹성이 형성되어, 어떠한 생명체가 살 수 있을 환경이 4분의 1로 나왔다. 또, 도쿄공업대학의 이다 시게루가 실시한 계산에서는 은하계에는 생명이 머물 수 있는 지구형 혹성의 가능성이 수백만에서 수억 개 있다고 한다.

●**Tip**● 레이몬드의 결과로는 지구의 3배나 큰 것이나, 10배의 물을 가진 것이 나타났었다.

지구형 혹성의 가능성?!

 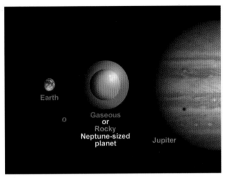

Gliese436이라는 항성에 발견된 혹성의 상상도(좌)와 지구와의 크기 비교(우). 가스혹성(우측 그림 파란색)인지, 지구형 혹성인지는 알려지지 않았다. 해왕성과 비슷한 정도의 질량인데, 주성과 가깝기 때문에, 가스가 휘날려서 중심에 있는 암석이 노출되어 있을(우측 그림 분홍색) 가능성이 있다고 한다.

원시혹성의 탄생장소

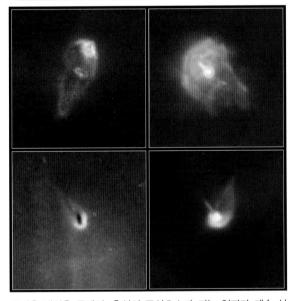

오리온 대성운 중에서, 혹성의 구성요소가 되는 입자가 계속 성장하고 있는 현장. 허블 우주망원경이 촬영했다. 콜로라도대학 John Bally 연구팀에 의하면 원반 속에 포함된 입자의 크기는 연기의 입자~모래입자 정도의 크기라고 한다. 혹성형성의 극히 초기단계에 있다고 추정되고 있다. 이러한 장소에서 지구형 혹성이 생성될지도 모른다.

원시혹성계 원반에서 분출되는 Jet

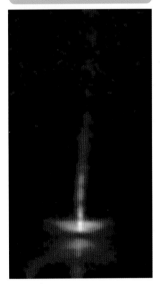

갓 생성된 원시성과 원시성을 둘러싼 원반. 그 중심에서 분출되는 Jet. 허블 우주망원경이 촬영했다. 태양계의 창성기에도 이러한 Jet가 분출되었다고 생각된다.

● Tip ● 게자리 55번성에는 지금까지 4개의 혹성이 발견되었다.

Section 30 태양계 데이터

	태양 Sun	수성 Mercury	금성 Venus	지구 Earth	화성 Mars	목성 Jupiter	토성 Saturn	천왕성 Uranus	해왕성 Neptune	명왕성 Pluto	달 Moon
궤도장반경 (천문단위: AU)	–	0.3871	0.7233	1.0000	1.5237	5.2026	9.5549	19.2184	30.1104	39.5405	지구에서 0.00275
이심율 (離心率)	–	0.2056	0.0068	0.0167	0.0934	0.0485	0.0555	0.0463	0.0090	0.2490	0.0590
공전주기 (년)	–	0.24085	0.61521	1.00004	1.88089	11.8622	29.4528	84.0223	164.774	247.796	0.0075
궤도경사각 (도)	–	7.005	3.395	0.001	1.849	1.303	2.489	0.773	1.770	17.145	5.145
적도경사각 (도)	7.25	~0	177.4	23.44	25.19	3.1	26.7	97.9	27.8	120.0	6.67
자전주기일 (일/회전)	25.38	58.65	243.02	0.9973	1.0260	0.414	0.444	0.718	0.671	6.387	27.322
적도반경 (km) (X지구)	695500 (109배)	2439.7 (0.3825배)	6051.88 (0.9488배)	6378.14	3397 (0.5236배)	71492 (11.209배)	60268 (9.449배)	25559 (4.007배)	24764 (3.883배)	1151 (0.180배)	1737.4 (0.2724배)
적도중력 (㎨) (X지구)	274 (28배)	3.7 (0.38배)	8.87 (0.91배)	9.766	3.693 (0.38배)	20.87 (2.14배)	7.207 (0.74배)	8.43 (0.86배)	10.71 (1.11배)	0.81 (0.08배)	1.622 (0.166배)
질량 (kg) (X지구)	1.989×10^{30} (332900배)	3.302×10^{23} (0.05527배)	4.87×10^{24} (0.815배)	5.97×10^{24}	6.42×10^{23} (0.1074배)	1.90×10^{27} (317.83배)	5.69×10^{26} (95.16배)	8.68×10^{25} (14.54배)	1.02×10^{26} (17.15배)	1.37×10^{22} (0.0023배)	7.348×10^{22} (0.0123배)
평균밀도 (g/㎤) (X지구)	1.409 (0.255배)	5.427 (0.984배)	5.24 (0.9501배)	5.515	3.94 (0.714배)	1.33 (0.241배)	0.70 (0.127배)	1.30 (0.236배)	1.76 (0.317배)	2 (~0.4배)	3.341 (0.606배)
표면온도 (℃)	5504	-173/427 (최저/최고)	462	-88/58 (최저/최고)	-87/-5 (최저/최고)	-148	-178	-216	-214	-233/-223 (최저/최고)	-233/123 (최저/최고)
대기의 주요 성분	수소, 헬륨	없음	이산화탄소	질소, 산소	이산화탄소	수소, 헬륨	수소, 헬륨	수소, 헬륨	수소, 헬륨	희박한 메탄	없음
반사능	–	0.06	0.78	0.30	0.16	0.73	0.77	0.82	0.65	0.54?	0.07
위성수	–	0	0	1	2	63	59	27	13	1	–
링 수	–	0	0	0	0	1	7	11	4	0	–

Chapter >>
02

항성

항성

별자리　여러 개의 별을 연결하여 신화의 신이나 동물의 이름을 붙인 별의 배치. 1928년 국제천문연합에 의해 88개의 별자리가 정해졌다.

❯ 스스로 빛을 발하는 「별」

밤하늘을 올려다 보면 무수히 많은 별이 깜박거리고 있다. 이 가운데 대부분이 태양처럼 스스로 빛나는 **항성**이라 불리는 천체이다. 항성의 주성분은 가스이며, 중심부에서 **핵융합**(P40)을 하여, 그 에너지로 인해 빛을 발한다. 이러한 항성을 보통 「별」이라 부른다. 덧붙여 밤하늘에서 달이나 혹성이 빛나 보이는 것은 태양의 빛을 반사하고 있기 때문이다. 이것은 달의 빛을 프리즘(P102)으로 분광하면 그 구성이 태양과 거의 흡사하다는 것으로부터 알 수 있다.

❯ 「변함없는 별」과 「갈팡질팡하는 별」

항성이라는 이름은 고대인이 밤하늘을 올려다 보았을 때, 북극성을 중심으로 하여 주위의 별들과 위치관계를 바꾸지 않고 이동하고 있었던 이유에서 「변함없는 별」이라고 부른 것이다. 한편, 태양계의 혹성은 밤하늘을 보고 있으면 항성처럼 함께 움직이지 않고, 불규칙한 움직임을 하는 것으로부터 「갈팡질팡하는 별」로서 혹성이 되었다.

항성은 북극성을 중심으로 하여 돌고 있는 것처럼 보이지만, 실제로는 그렇지 않다. 지구가 자전하고 있고, 자전축의 거의 연장선상에 북극성이 있기 때문에, 어디까지나 다른 항성이 북극성을 중심으로 하여 회전하고 있는 것처

하늘의 적도와 황도

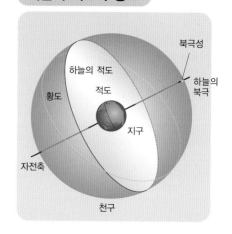

럼 보인다. 이 움직임을 별의 **일주(日周)운동**이라 한다. 주간에는 태양의 빛이 밝아서 별들을 볼 수 없지만, 1일 360°, 1시간 15°, 시계와 반대방향으로 쉼 없이 회전하고 있다.

지구의 적도를 천구(天球 : celestial sphere)로까지 연장한 곳을 하늘의 적도라고 한다. 황도는 태양이 1년 동안 지나는 길. 지구의 공전에 의한다.

❯ 1년간의 별의 움직임과 별자리

1년간의 별의 움직임을 쫓으면, 보이는 별의 위치는 바뀐다. 그것은 지구가 태양의 주위를 공전하고 있기 때문이다. 이 태양이 천구 위를 지나는 길을 **황도**라 부른다.

별자리 점으로 자주 사용되는 12별자리는 황도를 따라 나타나는 별자리다. **별자리**란 여러 개의 별을 연결하여 신화의 신이나 동물의 이름을 붙인 별의 배치를 말한다. 지구가 태양의 주위를 돌고 있기 때문에, 어디까지나 태양이 연간 정해진 별자리 사이를 지나고 있는 것처럼 보이는 것이다.

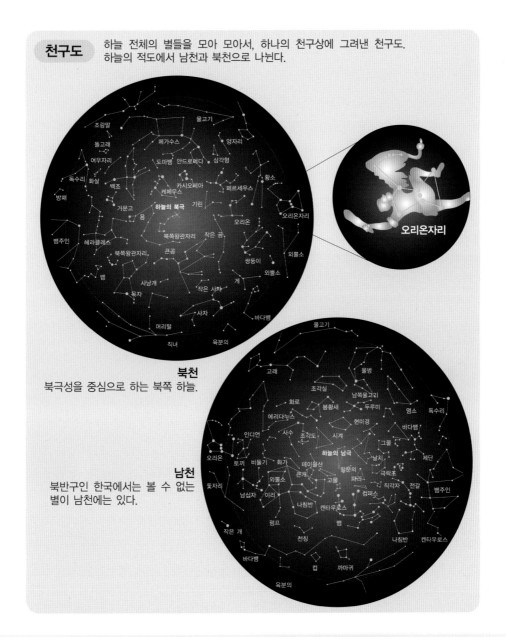

천구도

하늘 전체의 별들을 모아 모아서, 하나의 천구상에 그려낸 천구도.
하늘의 적도에서 남천과 북천으로 나뉜다.

오리온자리

북천
북극성을 중심으로 하는 북쪽 하늘.

남천
북반구인 한국에서는 볼 수 없는 별이 남천에는 있다.

● Tip ●　• 황도부근에 있는 12별자리를 황도 12별자리라 부른다. 탄생 월은 태양과 같은 방향으로 별자리가 있기 때문에, 자신의 별자리를 볼 수는 없다.
　　　　• 고대 중국에서는 별자리를 「성숙」이라고 했다. 사마천(司馬遷) 시대에는 280성좌도 있었다.

Section 2
외관의 밝기와 거리

❯ 항성의 거리는 모두 다르다

천체투영관(planetarium)에 비치는 별자리는 돔(Dome)이라는 같은 면에 투영되고 있다. 밤하늘을 물들이는 별들도 마치 같은 면에 비춰진 빛 같다. 그러나 이들 천체는 실제로는 모두 지구로부터 거리가 다르다. 한 덩어리로 보이는 별자리도, 지구 이외의 예를 들면 직녀성[거문고자리의 베가(Vega)]에서 보면, 전혀 다른 형태로 보인다. 그것은 밤하늘을 육안으로 보는 것만으로는 원근감을 알 수 없기 때문이다.

별자리 보는 법

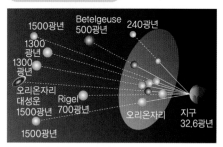

동일한 평면상으로 보이는 밤하늘의 별들은 실제로는 이렇게나 거리가 달랐다.

❯ 항성까지의 거리 측정법

그럼, 별까지의 거리는 도대체 어떻게 해서 알 수 있는 것일까? 육안으로 보이는 것 같은 비교적 가깝고 밝은 항성까지의 거리는 지구가 태양의 주위를 공전할 때 그 항성이 보이는 위치가 조금 바뀌는 각도(시차)를 이용하여 계산할 수 있다. 한쪽 눈을 감고서 눈 앞의 것을 보면 위치가 어긋나 보인다. 이것과 같은 현상을 이용한 것으로 어긋난 각도의 절반을 **시차(視差)**라 한다. 시차와 지구의 공전반경을 이용하면 항성까지의 거리를 계산 할 수 있다. 단, 멀리 갈수록 시차는 작아지기 때문에, 이 계산으로 구할 수 있는 것은 약 100광년(1**광년**은 빛이 1년 동안 나아가는 거리로, 대략 9조 4600억km)까지다. 이것보다 먼 항성에는 다른 방법이 필요하게 된다.

그래서 거리를 구하는 다른 방법의 하나로서는 **실시등급**과 **절대등급**의 차이를 베이스로 계산하는 것이 있다. 지구에서 측정한 외관 밝기를 실시등급이라 하며, 절대등급이란 지구에서 32.6광년 떨어진 곳에서의 항성의 밝기를 말하는 것이다. 지구에서 천체까지의 거리가 멀어질수록 지구에 도달하는 빛도 줄어들어, 천체가 어두워진다. 근처 별의 관측으로부터 별의 밝기와 거리의 관계는 알 수 있기 때문에, 밝기를 비교함으로써 거리를 구할 수 있다. 천체의 밝기는 거리의 2승에 반비례한다는 성질을 사용함으로써 계산이 가능해진다.

> 천체로부터의 빛은 과거로 거슬러 올라가는 타임머신이다.

육안으로 보이는 것은 대략 1000광년 이내에 있는 항성이다. 1000광년 정도의 범위 내에 있다는 것은 우리들이 육안으로 보고 있는 항성의 빛이 가장 길게 1000년 전에 튀어 나온 것이라는 이야기가 된다. 천문학에서는 천체로부터의 빛이 과거로 거슬러 올라가는 타임머신이다(단, 아직 미래로는 갈 수 없다). 즉, 천체로부터의 빛을 조사하는 것으로 과거 우주의 상태를 알 수 있는 것이다.

연주(年周)시차를 이용한 거리의 측정

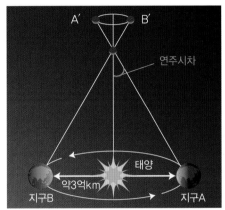

지구가 A지점에 있을 때, 별은 A′의 장소에 보인다. B지점에 있을 때, 별의 외관 위치는 어긋난다. 이 각도를 이용하여 거리를 계산한다.

직녀성

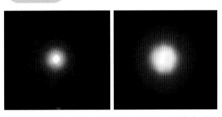

거문고자리의 베가. 별명은 직녀성. 스피처 우주망원경이 촬영했다. 주위에 먼지가 비춰 있어 미혹성이 성장하고 있다고 생각된다. 우측이 적외선으로 24㎛, 좌측이 70㎛의 파장을 촬영한 것.

외관의 밝기와 절대등급

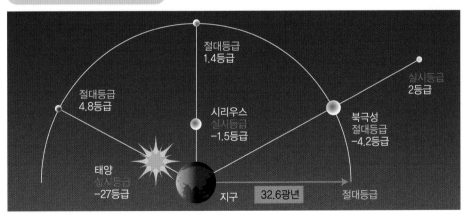

외관의 밝기와 절대등급은 전혀 다르다. 멀리 있는 항성일수록 어두워지기 때문이다. 1등급은 100개의 소형전구의 빛을 100km 전방까지 본 밝기로, 6등급에서는 1개가 된다. 그것을 등분하기 위해 등급이 늘어남에 따라 밝기는 2.51분의 1이 된다. 즉, 등급이 작을수록 밝다. 태양은 지구에서 가깝기 때문에 실시등급은 −27이지만, 절대등급은 4.8이 된다.

● Tip ● • 천문의 단위에는 PC라는 것이 있다. 1PC=3.26광년=20만 6000천문단위=30조 8000억km
• 하늘 전체에서 가장 밝은 것은 큰개자리의 시리우스로, 실시등급은 −1.5. 그러나 절대등급은 1.4가 된다.

Section 3 항성의 색

Key Word **파장** 수면을 전달하는 파도처럼 공간을 전달하는 빛 등의 파(파동)가 나타내는 산에서 다음 산까지 혹은 계곡에서 계곡 사이에서의 주기적인 길이.

❯ 빛은 파장이라는 길이를 가진다

밤하늘에 빛나는 별의 빛에는 온도나 별의 대기조성 등 갖가지 정보가 들어 있다. 별의 빛에는 성분이 있어, 그 성분으로부터 정보를 이끌어낼 수 있는 것이다. 항성은 핵융합반응(P40)에 의해 빛을 방사하고 있다. 그 빛에는 수면에 전달되는 파도와 같은 **파장**이라 불리는 연속된 길이가 있다. 그 파장의 길이가 빛의 색깔에 따라 달라지는 것이다. 붉은 빛은 비교적 파장이 길고, 노란 빛은 다소 파장이 짧으며, 파란 빛은 파장이 더욱 짧다. 이 세상에 색이 존재하는 것은 이 빛의 파장 덕분이다. 물체가 반사하는 빛의 파장을 우리들 눈동자의 시세포가 포착하고 있다. 우리들의 눈동자로 보이는 이러한 빛을 **가시광**(可視光)이라 부른다.

❯ 스펙트럼(spectrum)으로부터 표면온도나 조성을 알 수 있다

태양과 같은 열을 발하는 빛은 모든 빛의 파장을 포함하고 있다. 태양광을 프리즘(prism)에 통과시키면 빛이 나뉘어, 연속된 무지개처럼 되는 것은 바로 이 때문이다. 프리즘을 통하여 빨강이나 파랑으로 분광된 빛의 파장을 **스펙트럼**이라 부르며, 연속적인 무지개 색의 스펙트럼을 **연속스펙트럼**이라 부른다. 그러면 밤하늘에 별들의 색이 다른 것은 스펙트럼으로 어떻게 표현될까? 어느 항성의 빛을 분광하여, 스펙트럼마다 세기를 측정하면, 산을 그리고, 완만한 산 꼭대기(peak)가 나타난다.

전자파와 빛의 파장

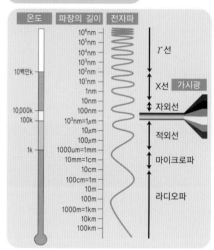

빛에는 수면에 전달되는 파도와 같은 파장이 있다. 온도는 높은 것일수록 짧은 파장의 빛을 낸다.

프리즘에 의한 분광

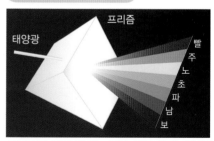

태양처럼 열을 발하는 빛은 모든 빛의 성분을 포함하기 때문에, 프리즘이나 회절격자에 의해 연속된 무지개 색으로 분광된다.

그 피크가 항성이 가지는 색이다. 색의 감각은 사람에 따라 미묘하게 다르지만, 파장의 길이와 피크를 아는 것으로 인해 모두가 같은 기준으로 항성의 색을 알 수 있다. 동시에 이 피크는 그 항성의 표면온도를 나타내고 있다. 온도가 높은 것일수록 짧은 파장의 빛을 내기 때문이다.

스펙트럼은 그 외에도 중요한 것을 가르쳐 준다. 빛을 방사하는 항성의 중심부 바깥쪽에는 그 항성의 대기가 있다. 이 대기부분의 원자가 특정한 빛을 흡수하여, 연속된 스펙트럼 속에 빛이 결여된, 어두운 부분이 나타난다. 이 부분을 **흡수스펙트럼**이라 부른다. 원자나 분자의 종류에 따라 흡수하는 스펙트럼이 바뀌기 때문에 항성의 대기가 어떠한 조성인지를 알 수 있는 것이다.

또, 원자에 따라서는 항성의 빛으로 원자가 여기(勵起)되어, 빛을 방출하는 경우가 있다. 이 경우, 연속스펙트럼상에 예리한 피크가 나타난다. 이것을 **휘선(輝線)스펙트럼**이라 한다. 휘선스펙트럼으로부터도 대기의 조성을 알 수 있다.

태양의 스펙트럼

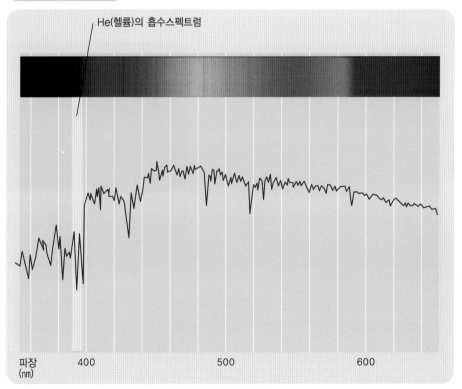

붉은 라인이 태양의 스펙트럼 분포

●Tip● • 헬륨은 지구에서 발견되기 보다 전에 1868년에 실시된 태양의 스펙트럼분석으로 처음 발견된 물질이다.
  • 스펙트럼을 사용한 양의 분류법에 스펙트럼 형태나 별의 크기를 나타낸 광도계급과 스펙트럼 형태를 맞춘 MK스펙트럼분류 등도 있다.

Section 4 중성 · 연성 · 변광성

연성계(連星系) 여러 천체가 서로의 중력으로 영향을 미치면서 존재하며, 분산이 되지 않는 계. 현재 발견된 항성 중 적어도 25%가 연성계로 생각된다.

❯ 항성이 2개 이상 집합한 연성계

항성에는 여러 종류가 있다. 그것을 소개하겠다.

지구에서 볼 때 둘 이상의 별이 접근해서 보이는 경우를 **중성**이라 한다. 그러나 중성은 외관상의 한 쌍(pair)으로 실제로는 그들 별은 떨어져 있다. 이에 대해 실제로 가까운 거리에 있으며 서로 영향을 미치고 있는 천체의 경우를 **연성**이라 한다. 항성 중, 적어도 25%는 이 **연성계**라고 생각되고 있다.

그리고 연성에도 여러 가지 종류가 있다. 우선, 두 혹성을 별도로 인식할 수 있는 경우를 **실시(實視)연성**이라 한다. 반대로 외관으로는 확인할 수 없고, 스펙트럼(P102) 등에 의해 겨우 한 쌍을 확인할 수 있는 것을 **분광연성**이라 한다. 또, 하나의 항성 앞을 다른 쪽 항성이 가로질러, 밝기가 주기적으로 변하는 것을 **식(食)연성**이라 한다. 여러 항성이 중력적으로 서로 결합되어 있는 경우 3개이면 삼중연성, 4개이면 사중연성이라 한다.

중성과 연성

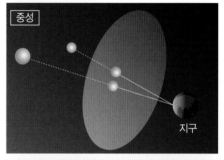

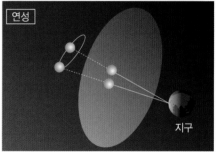

중성(위)은 외관상 한 쌍, 실제로는 항성끼리는 먼 위치에 있다. 중력적으로도 관계가 없다. 한편, 연성(아래)은 가까운 거리에 있으며, 서로 영향을 미치고 있다.

❯ 광도를 변화시키는 변광성

항성에는 밝기를 변화시키는 것이 있어 **변광성(變光星)**이라 한다. 단독으로 주기적으로 밝기를 바꾸는 항성은 **맥동 변광성**이라 불린다. 고래자리의 미라(Mira)는 맥동 변광성으로, 팽창되어 있을 때는 어두워 10등급 정도, 수축되어 있을 때는 밝아 2등급이 된다. 밝기와 맥동하는 주기로 어느 정해진 법칙을 가진 변광성에 **세페이드(Cepheid)형 변광성**이 있다.

●Tip● 북극성은 삼중연성으로 분광연성과 실시연성을 갖고 있다.

이 변광성은 주기가 길수록 광도가 밝으며, 주기의 길이를 측정하면 그 항성이 발하고 있는 본래의 밝기(절대등급)를 알 수 있다. 외관의 밝기와 절대등급을 비교함으로서, 항성까지의 거리를 구할 수 있는 것이다. 미국의 Edwin Powell Hubble이 세페이드형 변광성을 사용하여, 안드로메다 은하가 은하계 바깥에 있는 것을 확인했다.

변광성에는 이 외에도 **트랜싯법**(P92)에서 사용되는 식 변광성이나 격변 변광성, 폭발 변광성, 회전 변광성 등이 있다. **식 변광성**은 식연성과 같은 것이다. 돌발적으로 빛이 증가하는 것으로 신성이나 초신성 등은 **격변(激變) 변광성**이라 한다. 빛의 증감에 규칙성이 없으며, 항성의 대기나 바깥 층의 폭발에 의해 빛을 바꾸는 것은 **폭발 변광성**. 항성표면의 밝기 분포가 균일하지 않은 경우, 자전에 의해 밝기가 바뀌는 것은 **회전 변광성**이라 불린다.

고래자리의 Mira

고래자리의 Mira의 연성계를 허블 우주망원경은 분해하여 촬영하는데 성공했다. Mira의 주성과 반성의 거리는 지구-태양간의 약 70배정도로 비교적 가깝다.

좌측은 NASA의 천문위성 찬드라에 의한 X선 화상. 우측은 그 상상도. Mira A(우측)는 맥동 변광성. Mira B(강착(降着 : Accretion) 원반의 중심부)는 백색왜성으로 생각되고 있다.

맥동 변광성과 식 변광성

맥동 변광성

팽창

수축

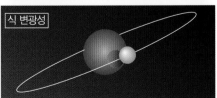

식 변광성

맥동 변광성(위)은 크기를 바꿈으로써 밝기를 바꾼다. 한편, 식 변광성(아래)은 항성을 주기적으로 도는 천체에 의해 관측자에 도달하는 빛이 바뀌는 것을 말한다.

맥동 변광성과 식 변광성

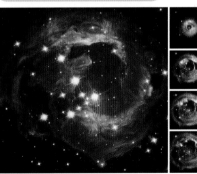

2003년 3월에 돌발적으로 빛이 증가했다. 유니콘 자리의 변광성. 수시간에서 수일이라는 짧은 기간 동안에 빛나기 시작하는 천체를 신성, 빛의 정도가 강한 것을 초신성이라 한다. 이것도 신성의 일종이지만, 특이한 광도변화 등이 있기 때문에 보통의 신성과는 다르다고 생각되고 있다.

● Tip ● 고래자리의 Mira는 주기 330일의 변광성으로 아라비아어로 「놀람」이나 「신기함」이라는 의미이다.

Section 5 항성의 일생(별의 진화)

Key Word 태양질량 항성의 질량은 그 일생에 크게 관계한다. 천문학에서 사용되는 단위로, 태양의 질량을 1로 한다. 기호는 M⊙로 표시되며, 지구 질량의 약 33만 2900배.

❯ 별에도 탄생과 죽음이 있다

사람에게 탄생과 죽음이 있듯이 밤하늘에 빛나는 항성에도 탄생과 죽음이 있다. 태양의 탄생도 다른 항성의 죽음이 계기였다. 별들의 생과 사는 연면(連綿 : consecutive)으로 이어져 있다. 그러면 그 항성의 일생이란 대체 어떠한 것일까?

❯ 질량에 따라 일생이 결정된다

우주에는 성간물질인 수소나 헬륨 등의 가스나 먼지로 구성되는 **성간분자운(암흑성운)**이 있다. 이 성간분자운의 근처에서 별의 일생 최후에 해당되는 초신성 폭발(P114)이 일어나면 성간물질에 짙은 부분과 옅은 부분이 생긴다. 성간물질의 짙은 부분은 물질이 상당한 밀도로 집약되어 있기 때문에 중력이 생겨, 더욱 많은 물질을 모은다. 그러면 점차 주위의 가스가 회전을 시작하고, 원반형태가 되어 중심부가 빛나기 시작한다. 이것이 **원시성**의 탄생이다.

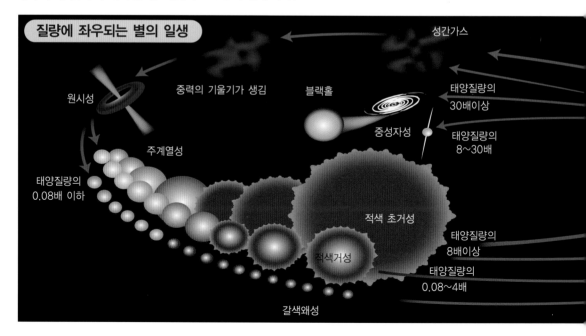

질량에 좌우되는 별의 일생

● **Tip** ● 주계열성에서는 항성의 질량이 무거울수록 표면온도가 높고 밝아진다.

이렇게 하여 탄생된 별의 수명이 짧은지 긴지, 그리고 어떠한 형태로 최후를 끝낼 것인가는 그 별의 질량에 따라 대략 결정된다. 일반적으로 질량이 무거우면 그 별의 일생은 짧지만 화려한 것이 된다. 가벼우면 특징은 없지만 긴 일생을 보내게 된다. 별의 질량은 일생과 깊이 관계하기 때문에 여기서는 태양질량을 기준으로 별의 일생을 살펴보기로 하자.

📎 질량과 별의 최후

태양질량은 1.989×10^{30}kg. 태양질량의 0.08~4배의 항성으로 수소의 핵융합반응(P40)으로 빛나는 항성을 **주계열성**(P110)이라 부른다. 그 후, 핵융합반응으로 수소를 전부 사용하면 팽창을 시작하여 **적색거성**(P112)이 된다. 점차 바깥 층을 우주공간으로 확산시켜 마지막으로는 **백색왜성**(P112)이라는 천체가 된다.

태양질량의 4배 이상이라면 주계열성 후, **적색 초거성**이 되며, 마지막에 대폭발(초신성 폭발)을 일으킨다. 태양질량의 4~8배의 항성은 최후 폭발 후 모든 것이 가루가 되며, 마지막으로는 아무것도 남지 않는다. 별을 구성했던 물질은 성간가스 쪽으로 되돌아간다.

태양질량의 8~30배의 항성에서는 최후의 초신성 폭발 후에 **중성자성**(P116)이라 불리는 작고 무거운 천체가 남는다. 태양질량의 30배 이상인 항성이 되면 중성자성도 그대로 모습을 유지하지 못하고, 마지막으로는 **블랙홀**(Black hole)(P118)이라 불리는 천체가 된다.

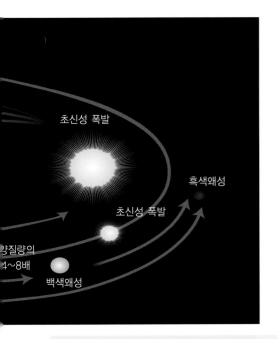

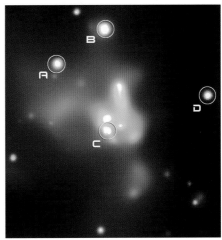

1만개의 블랙홀

NASA의 천문위성 찬드라가 촬영한 은하계의 중심부근에 있는 블랙홀. 1만개 정도 모여 있을 증거를 얻었다고 한다.

● **Tip** ● 연성의 경우 등 질량만으로는 설명할 수 없는 항성의 일생도 있다.

Section 6 항성의 탄생(성간운 · 원시성)

Key Word 분자운 성간가스나 먼지가 고밀도로 모인 것. 수소분자를 주성분으로 하며, 그 밀도는 10~100 만개/㎤ 정도.

❯ 수소원자를 주체로 한 성간운

항성의 일생, 우선 그 시작을 생각해 보자. 항성이 탄생하는 자리는 **성간운**이라 불리는 수소원자를 주체로 한, 주위보다도 고밀도의 성간가스, 먼지 등이 집중된 부분이다. 성간운은 스스로 빛을 발하는 것은 없지만, 근처 항성의 빛을 받아 빛나 보이는 경우가 있다. 이러한 성간운을 **산광성운**이라 부른다. 산광성운의 대표적인 것에는 오리온 대성운이 있다. 또, 배후에 항성 등의 광원이 있으며, 성간운의 실루엣이 떠올라서 보이는 것을 **암흑성운**이라 부른다. 유명한 것으로 오리온자리의 **말머리성운**이 있다.

암흑성운

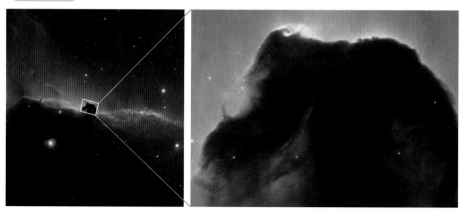

오리온자리의 3개의 별(3 star) 바로 근처에 있는 말머리성운. 산광성운을 등뒤로 하여 말의 머리 형태로 암흑성운이 떠올라 있다. 이 속에서 많은 별이 탄생하고 있다.

❯ 항성을 빛나게 하는 2가지 에너지

이러한 성간운이 이윽고 회전을 시작하여, 내부에서 분자가 만들어지는 것처럼 되면 주성분이 수소분자의 **분자운**(分子雲)이 된다. 이 분자운 중에서도 특히 밀도가 높아진 부분을 **분자운 코어**라고 한다. 전형적인 분자운의 크기는 직경이 약 100광년, 질량은 태양의 약 10만배, 온도는 25K(-258℃). 그 밀도는 1㎤ 속에 수소분자가 10만~100만개 정도다. 이 밀도는 지구대기 물질밀도의 1조 분의 1 이하인 것인데, 우주공간에서는 상당히 고밀도가 된다.

이러한 분자운은 보통 안정되어 있지만, 별의 최후 폭발 등이 일어나면, 밀도가 급격히 높아지는 영역이 발생한다. 그 영역은 점차 스스로의 무게에 의해 수축을 시작하여, 밀도가 계속 오르고, 가스의 압축에 따라 중심부의 온도를 높여 간다. 그러면 가스는 원반상태가 된다. 항성을 빛나게 하는 에너지는 주로 2가지이다. 하나는 중력에 의한 수축으로 물질이 압축됨으로써 발생하는 에너지. 다른 하나는 태양의 중심부에서 발생하는 핵융합에 의한 에너지다.

이윽고 분자운 속에서 중심부가 빛나기 시작하면 **원시성**의 탄생이 된다. 이 때의 빛은 중력에 의한 것으로 방사하고 있는 빛은 적외선이다. 그리고 중력수축에 의해 원시성 중심부의 열이 1000만℃이상이 되면 **핵융합**이 시작된다. 2개의 수소원자핵이 1개의 헬륨원자핵으로 바뀜으로써 방대한 에너지가 생성된다. 이 핵융합이 시작되었을 때부터 가시광(P102)으로 관측 가능한 천체가 되는 것이다.

원시성을 뒤덮은 성간분자운

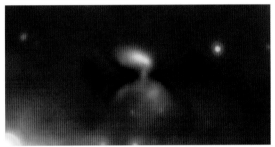

스바루 망원경이 촬영한 원시성을 뒤덮은 분자운의 모습. 사수자리 M17에 있는 원시성 M17-S01. 회전에 의해 원시성으로 떨어져 가는 원반형태의 가스나 먼지의 모습이 촬영되어 있다. 좌측은 그 구조를 알기 쉽게 그림으로 나타낸 것.

분자운의 다중구조

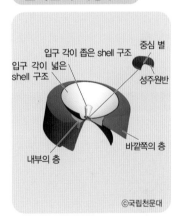

별의 산성(産聲 : 갓 태어난 울음소리)

NASA의 적외선 우주망원경 스피처가 촬영한 대마젤란성운에 있는 산광성운인 독거미(tarantula)성운. 빛나는 먼지 속에서 많은 별들이 빛나고 있다. 그 속에는 태양의 100배 이상의 질량을 가진 별도 확인되었다.

● Tip ● • 우리들 주위의 공기에는 1㎤당 3×10¹⁹개의 분자가 포함된다.
• 분자운에서는 수백만~수천 만년에 걸쳐 별이 계속 생성되고 있다.

주계열성 · 갈색왜성

Key Word HR도 　헤르츠스프룽-러셀도(Hertzsprung-Russell diagram). 세로축을 광도, 가로축을 표면온도(스펙트럼형태)로 한 항성의 분포도

중력에 의한 수축력만으로 열을 발하는 별

　원시성의 내부에서 핵융합이 시작되면 그 항성은 **주계열성**이 된다. 반대로 말하면 수소에 의한 핵융합이 계속되고 있는 동안은 주계열성이라 불리는 것이다. 태양물질의 0.08배 이상의 별은 중심부가 중력의 수축하는 힘에 의해 1000만℃ 이상이 되어 수소의 핵융합이 시작되기 때문에, 모두 주계열성이라는 단계를 거친다. 한편, 태양질량의 0.08배 이하의 별은 **갈색왜성**이라 불리는 별이 된다. 이 별에서는 중심부의 온도가 핵융합이 시작될 정도로 높아지지 않기 때문에, 주로 **중력수축**(P70)의 에너지만으로 적외선을 발하며, 오랜 시간을 거쳐 냉각되어 가게 된다.

갈색왜성

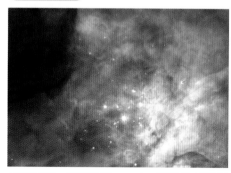 

오리온자리 · 사다리꼴(Trapezium)성단의 갈색왜성. 좌측의 가시광에서는 나타나 있지 않지만, 우측의 근적외선분광 카메라로 촬영되었다.

주계열성은 힘의 밸런스가 잘 이루어진 안정된 상태

　항성의 상태나 크기 및 온도는 중력수축에 의해 수축하려고 하는 힘과 핵융합 등으로 생성되어 외부로 팽창하려고 하는 힘, 이 2가지 힘의 공방에 따라 결정된다고도 말할 수 있다. 별의 탄생 시에, 주위로부터 떨어지는 성간물질이 없어진 원시성은 중력수축으로 인한 수축하는 힘보다도 핵융합에 의한 열로 외부로 팽창하려고 하는 힘이 강해진다. 항성은 팽창, 그러면 중심부의 온도가 내려간다. 온도가 내려가면 핵융합반응이 둔해지며, 중력수축의 힘이 우월해져 항성은 수축된다. 다시, 중심부의 온도가 올라가며, 핵융합반응이 진행된다. 이렇게 일보전진 일보후퇴를 반복하면서 서서히 안정되어 간다. 핵융합반응이 시작되면 주계열성이 되어 주계열성 사이는 중력수축의 수축하는 힘과 핵융합의 열에 의해 팽창하는 힘의 밸런스가 잘 이루어지기 때문에 안정되어 계속 빛날 수 있는 것이다.

💫 주계열로 있는 시간은 그 천체가 가지는 질량에 의해 결정된다

주계열성은 그 천체가 가지는 질량에 따라 표면온도나 직경이 달라진다. 이것을 정리한 유명한 그림으로 **HR도**가 있다. 세로축을 밝기로, 가로축을 표면온도(스펙트럼형태)로 한 것으로 주계열성은 좌측 위에서 우측 아래까지의 라인에 나열한다. 이 라인을 **주계열**이라 부른다.

항성의 일생을 HR도로 보면 탄생하고 나서 주계열에 도달하기까지, 저온이며 어두운 우측 아래에서 점차 고온이며 밝은 좌측 위로 이동해 간다. 예를 들면, 태양물질의 15배인 항성이 탄생되면, 태양의 1만 배 밝기로 빛나며, 표면온도는 약 4000℃이다. 이것이 십 수 만년 지나면 표면온도는 3만℃를 넘고, 태양의 1만 6000배 밝기로 빛난다.

얼마만큼의 기간 동안, 주계열성으로 존재할 수 있을지는 항성의 수명과 마찬가지로 질량에 달려있다. 무거울수록 중력수축에 의한 열이 높고, 핵융합의 재료인 중심부의 수소가 빨리 소비되어 버린다. 반대로 질량이 작으면 수소는 조금씩 소비되기 때문에 그만큼 오래 핵융합은 지속된다. 예를 들면, 태양은 100억년, 그 10분의 1 크기의 항성이라면 약1조년 동안 주계열성으로 멈춰있을 수가 있다.

주계열성이 안정되어 빛나는 구조

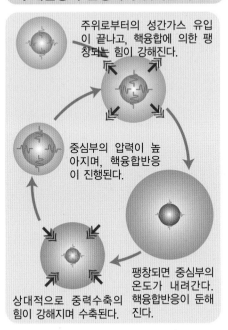

주위로부터의 성간가스 유입이 끝나고, 핵융합에 의한 팽창되는 힘이 강해진다.

중심부의 압력이 높아지며, 핵융합반응이 진행된다.

팽창되면 중심부의 온도가 내려간다. 핵융합반응이 둔해진다.

상대적으로 중력수축의 힘이 강해지며 수축된다.

HR도

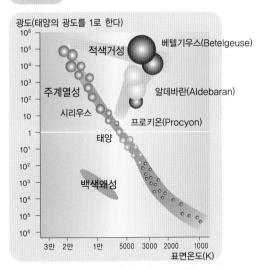

광도(태양의 광도를 1로 한다)

적색거성   베텔기우스(Betelgeuse)

주계열성   알데바란(Aldebaran)

시리우스   프로키온(Procyon)

태양

백색왜성

3만 2만   1만   5000 3000 2000 1000   표면온도(K)

태양은 주계열의 한 가운데 장소, 표면온도 약 6000℃ 지점에 위치하며, 약 50억년이 지나면 다음 단계인 적색거성이 되어 주계열을 벗어나게 된다.

● Tip ● · 항성은 질량의 10분의 1 정도의 수소원자가 헬륨원자로 바뀔 때까지 주계열성으로 있다.
       · HR도는 덴마크의 Ejnar Hertzsprung과 미국의 Henry Norris Russell이 고안한 것.

Section 8
적색거성 · 백색왜성

Key Word **적색거성** 주계열을 벗어나, 헬륨의 중심핵이 생성되어 바깥 층이 팽창을 시작한 상태의 항성을 말한다. 전갈자리의 알파별(Antares)이나 고래자리의 미라(Mira) 등이 유명.

❯ 적색거성이 탄생되는 구조

주계열성의 다음 단계는 도대체 어떻게 되는 것일까? 우선, 태양물질의 0.08~4배인 항성에 대해 생각해 보자. 핵융합은 2개의 수소원자핵이 1개의 헬륨원자핵으로 치환되어 에너지를 방출하는 반응이다. 주계열의 사이, 중심부에 있는 수소는 핵융합반응을 일으켜 점차 그 반응 후 남은 재(灰 : ashes)인 헬륨이 모이게 된다. 수소보다도 밀도가 큰 재가 중심에 쌓이면 핵융합반응으로 인해 항성이 팽창하는 힘과 항성의 질량이 가지는 중력수축의 밸런스가 무너져, 중력수축의 힘이 우월하게 된다. 그러면 항성은 스스로의 중력으로 인해 찌부러지기 시작한다. 중심부의 압력이 다시 강해지고, 1000만℃ 이상이 되기 때문에, 이번에는 헬륨의 중심부 바깥쪽에 있는 수소의 층이 다시 핵융합을 시작한다. 이 핵융합의 에너지에 의해 항성의 중심핵 이외의 곳이 팽창을 시작하고, 바깥 층은 팽창함으로써 그에 따라 온도가 내려가 붉게 보이게 된다. 이 상태를 **적색거성**이라 부른다.

❯ 작고 무거운 백색왜성

적색거성이 되면 항성은 크기를 바꾸는 **맥동** 등을 시작하게 되어 서서히 바깥 층을 주위의 공간으로 날려 버린다. 그 후, 중심핵을 남기고 바깥 층의 대부분이 날아가버리게 된다. 이 때에 생성되는 것이 **혹성상 성운**이라 불리는 것이다.

헬륨의 중심핵은 그대로 수축을 계속하여, 작고 무거운 **백색왜성**이라 불리는 천체가 된다. 백색왜성은 크기가 지구 정도임에도 불구하고 1cm³당 수 톤이나 되는 높은 밀도를 가진 고온의 천체이다. 이것은 설탕

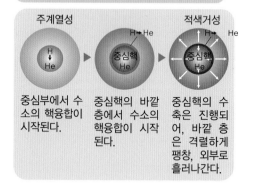

태양질량의 0.08~4배까지의 항성의 내부진화

주계열성
중심부에서 수소의 핵융합이 시작된다.

중심핵의 바깥 층에서 수소의 핵융합이 시작된다.

적색거성
중심핵의 수축은 진행되어, 바깥 층은 격렬하게 팽창, 외부로 흘러나간다.

한 알에 코끼리 한 마리를 집어 넣은 것과 같은 계산이 된다. 이 정도로 고밀도가 되면 고온에서 자유로이 돌아다닐 전자가 매우 좁은 범위에 갇혀버리게 된다. 그러면 그것으로 인해 생기는 반발력으로, 중심부로 수축하는 중력수축과의 밸런스를 이루어, 안정된 상태를 유지하게 된다.

● **Tip** ● 은하계의 가장 오래된 백색왜성이 구상성단 M4에서 발견되었다. 120억~130억년이라는 나이였다.

단, 백색왜성의 최대질량(원래의 항성의 질량은 아니다)은 태양질량의 1.46배까지 찬드라 세카(Chandrasekhara) 세계로 일컬어지고 있다. 이 이상 무거운 백색왜성은 이론상 존재할 수 없다.

백색왜성은 새로운 에너지를 생성할 수가 없기 때문에 오랜 시간을 거쳐 에너지를 잃고, 빛을 잃어 **흑색왜성**이 되며, 어느 틈엔가 **암흑천체**라고 하는 어둠에 묻힌 천체로 진화되어 가게 된다.

혹성상 성운 NGC7293의 모습

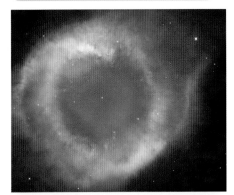

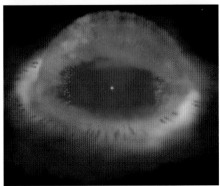

위는 허블 우주망원경이 촬영한 약 690광년 떨어진 물병자리(Aquarius) 방향에 있는 NGC7293. 아래는 많은 관측으로 인해 밝혀진 구조를 경사면에서 봤을 때의 상상도.

링 성운

NASA의 스피처 우주적외선망원경이 촬영한 혹성상 성운(링 성운) M57. 약 2000광년 떨어진 거문고자리에 있다.

작은 유령성운

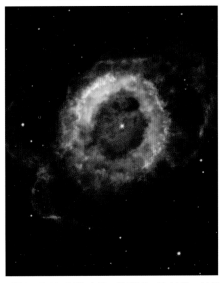

허블 우주망원경이 촬영한 혹성상 성운 NGC6369, 별명 「작은 유령성운」. 뱀주인자리(Ophiuchus)의 방향에 있다. 중심부에는 백색왜성이 있다.

● Tip ● 혹성상 성운이라는 명칭은 망원경으로 관측했을 때에 혹성과 비슷한 원형의 것이 많았기 때문에 붙여진 것이다.

Section **9**

초신성 폭발

Key Word 초신성 폭발 　태양질량의 4배 이상인 항성이 최후에 일으키는 폭발을 말한다. 폭발의 충격에 의해 중금속도 만들어진다. 크게 두 가지 타입으로 나뉘어 진다.

❯ 태양질량의 4~8배인 항성에서는 마지막에 아무것도 남지 않는다

다음은 태양질량의 4~8배까지의 항성을 살펴 보자. 이러한 항성에서는 중력수축에 의해 중심부의 온도가 3억℃ 이상이 되며, 수소의 재였던 헬륨의 중심핵도 핵융합을 시작한다. 강한 중력수축에 의해 항성은 팽창하지 못하고, 온도가 상승해도 열을 해방할 수 없다. 헬륨의 핵융합으로 생성된 탄소도 종국에는 높은 열에 의해 핵융합을 시작한다. 그 격렬한 탄소의 핵융합에 항성은 견딜 수 없게 되어 마침내 대폭발을 일으킨다. 이 대폭발을 **초신성 폭발**이라 부른다.

초신성 폭발 중에서도 연성계(P104)를 이루어 항성이 폭발하는 것은 Ⅰ형 초신성 폭발이라 불린다. 대폭발에 의해 흩날려간 뒤에는 아무것도 남지 않는다.

덧붙여 **Ⅰ형 초신성 폭발** 중에서도 규소의 흡수스펙트럼(P103)이 있는 것을 Ⅰa형 초신성 폭발이라 한다. 이 타입은 폭발하여 가장 밝아졌을 때의 본래의 밝기(절대등급)가 거의 정해져 있다. 게다가 매우 밝아서 관측하기 쉽기 때문에 천체까지의 거리를 구하는데 자주 이용된다.

초신성 폭발이 일어나기까지의 내부변화

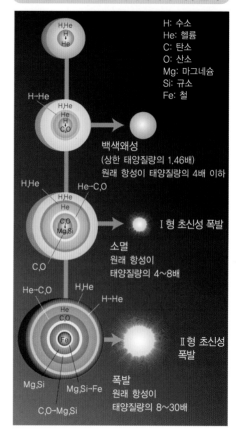

H: 수소
He: 헬륨
C: 탄소
O: 산소
Mg: 마그네슘
Si: 규소
Fe: 철

백색왜성
(상한 태양질량의 1.46배)
원래 항성이 태양질량의 4배 이하

Ⅰ형 초신성 폭발
소멸
원래 항성이
태양질량의 4~8배

Ⅱ형 초신성 폭발
폭발
원래 항성이
태양질량의 8~30배

❯ Ⅱ형 초신성 폭발과 중성자성의 탄생

태양질량의 8~30배인 항성에서도 그 중력수축에 의해 헬륨의 재인 탄소나 산소의 핵융합도 시작된다. 그러나 탄소의 양이 많기 때문에 발생하는 에너지가 매우 커서, 중력수축에 대항하여 조금 팽창하고 열이 해방된다.

●Tip● Ⅰ형 초신성 폭발에는 Ⅰa형 외에도 흡수스펙트럼이 다른 Ⅰb형이나 Ⅰc형이 있다.

그 때문에 핵융합반응이 차례차례 진행되어 탄소, 산소 그리고 마그네슘, 규소로 진행된다. 그리고 차례로 무거운 원소가 생성되어 마지막에 철이 된다.

철의 원자핵은 핵융합을 일으키지 않기 때문에, 중심부는 냉각되어 버린다. 그러면 중력수축에 대항하는 힘이 사라지고, 그 힘을 견디지 못하고 급속하게 중심부를 향해 찌부러져 간다. 중심핵을 향해 바깥 층도 대량으로 낙하하며, 이것이 중심핵에 부딪히면 큰 반발을 하여 대폭발을 일으킨다. 이것을 **II형 초신성 폭발**이라 한다.

태양질량이 8~30배인 항성내부에서는 철 등 여러 가지 무거운 원소가 만들어진다. 이러한 별들의 대폭발에 의해 생명을 구성하는 물질이 우주에 흩날리게 되는 것이다.

초신성 폭발의 잔해

1572년에 일어난 카시오페이아(Cassiopeia)자리 A의 초신성 폭발 잔해. NASA의 3개 망원경(찬드라X선 천문위성, 스피처 우주망원경, 허블 우주망원경)의 데이터를 합성하여 만들었다.

VLT에 의한 전체상

HST에 의한 중심부

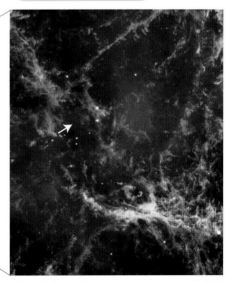

1054년에 초신성 폭발을 한 게성운. 좌측은 유럽남천천문대(ESO)의 VLT(Very Large Telescope)에 의해 촬영한 전체상. 우측은 허블 우주망원경(HST, Hubble Space Telescope)에 의한 그 중심부. 화살표는 초신성 폭발 후, 남은 별(중성자성 P116).

● Tip ● 초신성 폭발은 은하계 내에서 수백 년에 한번 정도는 발생하고 있다.

Section 10 중성자성

펄서(pulsar) 규칙적이며 강약이 있는 전파, X선, γ선 등의 방사상태 빔을 발하는 천체. 그 원천은 회전하는 중성자성으로 생각되고 있다.

❯ 중성자성으로 생성된 작고 매우 무거운 별

태양질량의 8~30배인 항성이 일으키는 **II형 초신성 폭발**(P115)에서는 별의 내부에서 핵융합이 차례로 진행되어, 철의 중심핵이 생겨서 대폭발을 일으킨다. 이 최후의 폭발을 할 때의 반동으로 중심핵은 더욱 압축된다. 그리고 남은 철의 중심핵이 태양질량의 1.46배를 넘으면 그 높은 압력에 의해 마침내는 중심핵을 구성하고 있는 철의 원자핵이 분해되어 버린다. 전자가 양자에 흡수되는 **중성자**(P161)와 **중성미자**(Neutrino)라고 하는 물질이 생성되는 것이다. 중성미자는 우주공간으로 날아가 버리고, 남은 중성자만으로 구성되는 별이 생긴다. 이것이 중성자성이다.

중성자끼리는 너무 근접하면 **핵력**(核力)이라 불리는 반발력을 낳는다. 그 때문에 중력수축에 대항할 수 있게 되어 태양질량의 2배 이내이면 중성자성은 안정하게 존재할 수 있다.

태양질량의 2배 이내라는 것은 매우 가볍다고 느낄지도 모른다. 그러나 이 중성자성은 반경이 겨우 수십 km밖에 되지 않는 것이다. 그렇지만 그 무게로 말하자면, 태양질량과 비슷한 정도인데 바꿔 말하면 태양계와 비슷한 정도이다. 매우 작은데도 불구하고 1㎤당 5억t이라는 어마한 높은 밀도의 무거운 별인 것이다. 예를 들자면 도쿄 돔 400개 정도에 채운 물을 겨우 1cm 사방의 주사위에 채워 넣은 무게다.

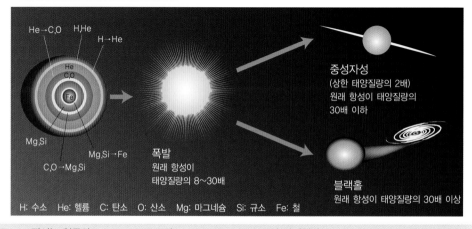

태양질량의 8배 이상의 별

He→C,O H,He H→He
He
C,O
Fe
Mg,Si
Mg,Si→Fe
C,O→Mg,Si

폭발
원래 항성이
태양질량의 8~30배

중성자성
(상한 태양질량의 2배)
원래 항성이 태양질량의
30배 이하

블랙홀
원래 항성이 태양질량의 30배 이상

H: 수소 He: 헬륨 C: 탄소 O: 산소 Mg: 마그네슘 Si: 규소 Fe: 철

● **Tip** ● 펄서는 영국의 Antony Hewish와 Jocelyn Bell Burnell이 발견했다.

⟩ 외계인으로부터의 교신이?！

　중성자성 같은 것이 생성되는 초신성 폭발은 태양이 100억년 걸쳐 내보내는 에너지의 100배나 되는 막대한 에너지를 방출한다. 또, 중성자성은 전파, X선, 감마선, 빛 등의 방사상태 빔을 강하게 발하면서 자전하고 있다. 방사선 빔이 닿는 방향에 지구가 있으면 빔이 보이고, 닿지 않을 때는 보이지 않기 때문에, 점멸하고 있는 것처럼 보인다고 생각된다. 이러한 천체를 **펄서**라고 부른다.

　1967년에 발견된 펄서는 당초 너무나 규칙적인 빔을 방사하고 있었기 때문에, 우주인으로부터의 신호일지도 모른다는 기대가 있었다. 그 때문에 최초로 발견된 펄서에는 LGM-1(Little Green Man: 녹색의 소인)이라는 이름이 지어졌다. 정체가 판명된 현재는 개명되어 이 펄서는 PSR 1919+21로 불린다.

펄서의 모델

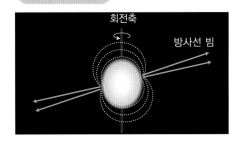

펄서

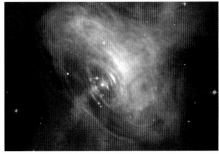

게성운에서 중심부분에 펄서가 찍혀 있다. 허블 우주망원경이 촬영했다.

중심부에 중성자성

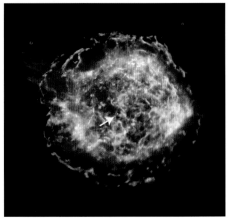
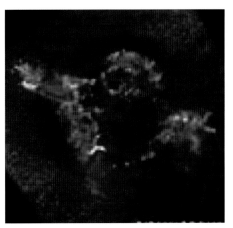

1572년 전의 초신성 폭발 후에 남은 초신성 잔해. 그 중심부에 있는 밝은 점(화살표)이 중성자성이 아닐까 생각된다. NASA의 X선 천문위성 찬드라가 촬영한 카시오페이아자리 A. 좌측은 유사컬러, 우측은 규소의 분포가 강조되어 있다.

●**Tip**●　초신성 폭발이 생명탄생으로 연결되는 중(重)원소를 만들었을 가능성이 있다.

블랙홀

 Key Word 중력붕괴　천체가 스스로의 중력에 의한 수축을 지탱하지 못하여 끝없이 붕괴되어 가는 것.

❯ 태양질량의 30배 이상인 항성은 스스로의 무게를 지탱할 수 없다

항성으로서는 가장 무거운 태양 질량의 30배 이상인 경우를 생각해 보자. 초신성 폭발까지의 단계는 앞서 말한 8~30배의 항성과 동일하다. 그러나 압축되는 중심핵은 이미 중성자에 의한 **핵력**(P116)으로도 지탱할 수가 없다. 항성의 질량이 가진 엄청난 중력수축에 견디지 못하여, 중심핵은 더욱 압축되어 밀도를 증가시키며, 중력은 더욱 강해진다. 이 과정을 끝없이 반복하여, 중심핵은 한없이 붕괴되어, **중력붕괴**를 일으킨다. 그 결과 종국에는 아무것도 빠져나갈 수 없는 **블랙홀(Black hole)**이라 불리는 천체가 되는 것이다.

❯ 우주에서 가장 빠른 물질조차 탈출 불가능

우주에서 가장 빠른 것은 빛으로, 초속 30만km이다. 이 빛조차도 빠져나갈 수 없는 것이 새빨간 천체인 블랙홀이다. 블랙홀의 존재는 1916년에 알버트 아인슈타인(Albert Einstein)이 발표한 **일반상대성이론**(P168)으로부터 먼저 이론이 도출되었다. 일반상대성이론은 물질 주위의 시공(시간과 공간)이 그 물질의 무게에 의해 왜곡되며, 그 왜곡을 따라 물질은 운동한다는 중력이론이다. 이 이론을 사용하여 칼 슈왈츠쉴드(Karl Schwarzschild)는 물질이 질량을 유지한 채 수축하면, 주위의 시공은 어떻게 되는 가를 계산했다. 대체 시공은 어떻게 될 것인가?

한 장의 고무 막을 상상해보자. 이 막은 시공이다. 막 위에 구슬을 놓으면 구슬의 질량만큼 막은 일그러진다. 보다 무거운 납 구슬이라면 더욱 급격히 일그러지게 된다. 바로 이 막처럼 시공도 무거운 질량의 주위일수록 왜곡이 강하다. 이 왜곡을 따라 물질은 운동한다.

고무 막의 우주

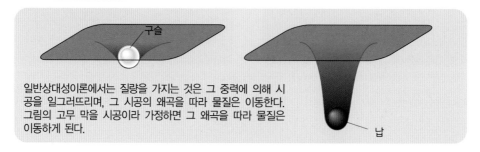

일반상대성이론에서는 질량을 가지는 것은 그 중력에 의해 시공을 일그러뜨리며, 그 시공의 왜곡을 따라 물질은 이동한다. 그림의 고무 막을 시공이라 가정하면 그 왜곡을 따라 물질은 이동하게 된다.

● **Tip** ● 아인슈타인을 비롯한 당시의 많은 과학자는 당초 블랙홀의 존재를 믿지 않았다.

슈왈츠쉴드(Schwarzschild)는 물질을 어느 반경에 밀어 넣으면, 반경 내의 모든 물질은 중심방향으로 이끌려, 외부로 탈출 할 수 없게 되는 것을 나타내었다. 예를 들면, 가장 단순한 경우 지구를 수축시켜 직경 18mm로 하면 빛조차도 빠져나갈 수 없는 블랙홀이 된다. 어떠한 질량으로부터 빛조차도 빠져나갈 수 없게 되는 크기, 그 경계를 **사상(事象)의 지평면**이라 부른다. 앞선 예에서 말하자면 직경 18mm의 구의 표면이 사상의 지평면이다.

중력이 강하면 그것을 떨쳐내기 위해서는 보다 빠른 탈출속도가 필요해진다. 예를 들면, 지구의 중력권으로부터 탈출하기 위해서는 초속 약 11km가 필요하다. 태양이라면 초속 약 620km. 블랙홀의 중력권으로부터는 어떠한 물질도 빠져나갈 수 없다. 그것은 탈출에 필요한 속도가 우주에서 가장 빠른 빛의 초속 30만km를 넘어서기 때문이다.

찬드라가 촬영한 블랙홀

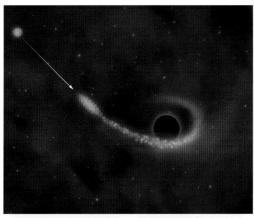

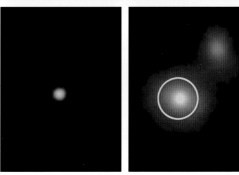

찬드라X선 천문위성이 촬영한 대질량 블랙홀의 조석력에 의해 산산조각이 났다고 생각되는 천체의 화상(아래 희고 둥근 것)과 그 상상도(위). 파란 천체는 조석력에 인해 팽창되기 전의 상태이다.

여러 가지 블랙홀

Schwarzschild Black Hole
가장 단순한 형태의 블랙홀

Kerr Black Hole

회전하고 있기 때문에, 적도면이 팽창되어 있다. 또, 특이점도 링 형태가 된다. 에르고 영역(ergo region)에서는 물질이 소용돌이치면서 특이점으로 낙하해 가는 모습을 볼 수 있다.

● **Tip** ● 별이 중력붕괴를 일으켜, 블랙홀이 되는 것을 최초로 지적한 것은 1939년 미국의 로버트 오펜 하이머 (Robert Oppenheimer)교수와 그의 제자인 대학원생 하틀랜드 스나이더(Hartland Snyder)이다.

Section 12 블랙홀의 관측

Key Word 강착(降着 : Accretion)원반   가스나 먼지가 중력에 의해 블랙홀이나 백색왜성 등의 천체에 끌려 들어갈 때 그 천체를 둘러싼 원반을 말한다.

● X선의 관측으로 블랙홀을 「본다」

모든 것을 집어 삼켜, 결코 바깥으로 내보내지 않는 칠흑의 천체 블랙홀. 항성의 진화를 질량이 무거운 순서로 봐 나가는 것은 이 단계가 최종이다. 그러나 이런 천체를 어떻게 관측할 것인가? 블랙홀은 빛도 빠져나갈 수 없기 때문에, 직접 관측할 수 없다. 그 때문에 간접적으로 관측할 수 밖에 없다. 예를 들면, 블랙홀과 어느 천체가 연성계로 되어 있으면 관측이 가능하다(우측 아래 그림). 한쪽 천체에서 블랙홀로 물질이 낙하할 때에 물질끼리 격렬하게 충돌하여 초고온이 된다. 이 때에 블랙홀은 강력한 X선을 방출하는 것이다.

1962년 백조자리 X-1에서 강한 X선이 관측되어, 블랙홀의 가능성이 높다고 일컬어졌다. 지금은 백조자리 X-1은 블랙홀과 태양보다 훨씬 큰 초거성이 한 쌍으로 된 연성계라는 것을 알고 있다.

초거성의 바깥 층은 블랙홀로 흡수된다. 이 바깥 층 가스는 블랙홀의 주위에서 고속으로 회전하여 원반을 만들고 있다. 이 원반은 **강착원반**이라고 불린다. 가스가 블랙홀의 강력한 중력에 의해 압축되어 가스 등의 물질이 가지고 있던 중력에너지가 해방되어 빛이나 열에너지로 바뀌기 때문에, 수백 만도나 되는 초고온이 된다. 그 때문에 가시광이나 X선이 관측되게 된다.

강착원반으로부터의 X선에 의해 블랙홀의 존재를 확인할 수 있게 되었다. 1970년에 발사된 세계 최초의 X선 천문위성 우후루(Uhuru)는 이 백조자리 X-1을 상세하게 관측하여, 블랙홀인 것을 규정했다. 그 후에도 일본의 천문위성 아누카(ASUKA)나 NASA의 X선 천문위성 찬드라 등에 의해 블랙홀은 차차 관측되게 되었다.

거성과 블랙홀을 둘러싼 강착원반

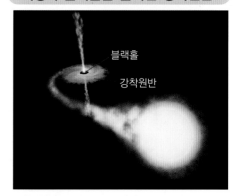

블랙홀
강착원반

많은 천체는 둘 이상의 연성으로 존재한다. 블랙홀의 강한 중력에 다른 한쪽의 항성으로부터 가스 등이 흘러 들어가면 굉장한 압력이 되어 X선을 방사한다. 이 X선의 관측으로 블랙홀의 존재를 알 수 있다.

● Tip ● 홀로 존재하는 블랙홀은 아직 발견되지 않았다.

🔾 기묘한 크기의 블랙홀

　수년 전까지 실재하는 블랙홀의 크기는 태양질량의 10배 정도의 것으로, 은하중심에 있는 태양의 수백만~수십억 배의 대질량의 것으로 한정되고 있었다. 그런데, 2004년 찬드라의 관측에 의해 태양질량의 수백 배로 생각되는 새로운 종류의 블랙홀이 촬영된 것이다.

　큰곰자리에 있는 M10으로부터 보통의 중성자성이나 블랙홀보다도 저온의 100만~400만 정도라는 X선이 관측되었다. 태양의 수백 배 정도의 것일지도 모른다고 생각되고 있다. 관측기술의 향상에 따라 새로운 타입의 블랙홀이 여럿 발견되고 있다.

거대 블랙홀의 충돌

안드로메다(Andromeda) 자리의 타원은하 3C66B의 중심에 2개의 거대 블랙홀이 관측되었다. 화상은 가시광(파랑)과 전파(파랑)로 얻은 이미지를 합성한 것. 두 블랙홀은 합쳐서 태양질량의 100억 배 정도라고 생각되고 있다.

새로운 종류의 블랙홀 발견?!

NASA의 X선 천문위성 찬드라가 발견한 새로운 종류일 가능성이 있는 블랙홀(좌). 우측은 가시광으로 촬영한 것. 2004년에 발견된 블랙홀은 중성자나 항성질량과 같은 정도의 에너지를 방사하면서, 에너지를 방출하고 있는 영역의 사이즈가 그것보다 10배 정도 크기 때문에, 새로운 타입의 블랙홀로 생각되고 있다.

달과 같은 크기의 블랙홀

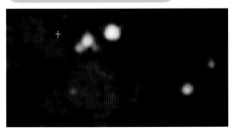 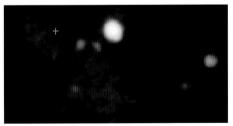

우측과 좌측은 촬영시기가 3개월 다르다(우측이 3개월 후). 우측에서 밝게 빛나고 있는 것은 X선 방사가 늘어났기 때문이다. 또, 이 X선의 원천에서는 약 10분 짧은 주기의 강도변화를 볼 수 있었다. 이러한 결과로부터 태양질량의 500배 정도의 블랙홀에 떨어질 때 방출된 X선이라고 생각된다. 이 블랙홀의 핵의 반경은 시험계산으로 달과 비슷한 정도로 나왔다.

● Tip ● 가까운 미래, 대형 가속기로 인공적으로 미니 블랙홀을 만들 수 있을지도 모른다.

성단·성운

별 형성 영역 우주공간에서 별이 탄생되고 있는 장소를 말한다.

❯ 젊은 산개성운과 나이를 먹은 구상성단

성간물질이나 먼지가 모여 별을 만들고, 별들은 집단이 되어 성운이나 성단, 은하 등의 천체의 형태를 형성한다. 여기서는 그 성운이나 성단을 살펴 보자.

은하보다도 규모가 훨씬 작은 항성의 집단을 **성단**이라 부른다. 성단에는 산개성단과 구상성단 2종류가 있다.

산개성단은 비교적 젊은 수십~수백 개의 항성이 모여 만들어져 있다. 대표적인 것으로 황소(Taurus)자리의 플레이아데스(Pleiades)성단이 있다.

한편, **구상성단**은 나이를 먹은 수만~수십만 개의 항성이 모인 것이다. 구상성단의 항성에는 연령이 100억년 이상의 것이 많고, 은하가 탄생된 오래된 시대에 형성된 것은 아닐까 하고 생각되고 있다.

산개성단	은하계의 새로운 구상성단

황소자리에 있는 산개성단(플레이아데스 성단)

독수리자리(Aquila)에 위치하는 100억~130억년 전에 형성된 것으로 생각되는 구상성단. 좌측에서부터 가시광, 근적외선, 중간적외선으로 촬영된 것. 2004년에 발견되었다. 은하계에는 구상성단이 약 150개 발견되어, 전부 발견이 된 것으로 생각되고 있다.

❯ 혼돈스러운 은하

그리고 항성이 모이는 천체로서는 성운이 있다. 단, **성운**이란 본래 우주공간에 있는 가스나 먼지의 집합을 말한다. 성운에서는 혹성상 성운, 초신성 잔해, 암흑성운, 산광성운의 4종류가 특히나 항성의 진화와 관계가 깊다.

혹성상 성운은 중심부에 있는 항성으로부터의 자외선으로 주위의 가스가 빛난 것이다. 그 가스는 태양질량의 0.08~4배까지의 항성이 적색거성(P112)이 되었을 때에 방출된 것이다.

초신성 잔해는 항성의 최후 폭발인 초신성 폭발(P114) 후에 남는 것. 대부분의 경우 원형으로 흩날리는데, 게성운처럼 불규칙한 형태를 한 것도 관측되고 있다.

나머지 2종류는 암흑성운과 산광성운이다. 이들은 별의 탄생과 깊은 관계가 있다.

암흑성운(P108)은 빛을 발하지 않는 가스나 먼지로 이루어진 새빨간 존재이다. 짙은 가스나 먼지가 모인 가운데 별이 탄생하고 있다. 그리고 **산광성운**은 항성으로부터의 빛에 의해 가스나 먼지가 빛나 보이는 것. 내부의 갓 탄생된 항성의 자외선을 받아 수소가스가 빛나는 **휘선성운**과 항성에 비추어져 빛나는 **반사성운** 2종류가 있다.

그런데 은하는 은하계 바깥에 있는 은하이면서, 옛날에는 망원경의 해상도가 낮았기 때문에, 성운과 구별할 수 없었다. 항성과 같은 점에서는 관측할 수 없고, 또한 혜성이나 혹성 이외의 넓은 천체를 가진 것을 일찍이 성운이라 불렀다. 은하계의 이웃 은하인 안드로메다 은하도 은하 내의 성운과 구별을 할 수 없어 안드로메다 대성운이라 불린 것이다.

혹성상 성운

산개성단	구상성단
주계열상의 젊은 별이 많다.	나이를 먹은 별이 많다.

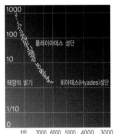

산광성운

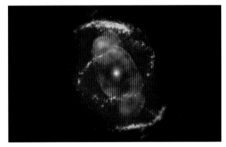

뱀자리(Serpens)에 있는 M16 황소성운. 소형 망원경으로는 밝은 산개성단의 부분만이 관측된다. 여기서는 젊은 항성이 많이 탄생되고 있다.

혹성상 성단

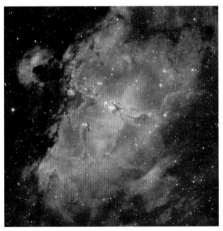

용자리(Draco) 방향 약 3000광년에 있는 NGC6543, 통칭 고양이눈(Cats Eye) 성운. 이 혹성상 성운은 형성되고부터 1000년 정도라고 생각되고 있다. 파랑~보라색이 가장 고온의 부분.

초신성 잔해

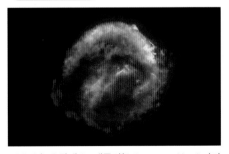

1604년 요하네스 케플러(Johannes Kepler)가 발견한 신성에 의한 초신성 잔해. 은하계 내에서 발견된 6개의 신성 중의 1개 「케플러의 신성」.

● Tip ● • 가장 밝은 구상성단은 켄타우로스자리의 ω인데, 남쪽의 낮은 위치에 있기 때문에, 한국에서는 관측이 어렵다.
• 산개성단은 은하수를 따라 분포되어 있다.

일등성 · 밝은 성단과 성운

■ 일등(一等)성

별명	고유명	실시등급	거리(광년)	관찰의 기준	색	종류
큰개자리	Sirius	-1.5	8.6	겨울 대삼각형 /겨울 대육각형	흰색	주계열성
용골자리	Canopus	-0.7	310	겨울 낮은 하늘(후쿠시마(福島) 이남만)	엷은 황색	거성
켄타우로스자리α	Rigil Kentaurus	-0.3	4.3	남천	황색	주계열성
목동자리α	Arcturus	0	37	봄 대삼각형	주황색	거성
거문고자리	Vega	0	25	여름 대삼각형	흰색	주계열성
마차부자리	Capella	0.1	42	겨울 대육각형	황색	거성
오리온자리	Rigel	0.1	700	겨울 대육각형	청백색	초거성
작은개자리	Procyon	0.4	11	겨울 대삼각형 /겨울 대육각형	엷은 황색	주계열성
오리온자리α	Betelgeuse	*0.4	500	겨울 대삼각형	빨강색	초거성
에리다누스자리α	Achernar	0.5	140	남천	청백색	주계열성
켄타우로스자리β	Hadar	0.6	530	남천	청백색	거성
독수리자리α	Altair	0.8	17	여름 대삼각형	흰색	주계열성
남십자자리α	Acrux	0.8	320	남쪽 낮은 하늘(오키나와 이남)	청백색	주계열성
황소자리α	Aldebaran	0.8	65	겨울 대육각형	주황색	거성
처녀자리α	Spica	1	260	봄 대삼각형	청백색	주계열성
전갈자리α	Antares	*1.0	500	여름 남쪽하늘	빨강색	초거성
쌍둥이자리β	Pollux	1.1	34	겨울 대육각형	주황색	거성
남쪽물고기자리α	Fomalhaut	1.2	25	가을 남쪽하늘	흰색	주계열성
백조자리α	Deneb	1.3	1800	여름 대삼각형	흰색	초거성
남십자자리β	Mimosa	1.3	350	남쪽 낮은 하늘	청백색	거성
사자자리α	Regulus	1.3	77	봄 남쪽하늘	청백색	주계열성

*변광량으로 최대로 밝을 때

■ 밝은 성단과 성운

Messier	NGC	Type	성좌	등급	거리(1000광년)	명칭
M4	NGC6121	구상성단	전갈	5.6	7.2	
M5	NGC5904	구상성단	뱀	5.6	24.5	
M6	NGC6405	산개성단	전갈	5.3	2	
M7	NGC6475	산개성단	전갈	4.1	0.8	
M13	NGC6205	구상성단	헤라클레스	5.7	25.1	
M22	NGC6656	구상성단	사수	5.1	10.4	
M24	NGC6603	산개성단	사수	4.6	10	
M34	NGC1039	산개성단	페르세우스	5.5	1.4	
M35	NGC2168	산개성단	쌍둥이	5.3	2.8	
M39	NGC7029	산개성단	백조	4.6	0.825	
M41	NGC2287	산개성단	큰개	4.6	2.3	
M42	NGC1976	산개성단	오리온	4.0	1.6	오리온대성운
M44	NGC2632	산개성단	게	3.7	0.58	프레세페성단
M45	-	산개성단	황소	1.6	0.38	플레이아데스
M47	NGC2422	산개성단	고물	5.2	1.6	
M48	NGC2548	산개성단	바다뱀	5.5	1.5	
-	NGC869	산개성단	페르세우스	4.4	7.3	
-	NGC5139	구상성단	켄타우로스	3.7	16	ω성단

Chapter >>

03

은하

은하계(하늘의 은하수)

Key Word 다크 헤일로 은하 원반을 둘러싼 구형의 헤일로 라고 하는 구조가 있고, 그 바깥층까지 이르는 구형 구조. 관측은 할 수 없지만 은하계에서는 직경 약 60만 광년, 질량은 눈에 보이는 물질의 8배 이상에 달한다고 한다.

❯ 은하계는 어떤 형태를 하고 있을까

대기가 맑은 장소에서, 밤하늘을 올려다보면 은하수가 보인다. 천구를 희미하게 달리는 흰 별의 길은 고대 그리스에서는 「milk Way」라고 불렸다. 지금은 이 은하수가 2000억 이상의 별이 모여서 된 것을 알 수 있다. 이 은하수는 은하를 안쪽에서 본 모습이다. 우리가 있는 은하를 **은하계**, 또는 **은하수 은하**라고 부른다. 은하계는 직경 10만 광년(1 광년은 빛이 1 년간 진행되는 거리) 몇 개의 팔을 가진 나선모양의 은하라 생각되고 있다.

중심부에는 **벌지(bulge)** 라고 불리는 부분이 있다, 그 형태는 막대기 모양의 타원체라고 생각되고, 은하계는 **막대나선은하**인 것 같다.

벌지는 장경이 1 만 5000 광년이고, 많은 별이 집중해 모여 있다. 중심으로 향하는 만큼 별의 밀도는 높아져, 그 심에는 거대한 **블랙홀**(P118)이 있다고 생각되어 진다.

벌지의 주위에는 평평한 **은하 원반**이 중심으로부터 5만 광년 정도까지 퍼져 있다. 이 원반 부분에 팔이라고 불리는 별이 모였다.

한층 더 중심으로부터 수백~3000 광년의 곳에는 전리하고 있지 않는 중성의 수소로부터 된 원반이 있다.

은하계의 구조 눈으로 보이는 부분은 납작한 원반형을 하고 있다고 생각된다. 은하계의 정확한 형태는 확정되어 있지 않다.

● **Tip** ● 암흑 물질이 어떠한 물질인지는 알지 못한다.

은하원반의 바깥 측은 **헤일로(halo)** 라고 불리는 원 모양의 구조가 덮고 있다. 은하계 질량은 태양 질량의 2조 배로 추측하고 있지만, 그 질량의 대부분을 헤일로가 차지하고 있는 것 같다. 헤일로는 3 층으로부터 되어, 안쪽의 헤일로에는 구상성단(P122)이나 오래된 별이 중간층에는 희박한 고온 가스가, 가장 바깥쪽에는 다크 헤일로라고 불리는 층이 있다. 이 **다크 헤일로(dark halo)**는 약 60만 광년, 현재의 기술로는 관측할 수 없는 **암흑물질**(P182)로 채워져 있다.

❯ 태양계는 어디에 있나

그럼, 우리들의 태양계는 어떠한 위치에 있을까. 은하계의 몇 개의 팔 가운데 태양계는 **오리온 팔**이라 불리는 팔의 중심에 있다. 은하중심으로 2만 8000광년, 태양계의 황도면이 은하면으로부터 68도 정도 기울어진 상태로 존재한다. **은하면(은하 적도)** 이란 원반모양의 은하계의 중심을 통과한다 정확히 원반에 수평 한 면을 말한다. 그 때문에 태양계의 가운데에 있는 지구에서 은하수를 보면 기울어져 보인다. 지구에서 보면 은하계의 중심은 사수자리의 방향에 있다. 사수자리 부근의 은하수가 한 층 빛나 보이는 것은 그 때문이다.

헤일로와 은하

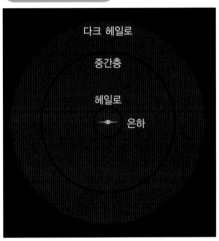

직경 대략 10만 광년의 은하계 주위에 헤일로라고 불리는 구조가 있다. 미지의 암흑 물질로된 다크 헤일로를 포함하면 직경은 약 60만 광년이 된다고 한다.

다양한 전자파로 본 은하의 모습

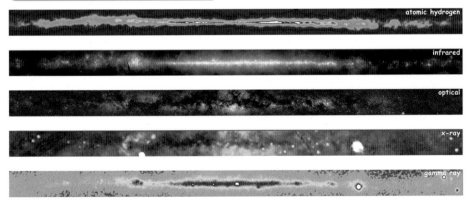

위에서부터 수소 원자 휘선, 적외선, 가시광선, X선, 감마선의 파장으로 파악된 내부부터 은하계의 중심 방향을 본 모습. 수소원자는 차가운 가스의 영역을 적외선에서는 갓 생겨난 별 등을, 가시광선은 눈으로 보이는 별들 등을 X선, 감마선은 블랙 홀 등으로 수반하는 고온의 장소를 파악하고 있다.

● **Tip** ● 헤일로 전체의 형태는 긴 축에 대해서 짧은 축 비가 0.8의 타원체를 하고 있다.

Section 2 은하

에드윈 허블(1889~1953) 은하의 거리나 속도를 연구해서 안드로메다 성운이 은하라는 것과 우주가 팽창하고 있는 것 등을 발견했다.

❯ 20세기가 되어 겨우 은하계 밖의 우주의 존재가 밝혀졌다

은하란, 직경 수천~수 백만 광년의 공간 중에 100만부터 1조 개 정도의 항성이나 성간 물질이 중력적으로 관계되어 모여 있는 것이다. 그러나 우리들의 은하계가 우주에 무수한 은하의 하나에 지나지 않는다는 것을 알게 된 것은 20세기에 들어서고 나서의 일이었다. 그 이전엔 은하계가 우주의 모두라고 생각 했었다. 망원경의 정도가 낮았던 시대, 희미한 확대를 가지고 천본은 모두 성운(P122)이라 불렸다. 안드로메다 대성운이 실은 은하계와 같이 은하라는 것을 밝힌 것은 **에드윈 허블(EdwinPowell Hubble)**, 1924년의 일이었다.

허블은 안드로메다 대성운에 있는 **세페이드(Cepheid)형 변광성**(P104)이라고 하는, 밝기의 주기와 본래의 밝기에 규칙성이 있는 별을 사용, 거기까지의 거리 100만 광년을 요구했다 (지금은 230만 광년이라고 알고 있다). 당시, 은하계가 우주라고 주장하고 있던 H. 샤플레이는, 은하계를 직경 약 30

메시에카탈로그의 은하

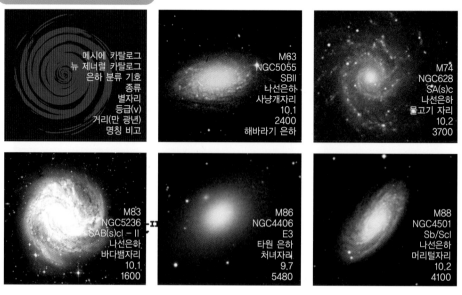

메시에 카탈로그
뉴 제너럴 카탈로그
은하 분류 기호
종류
별자리
등급(v)
거리(만 광년)
명칭 비고

M63
NGC5055
SBII
나선은하
사냥개자리
10.1
2400
해바라기 은하

M74
NGC628
SA(s)c
나선은하
물고기 자리
10.2
3700

M83
NGC5236
SAB(s)cl - II
나선은하
바다뱀자리
10.1
1600

M86
NGC4406
E3
타원 은하
처녀자리
9.7
5480

M88
NGC4501
Sb/Scl
나선은하
머리털자리
10.2
4100

● **Tip** ● 메시에는 열심인 혜성 연구가였기 때문에 혜성과 혼동하기 쉬운 천본 101개를 카탈로그화 했다. 후에 제자들이 참여하여 110개가 되었다.

만 광년이라고 추측했던 것으로부터 안드로메다 대성운이 은하계 밖에 있는 은하인 것이 증명되었던 것이다. 그것은 허블이 은하의 연구를 시작한지 불과 2년만의 일이었다.

◆ 성운이나 은하의 카탈로그화

천문학에는 이러한 은하나 성운을 모아놓은 고전적인 카탈로그가 3개 있다. 메시에 카탈로그(M), 뉴 제너럴 카탈로그(NGC), 인덱스 카탈로그(IC)다. 안드로메다 은하라면 메시에 카탈로그에서는 M31, 뉴 제너럴 카탈로그는 NGC224로 불린다. **인덱스 카탈로그**는 뉴 제너럴 카탈로그를 보충하기 위해서 만들어진 것으로, 안드로메다 은하에는 번호가 달리지 않았다. 다른 2개의 카탈로그와 같이 앞에 IC가 붙고 뒤에는 숫자로 표기된다. 인덱스 카탈로그는 IC1~5386까지 있다.

이 카탈로그 중에서, 가장 역사가 오래된 것은 **메시에 카탈로그**로, 프랑스의 **샤르르 메시에**가 작성했다. M1~M110까지 있지만 잘못 기재된 M40, M73, M91, M102은 결번이 되었다.

뉴 제너럴 카탈로그는 메시에 천본을 포함해 천본 적경의 작은 순서로 정리, 또 새롭게 더한 것으로 NGC1~7840까지 있다.

◆ 인류의 우주는 확대 되었다

많은 과학자의 성실한 연구에 의해서, 우리들의 세계는 태양계부터 은하계에 이윽고 은하계부터 계외에 그리고 깊은 우주로 확대되었다.

은하분류기호에 대해서는 P132참고. 사진, 은하분류는 모두 Robert E. Erdmann, Jr. /The NGC/IC Project 에 의한다.

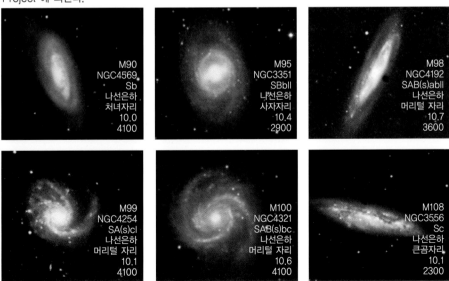

M90 / NGC4569 / Sb / 나선은하 / 처녀자리 / 10.0 / 4100

M95 / NGC3351 / SBbll / 나선은하 / 사자자리 / 10.4 / 2900

M98 / NGC4192 / SAB(s)abll / 나선은하 / 머리털 자리 / 10.7 / 3600

M99 / NGC4254 / SA(s)cl / 나선은하 / 머리털 자리 / 10.1 / 4100

M100 / NGC4321 / SAB(s)bc / 나선은하 / 머리털 자리 / 10.6 / 4100

M108 / NGC3556 / Sc / 나선은하 / 큰곰자리 / 10.1 / 2300

●Tip● 은하의 카탈로그에는 그 밖에도 UGC나 Arp 등 다양한 것이 있다.

Section 3 가까운 은하

국부초은하단   은하, 은하군, 은하단, 초은하단의 순서로 대규모가 된다. 국부초은하단은 은하계를 포함한 처녀자리 은하단을 중심으로 해 약 6000만 광년의 큰 범위를 가진 은하들이 모인 것.

❯ 은하계의 주위를 도는 반은하. 대소 마젤란 은하

은하계를 뛰어 넘으면 거기에는 어떤 세계가 펼쳐지고 있을 것인가. 대략 8만 광년 떨어져 있는 자리에 **사수자리 왜소은하**가 있다. **왜소은하**란, 작고 형태가 부정확한 은하다. 이 사수자리 왜소은하는 은하계 외주부를 몇 번이나 통과하기 때문에 그때마다 모양이 변해, 지금과 같은 모습이 되었다고 한다. 15만 광년 떨어진 곳의 대마젤란 성운(**대마젤란 은하**)도 찌그러진 형태를 한 불규칙은하다. 이런 불규칙은하는 작은 은하가 큰은하의 중력에 영향을 받아 모양이 찌그러질 가능성이 많다고 한다. 한층 더 은하계로부터 약 20만 광년 떨어진 곳에는 소마젤란 성운(**소마젤란 은하**)이 있다.

대소의 마젤란 은하는 은하계의 주위를 도는 반은하라고 불리는 은하다. 이 같이 큰 은하의 중력에 붙잡혀 주위를 도는 은하를 **반은하**라고 부른다. 대, 소의 마젤란 은하는 약 5억년전 은하계에 대접근 한 것 같다. 이 때에 어느 쪽인지 한편, 혹은 양쪽 모두의 은하로부터 끌어내어진 수소 가스는 **마젤라닉 스트림**이라 불리는 세 개의 은하의 사이에 흐르는 띠 모양의 줄기를 만들었다.

은하계가 수많은 은하의 하나에 지나지 않는다고 설명 된 안드로메다 은하까지의 거리는, 지금에는 약 230만 광년이라고 하는 것을 알 수 있다. 형태는 은하계와 닮은 나선 은하에서, 직경 약 13만 광년이다.

주된 국부 은하군

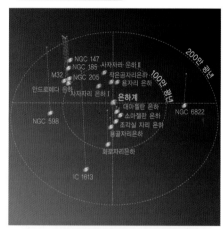

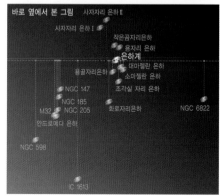

바로 옆에서 본 그림

별이 모여 은하를 만들듯이, 은하도 모여 우주의 구조가 된다

은하계부터 300만 광년의 범위에는, 안드로메다 은하 등의 약 30개의 은하가 모인 **국부은하군**이 있다. 은하의 몇 개~50개 정도까지 모인 것을 **은하군**, 수백으로부터 수천이 모인 것을 **은하단** 이라고 부른다. 별들이 모여 은하를 만들듯이 은하도 또 모여 우주의 구조를 만든다.

은하단은 한층 더 거대한 **초은하단**에 포함 되어, 여기에는 수 만개의 은하가 있고 직경은 수억 광년에 이른다. 초은하단도 줄지어 **우주의 대구조**를 만들고 있다. 은하계는 처녀자리 은하단을 중심으로 해서 직경 약 1억 광년의 초은하단**(국부초은하단)** 의 일원이다.

Chapter

3

대마젤란 은하

태양계에서 약 20만 광년 떨어진 곳에 대마젤란 성운이 있다. 대마젤란 성운은 반은하로, 은하계의 주위를 돌고 있다.

허블 우주 망원경으로 본 대마젤란 은하의 일부. 사진의 폭은 약 130광년이고 1만개 이상의 별이 비치고 있다.

안드로메다 은하

왼쪽은 자외선, 오른쪽은 가시광선으로 파악된 사진. 다른 파장에서는 완전히 다른 모습이 된다.

●Tip● 대마젤란은하는 은하계의 약 10분의 1정도의 크기로 구성하고 있는 별의 수는 약 200억개. 소마젤란은하는 약 20억개의 별이 있다.

Section 4 은하의 종류(허블의 은하분류)

 Key Word 허블의 은하분류(음차도) 1926년에 에드윈 허블이 만든 은하의 형태에 의한 분류도. 허블은 왼쪽에서 오른쪽으로 진화한다고 생각하고 있었지만, 현재는 부정되고 있다.

❯ 허블의 은하분류도와 은하의 특징

가까이 은하를 본 것 만으로도, 불규칙 은하나 나선 은하 등 은하에는 다양한 형태가 있다.

허블은 은하를 형태로 분류 했다. 그것이 허블의 은하분류다. 은하의 형태는 타원은하, 나선은하, 불규칙 은하 크게 3종류가 있다. 허블의 분류도에는 좌단에 **타원은하**(E)를 우단에 나선 모양의 팔을 가진 **나선 은하**(S)를 놓고 그 중간형으로 **렌즈형태 은하**(SO)를 가설적으로 배치했다.

타원은하는 구형의 E0에서 강한 타원체의 E7까지 8개로 분류 된다. 나선은하는 중심부의 벌지가 타원의 S와 막대 모양의 막대 나선은하(SB)로 알 수 있다. 더 단단히 감겨있는 것은 a, b, c의 3단계로 약해진다. **불규칙 은하**에 대해서는 Irr로 되어 당초 배치되지 않았었다.

각각의 대략적인 특징도 볼 수 있다. 타원은하는 **종족 II**로 불리는 별들로 된 은하에서 성간 가스도 거의 없다.

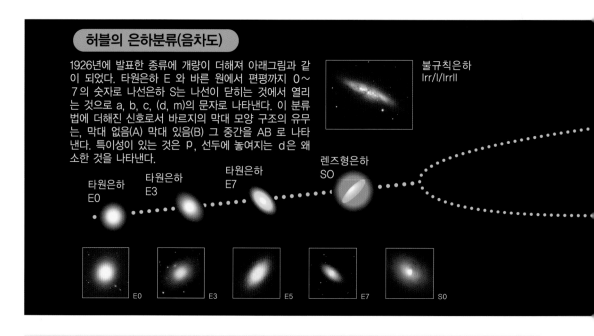

허블의 은하분류(음차도)

1926년에 발표한 종류에 개량이 더해져 아래그림과 같이 되었다. 타원은하 E 와 바른 원에서 편평까지 0∼7 의 숫자로 나선은하 S는 나선이 닫히는 것에서 열리는 것으로 a, b, c, (d, m)의 문자로 나타낸다. 이 분류법에 더해진 신호로서 바르지의 막대 모양 구조의 유무는, 막대 없음(A) 막대 있음(B) 그 중간을 AB 로 나타낸다. 특이성이 있는 것은 P, 선두에 놓여지는 d은 왜소한 것을 나타낸다.

불규칙은하
Irr/I/IrrII

타원은하 E0
타원은하 E3
타원은하 E7
렌즈형은하 SO

E0 E3 E5 E7 SO

● **Tip** ● 허블은 이 분류를 1926년에 실행 하였다. 당시 미 발견되었던 렌즈형 은하도 예언대로 지금은 존재가 확인되고 있다.

일반적으로 새로운 별의 형성은 그다지 없다. 종족 II의 별이란, 헬륨보다 무거운 원소를 조금 밖에 포함하지 않고, 100억년 이상 전에 태어나 천천히 불타고 있는 오래된 별이다. 우주가 생긴지 얼마 되지 않아 태어난 별들이라고 생각된다. 긴 수명으로 가느다랗게 빛나는 별들을 품은 타원은하에는, 어두운 것도 많다. 나선은하에는 젊은 별, 종족 I의 별이 많고, 차례차례로 별들이 태어나고 있다. **종족 I**의 별이란, 수소나 헬륨보다 무거운 원소를 포함한 질량의 무거운 별이다. 종족I의 별은 일반적으로 수명이 짧다. 즉, 비교적 새로운 시대에 생겨난 별이라는 것이다. 지금까지 관측된 은하의 3분의 2는 나선은하이지만, 우주전체에는 타원은하가 훨씬 많다고 생각된다.

불규칙은하는 주로 종족 I의 별부터 활발한 별의 형성이 진행 하고 있는 것도 있다. 불규칙은하는 은하가 우주에 생겨나기 시작할 즈음 별 형성이 활발하던 시대에 수많이 존재했다고 생각된다.

❯ 은하는 진화하는 것일까

허블은 이 분류로 현대 천문학에 큰 의문을 던졌다. 다양한 형태의 은하가 존재하는 배경에는 무엇인가 하나의 큰 법칙이 숨겨져 있는 것은 아닌지, 만약 숨겨져 있다면 도대체 어떤 것일까. 이전에는 나선은하가 타원은하로 진화했다고 생각했던 시기도 있었다. 확실히 그러한 예도 있지만 은하의 진화는 한줄기로는 가지 않은 것 같다.

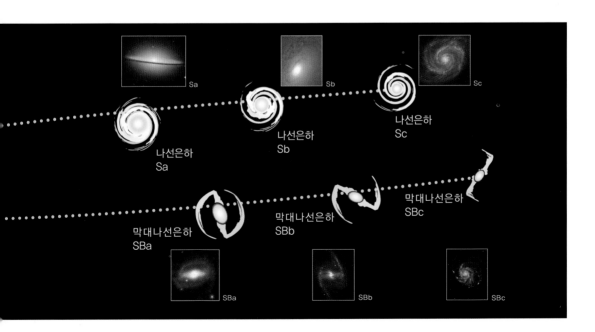

나선은하
Sa

나선은하
Sb

나선은하
Sc

막대나선은하
SBa

막대나선은하
SBb

막대나선은하
SBc

● Tip ● 허블의 은하 분류는 그 형태가, 음차의 형태를 닮은 것에서 음차도 라고도 불린다.

Section
5
멀어지는 은하

적방편이 멀어지는 빛의 파장이 길게 뻗어 붉은 쪽으로 어긋나는 것을 말한다. 가까워지는 빛은 짧게 줄어들어 푸른 쪽이 어긋난다. 이것은 청방편이라고 한다.

❯ 먼 은하만큼 빠른 속도로 멀어지고 있다

은하는 모여 우주의 큰 구조를 만든다. 그럼 은하의 관측을 기초로 우주를 말하면, 어떤 우주의 모습이 보여질 것인가. 20세기 초에 천문학 사상 가장 중요한 논문 하나가 허블에 의해서 제출 되었다.

20세기 초 이 우주는 팽창도 수축도 없는 정상 우주라고 믿게 되었다. 이 역사가 바뀐 것은 1929년 3월. 「먼 은하만큼 빠른 속도로 멀어진다.」 허블은 논문에 그렇게 썼다.

「먼 은하만큼, 빠른 속도로 멀어지고 있다」 이 사실은 우주가 팽창하고 있다는 것을 나타내고 있다. 굽기 전의 포도 빵의 표면에 있는 포도를 은하, 반죽을 우주라고 생각하면 그 모습을 상상할 수 있다. 오븐에 넣으면 반죽은 부풀어 올라 포도와 포도의 거리는 멀어진다. 우주라고 하는 반죽 그 것이 팽창하고 있기 때문에 은하끼리는 멀어져 멀리 있는 은하만큼 빠른 속도로 떨어지게 된다.

허블은 은하까지의 거리를 재기 위해 **세페이드형 변광성**(P104)를 이용했다. 은하의 빛을 프리즘으로 하면 스펙트럼(P102)의 일부에 흡수된 검은 선(흡수 스펙트럼)이 나타난다.

이 흡수선의 장소가 먼 곳에 있는 은하만큼 긴 쪽(붉은 쪽)으로 이동하고 있었던 것이다.

이 현상은 구급차의 사이렌이 들리는 방법과 같은 원리라고 설명 할 수 있다. 가까워져 오면 소리는 높고 파장은 짧아진다. 멀어 질 땐 음은 낮아지고 파장은 길어진다. 빛도 같은 성질을 가진다. 멀어지는 것만큼 빛의 파장이 붉은 쪽으로 어긋나는 것을 **적방편이**라고 한다. 허블은 20개 정도의 은하를 관측 먼 은하만큼 파장이 길어지고 빨리 멀어지는 것 즉, 우주는 팽창하고 있는 것을 나타냈다.

팽창하는 우주를 포도 빵에 비유하면…

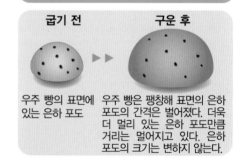

굽기 전 **구운 후**

우주 빵의 표면에 있는 은하 포도

우주 빵은 팽창해 표면의 은하 포도의 간격은 벌어졌다. 더욱 더 멀리 있는 은하 포도만큼 거리는 멀어지고 있다. 은하 포도의 크기는 변하지 않는다.

적방편이

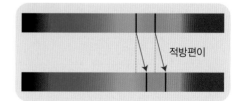

적방편이

● **Tip** ● 허블의 당초 관측으로부터 안내된 우주 연령은 단 20억년이었다. 실은 세페이드형 변광성에는 같은 주기에 밝기가 다른 2종류가 있었던 것이다.

◐ 우주는 팽창하고 모습을 바꾼다?!

한편, 알버트 아인슈타인은 1961년에 **일반상대성이론(상대론)**이라는 중력에 관한 이론을 발표했다. 이 이론을 우주에 적용시키면 우주는 팽창이나 수축으로 변해 버린다. 우주의 크기가 변화하지 않는 정상 우주를 믿고 있던 아인슈타인은 상대론에 우주항을 더해 정상 우주를 만들어 냈다. 허블의 발견을 듣고 우주가 팽창하고 있는 것을 알게 된 아인슈타인은 우주항을 더한 것을 후회했다고 한다.

우주가 팽창 하고 있는 것, 그것은 다양한 새로운 우주의 견해를 줬다. 팽창하는 우주를 과거로 거슬러 올라가면 시작이 있다, 우주는 말하자면 진화한다는 것이다. 우주의 시작은 다음 장에 양보하기로 하고, 우주를 구성하는 은하는 어떤 시작을 맞이했을 것인가.

허블에 의한 은하의 거리와 속도의 관계 그래프는 초기의 것. 점은 1개의 은하를 나타낸다.

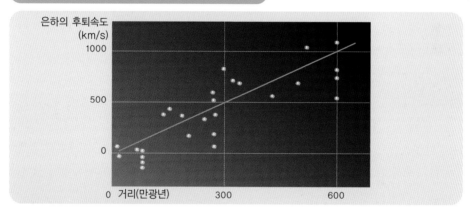

팽창하는 우주를 거슬러 올라간다

우주라고 하는 공간은 지금도 팽창을 계속하고 있다. 공간이 퍼지기 위해 안의 은하끼리의 거리도 길어진다. 은하 A에서 보면 모든 은하는 멀어지고 있다.

● Tip ● 움직이고 있는 것으로 부터 시작되어 빛이나 소리는 멀어지는 속도가 빠른 만큼 파장이 커지는 것을 도플러 편이라고 한다.

Section 6 은하의 탄생이론

Key Word 보텀 업說 1970년대의 제창된 설로, 우선 은하 등의 작은 천체가 생겨 그것들이 서서히 성장, 합쳐져 초은하단 등의 우주의 구조를 만들었다고 하는 설

❯ 1970년대의 2개의 설

허블의 우주 팽창발견에 의해서 그럭저럭 우주에 시작이 있는 것 같다고 생각 된다. 현재의 우주론에서는 **인플레이션 이론**과 **빅뱅 이론**이 우주의 시작을 말하는 이론으로 올바른 것이라고 생각되고 있다. 이 2개에 대해서는 다음 장에서 자세하게 소개하자.

그럼 은하의 시작은 어떻게 생각하고 있는 것 일까. 1970년대에 2개의 설이 있었다. 1개는 톱 다운설 2번째는 보텀 업설이다.

작은 것에서 부터 커진다

톱 다운설은 먼저 거대한 구조가 있고 그것이 점점 작게 분열해서 은하가 생겼다고 하는 것이다. 다른 한편의 보텀 업설은 이 반대로, 작은 천체 은하 등에서 시작해서 그것이 점점 성장, 합체 해서 은하가 모여 은하단 등이 큰 우주의 구조가 되었다는 것이다.

톱 다운설에서는 우주 연령의 반이 되어 겨우 은하가 완성되는 계산이 된다. 이것으론 관측 결과와 맞지 않는다. 그래서 현재는 작은 천체로부터 큰 천체로 라고 하는 **보텀 업설**이 유력한 설이 되고 있다.

톱 다운설과 보텀 업설

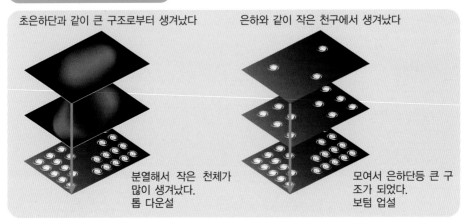

초은하단과 같이 큰 구조로부터 생겨났다   은하와 같이 작은 천구에서 생겨났다

분열해서 작은 천체가 많이 생겨났다.
톱 다운설

모여서 은하단등 큰 구조가 되었다.
보텀 업설

●**Tip**● 톱 다운설은 야곱 제랄드 비치에, 보텀 업설은 필립 피브루스에 의해서 제창 되었다.

가로 막힌 우주 암흑 시대

이론에서는 이와 같이 생각 되고 있지만 실제로는 어떻게 될까. 실은 최초의 은하가 탄생할 즈음 즉, 원시 은하의 형성시는 **우주 암흑시대**라고 하는 우리가 아직 관측하지 못한 깜깜한 어둠의 시대가 가로막고 있다.

팽창 하는 우주를 과거로 거슬러 올라 가다 보면, 우주공간은 점점 작아져 초고온, 초고밀도의 **빅 뱅**(P158)이 된다. 이때 빛은 플라즈마 상태의 전자, 즉 전리 해서 자유롭게 날아다니고 있는 전자에 방해 받아 똑바로 진행할 수 없었다. 우주는 빛의 안개 안에 있는 상태라고 생각된다. 그 때문에, 이 무렵 우주를 관측 하는 것이 어려웠다. 우주 관측이 가능하게 된 것은 우주 탄생 38 만년 후. 이 때 우주의 모습은 위성 COBE나 위성 WMAP에 의해서 관측되고 있다.

위성 WMAP의 관측으로는, 우주에 암흑물질이라 불리는 미지의 물질이 약 23% 있고 당시의 우 주에는 온도 10만 분의 1 정도의 몇 안 되는 무리가 있는 것이 나타났다. 무리는 물질밀도의 그저 얼 마 안 되는 차이가 있던 것을 의미하고 있다. 이 무리가 성장해서 은하가 생긴다고 생각할 수 있지 만, 이 무리가 우주의 대구조가 될 수 있는 것은 너무 작은 것이다.

우주 암흑시대

위성 COBE나 위성 WMAP가 파악한 우주 탄생 후 38 만년~10억년까지의 사이는 관측이 어려 운 어두운 시대가 가로막고 있다. 이 10억 년간 은 우주암흑시대로 불린다.

137억년 후

10억년후

우주탄생후 38만년 후

현재

암흑 시대

우주의 시작 → 시간

우주 탄생 후 38만년의 무리

WMAP가 파악한 10만 분의 1 정도 물질의 무리. 이 몇 안 되는 물질의 치우침으로부터 지금의 우 주 모습이 완성되었다.

● Tip ● 톱 다운설은 도중에 팬케이크 상태의 구조가 나타남으로부터, 팬케이크설 이라고도 불린다.

7 원시 은하운

원시 은하운 위성 WMAP 등이 파악한 10만분의 1정도의 몇 안 되는 물질의 치우쳐진 부분에 물질이 모여 후에 은하가 되는 말하자면「종(種)」

▶ 우주 초기의 물질의 치우침

우주 암흑시대, 관측이 확실 하지 않은 그 "다크인"시대 최초의 별들, 그리고 원시 은하가 태어나고 있다. 그럼 이론으론 어떻게 생각되고 있는 것일까.

이론 계산에 의하면, 우주 탄생 후 10 만년 정도로부터 미지의 암흑 물질의 무리가 선행하기 시작했다고 한다. 이 무리에 끌려가 물질의 무리 성장도 진행되어 우주 탄생 후 38만년에 위성WMAP에 파악된 온도로 해 10만 분의 1 정도의 무리가 나타났다. 무리는 간접적으로 물질의 분포에 치우침을 나타내고 있다. 암흑물질을 포함해 물질 밀도의 진한 부분은 중력을 일으키고 물질을 모아 **원시은하운**이라 불리는 물질이 많은 장소가 탄생했다. 은하의 말하자면 "종"이라 할 수 있는 것이다.

중력은 물질을 모아 원시은하운을 수축으로 향하게 한다. 한편으론, 수축이 진행하는 중심부에는 열이 발생된다. 이 열은 중력과 대항해, 원시 은하운을 팽창시키는 쪽으로 움직인다. 중력에 대한 이 반발력이 너무 강하면 물질은 잘 수축하지 못하고 별이 탄생할 수 없다. 최초의 별이 원시은하 안에서 빛나기 위해서는 원시은하운을 차게 하기 위한 어떠한 시스템이 필요하다.

▶ 원시은하운을 차게 하는 시스템

그 구조의 하나는 우주에 가장 많이 존재 하는 수소원자가 분자가 되는 것이다. 분자가 되는 것으로 열에너지를 방사하기 위해 원시은하운을 차게 할 수 있다. 수소전체의 10만분의 1정도가 분자로 된다면, 분자는 원시은하운을 100K까지 내릴 수 있다고 한다.

이 시스템 이외에도 원자은하운을 차게하기 위해 수소나 헬륨의 원자핵이 전자와 재결합하는 것이나 자유롭게 날아다니고 있는 전자가 원자핵의 영향으로 진로를 방해 할 때 방출하는 전자파 등이 제안 되고 있다. 그 구조에 대해서는 아직 확정하고 있지 않다.

암흑물질의 무리부터 시작 했다

원시은하운
우주암흑시대
WMAP로 파악된 우주
암흑물질의 무리

●Tip● 우주 탄생 후 10만년 부터 성장을 시작한 암흑물질의 단단한 것이 충돌 합체해서 원시은하가 생겼다는 설도 있다.

❯ 너무 커도 너무 작아도 너무 무거워도 너무 가벼워도 안 됨

이론에 의해 구한 원시은하운의 질량은 태양질량의 약 1억~1조 배의 범위에서 크기는 반경이 30만 광년 이내라고 한다. 더 이상 무겁거나, 크거나 하면 중력수축(P70)에 의한 열로 반발력이 생기기 때문에 별은 성장할 수 없다. 또한 이것보다 지나치게 작으면 이 번엔 반대로 중력이 너무 약해져 버리기 때문에 재료가 부족 하게 되어 역시 별은 생겨 날 수 없다고 한다.

우주 탄생직후부터 은하의 형성은 시작 되고 있었다.

우주 탄생직후부터 은하의 형성은 시작 되고 있었다

90억광년 저편에 있는 RDSC1252 라고 하는 이름의 은하단(좌)과 122억광년 저편에 있는 TNJ1338 이라고 하는 이름의 은하단(우). 파란 원은 형성 도중의 젊은 은하. 90억광년 저편의 은하단을 형성하는 별의 대부분은 110억광년, 즉 우주 탄생 후 20억년 정도 이미 완성되어 있었던 것이 밝혀졌다. 은하단의 질량은 적어도 태양의 200조배이다. 이 단계에서 여기까지 성숙한 은하단이 있다는 것은 빅뱅직후에 어떠한 은하형성이 시작 되었다는 것을 뒷받침하고 있다.

90억광년 저편 RDSC1252에 있는 은하를 찬드라 X선 천문위성이 파악했다. 섭씨 7000만도의 거대 고온 가스 구름과 고온 가스 헤일로의 형태가 파악된 것으로부터, 역시 성숙한 은하인 것을 알 수 있다고 한다.

허블 우주망원경에 의해 122억년 저편의 TNJ1338 은하단 안의 은하. 120억년 이상 전에 이미 갓난아기 은하가 태어나 그 안에서 별이 자라고 있었던 것을 알 수 있다.

● **Tip** ● 위성 WMAP는 2001년 6월 NASA에 의해 쏘아 올려진 우주탄생 후 38만년의 모습을 파악하기 위한 위성

Section 8 최초의 별들

우주 암흑시대 우주 탄생 후 약 38만년~10억년까지 멀어서 관측이 닿지 않는 영역. 현재의 관측 기술로는 관측할 수 없다.

❯ 수소와 헬륨 만으로 된 태양질량 100배 이상의 별에서 시작된다

원시은하운 안에서 최초의 별들이 빛나기 시작했을 때가 원시은하의 탄생이 된다. 그것은 어떻게 생각 되고 있을까. 우주 초기에 탄생한 항성의 대부분은 태양의 100배 이상의 질량을 가진 무거운 별이 였을 것이라고 생각된다. 우주 초기에는 수소와 헬륨밖에 원재료가 없었다. 우주 제 1세대의 별들은 무거운 원소, 즉 금속 등은 0이었다라고 생각된다. 이별들은 **종족Ⅲ**의 별이라고 불린다.

우주 초기의 별들

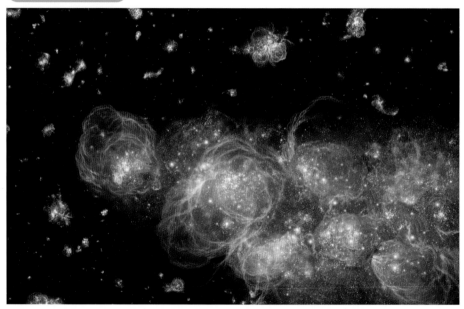

우주 초기에 일어 났다고 생각 되는 무거운 별들의 극초신성폭발의 상상도. 최초의 별들은 폭발적으로 격렬하게 탄생 되었다고 한다.

❯ 「극초신성」 폭발이라는 대폭발

항성의 장에서 본 것 같이 무거운 별처럼 화려하고 짧은 일생을 마친다. 우주 초기 항성 내부의 핵 융합 반응(P114)은 무거운 원소까지 진행하고, 100만년도 되지 않는 동안에 대폭발을 했다고 생각된

● Tip ● 종족3은 일반적으로 사용되고 있는 말이 아니다. 가설적으로 설정된 것으로 아직 관측된 것은 없다.

다. 항성 일생의 최후에 일어나는 **초신성폭발**(Supernova, P114)이다. 단, 태양질량의 30~40배 이상의 폭발은 그 규모의 크기로부터 **극초신성폭발**(hypernova) 이라고 불린다.

극초신성폭발은 우주 최초의 은하인 원시은하 속에서 무수하게 탄생 되었다고 생각된다. 위성 WMAP의 관측결과로, 시기는 우주 탄생 후 약 2억년이라 추측 된다. 무거운 별이 일제히 성장하고 단숨에 대폭발이라고 하는 죽음을 맞이했다. 그 대폭발은 우주공간에 중력적인 치우침을 만들고 새로운 별의 탄생을 재촉한 것이다.

최초 별들의 대폭발에 의해 우주는 암흑시대에 돌입했다

무거운 별들의 핵 융합 반응으로 된 무거운 원소는 극초신성폭발에 의해 우주공간에 여기저기 뿌려진다. 폭발의 충격에도 이러한 원소가 탄생 했을 것이다. 원시은하에서 일거에 일어난 대폭발에 의해, 공간은 무거운 원소로부터 된 두꺼운 먼지로 뒤덮어져 있다고 생각된다. 우주공간은 무거운 원소로 오염 되었다.

이 즈음 시대는 너무 멀어서 아직 관측이 가능하지 않기 때문에 **암흑시대**라고 불린다. 천문학에서는 잘 모르는 것에 암흑(DARK)이라는 단어를 붙여서 생각을 표현하기도 한다. 암흑물질이나 다크 헤일로 등이다. 그러한 것은 모두 이론적으로도, 관측적으로도 실태를 잘 알지 못한다.

제 1세대의 별의 생존?
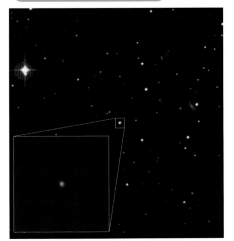
약 130억 살이라 생각되는 가장 무거운 원소가 적은 별. 이 별의 탄생에는 2개의 시나리오가 생각된다. 첫째는 질량이 비교적 작았기 때문에 현재까지 살아 남았다 라고 하는 것, 또 하나는 제1세대의 별이 폭발 중에는 중원소를 방출 할 수 없어서 그 폭발에 의해 생긴 가스에서 태어난 제2세대의 별이다라고 하는 것이다.

별 탄생의 장

은하계와 함께 국부은하군을 만들고 있는 NG604. 매우 젊은 별 형성 영역에서 태양의 120배 이상의 별도 탄생하고 있다.

● **Tip** ● 제 1세대의 별들을 관측하는 것을 하나의 목적으로 2009년 NASA의 NGST(차세대의 우주 망원경)가 쏘아 올려질 예정이다.

Section 9 은하형성

Key Word 타원은하와 원반은하 타원은하는 오래된 별로부터, 원반은하(나선은하, 렌즈은하)는 비교적 새로운 별로부터 구성되는 경우가 많다. 그 때문에, 양자의 진화 과정은 큰 차이가 있는 것이 아닐까라고 생각된다.

❯ 은하형성의 시나리오는 얼마든지 제안되고 있다

우주 암흑시대, 그 어둠 속에서 최초의 은하가 형성되고 있다. 그러나 아직 관측을 잘 할 수 없었기 때문에 은하 형성에는 많은 가설이 있는 상태다. 현재 우주에 자주 있는 은하는 어떻게 형성되었다고 생각되어 지고 있는 것일까.

❯ 타원은하는 어떻게 될 수 있었다고 생각하는 것인가

우주탄생 후 38만년~3억년까지의 사이에 탄생한 원시 은하운은 우주초기에 탄생한 별들이 발하는 자외선(수소분자의 형성을 방해한다)의 영향을 별로 받지 않는다고 한다. 수소분자는 원시 은하운을 차게 하기 위해서 일하고, 원시 은하운은 잘 차가워져 별이 계속해서 탄생한다. 이러한 별들은 중력으로 서로 당겨서 둥근 별의 계, 즉 타원은하를 만드는 것이 아닐까 생각 된다.

릿쿄 대학의 하지메 수사(Hajime Susa) 등에 의해 시뮬레이션에서는 큰 원시 은하운에서는 **타원은하**가 생겨나고 작은 원시 은하운에서는 **왜소타원은하**가 탄생했다고 한다. 타원은하의 형성에는 그 밖에도 원반은하가 충돌 합체 해 원반부가 망가졌다고 하는 설도 있다. 원반은하란 나선은하나 렌즈형은하 등 은하 원반을 가진 은하다.

우주 탄생 후 10억년 이내의 원시 은하

약 130억년 저편에 있는 원시 은하. 생겨서부터 200만년 정도라고 생각되고 있다. 은하임에도 불구하고 태양질량의 수백 배 정도, 은하계의 10분의 1 크기에 지나지 않는다. 이런 작은 은하가 충돌 합체 해 큰 은하가 생겼다는 설도 있다. 다른 천체의 중력의 영향으로 1개의 원시은하가 2개로 보이고 있다.

● **Tip** ● 자외선이란 가시광의 보랏빛 보다 파장이 짧은 전자파. 파장의 길이는 400~14nm(n : 나노는 1mm의 1000분의 1)

❯ 원반은하 만들어지는 방향

별 형성이 진행되어 별들이 발하는 강한 자외선 시대에 탄생한 원시 은하운은 자외선의 영향에 의해서 가스가 잘 수축 하지 못해 별이 쉽게 될 수 없다. 그 중에서도 비교적 큰 원시 은하운은 가스인 채 수축이 계속 되어 머지않아 회전을 시작한다. 원시은하운은 회전에 따라 원반을 만들게 되고, 이 무렵까지는 가스의 밀도도 늘어나 별이 간신히 탄생할 수 있게 된다. 이렇게 **원반 은하**가 생긴다. 이 가설은 먼 은하에는 큰 은하에 원반 은하가 많다는 관측과 일치한다.

어쨌든 우주암흑시대가 관측되지 않았기 때문에 은하의 형성은 현재로서는 뚜렷한 것은 모르는 현상이다.

Chapter
3

타원은하와 원반은하

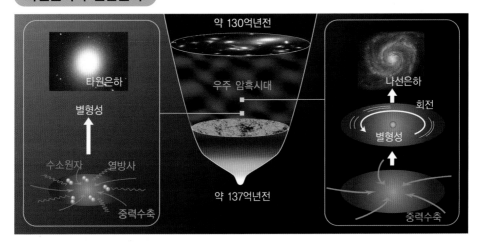

탄생 후 12억년 우주의 대구조

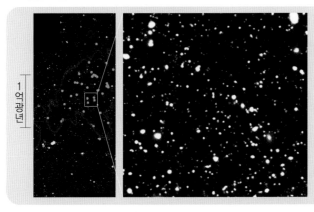

스바루 망원경을 사용해서 도쿄대학의 오카무라 사다노리등이 발견한 우주의 대구조. 오른쪽은 그 일부를 확대한 것. 이 관측 결과로부터 생각하면 다만 12억년 대부분 미끄러웠던 우주의 무리를 대구조까지 성장하게 한 것은 현재의 이론으론 어렵다. 은하를 성장시키기 위해서는 또 다른 이론이 필요할지도 모른다.

● Tip ● 타원은하에 대해서 은하원반을 가진 은하를 원반은하라고 한다. 나선은하나 렌즈형은하.

Section 10

우주 암흑시대의 수수께끼

Key Word 우주배경방사관측위성 우주탄생 후 38만년 우주의 모습을 파악한 위성. 1989년~1996년에 위성 COBE가, 2001년~2003년에 위성 WMAP가 관측을 실시했다.

❯ 우주탄생 후 38만년의 모습은 파악 되어 있다

　암흑시대 – 이론적으로도 관측적으로도 실태를 잘 모르는 우주 탄생 후 38만년~10억년의 이름이다. 이 시대는 너무 멀어서 현대의 기술로는 관측 할 수 없다. 그런데 그것 보다 전 시대의 우주탄생 후 38만년의 모습은 **우주배경방사관측위성**의 COBE나 WMAP에 파악 되어 있다.

　우주탄생 후 38만년에는 우주의 온도는 3000K였다고 관측 되어 있다. 이 3000K의 우주는 **적외선**의 파장(약 1 ㎛)의 빛을 발하고 있다. 또 이러한 파장의 긴 전자파(P102)는 먼지 등에 그다지 흡수되지 않고 멀리까지 닿는 특징을 가진다. 물질에 대해서 가진 정도의 투과성을 갖고 있는 것이다.

　우주탄생 후 38만년 즈음에 적외선은 우주팽창에 의해서 지연되어 약 1000배의 **마이크로파**(1 mm 정도)로 관측된다. 이 마이크로파의 값은 정확히 현재의 우주 온도인 약 3 K의 열방사와 일치한다. 마이크로파는 전자렌지로 사용되는 전자파로 가시광선의 적색 보다 약간 파장이 긴 것이다.

파장과 온도

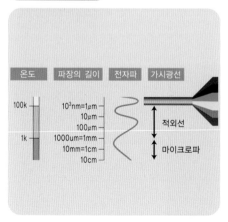

온도가 높은 만큼 파장이 짧은 전자파를 낸다.

우주의 재전리화

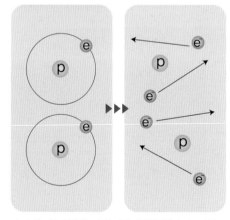

수소의 원자핵에 파악되어 있던 전자가 다시 자유롭게 날아다니게 되었다.

● **Tip** ● 우주의 재전리가 일어나도 현재의 은하간의 물질은 매우 희박하기 때문에 우리는 먼 천체를 빛으로 관측 할 수 있다.

❯ 우주암흑시대에 일어난 몇 가지 사건

우주 탄생 후 38만년~10억년, 이 우주 암흑시대에 일어난 사건은 그 밖에도 있다. 실은 이 기간에 수소가 다시 이온화 즉, 원자핵으로부터 전자가 떨어져 자유롭게 날아다니게 된 것 같다.

우주 탄생 후 38만년에 우주의 온도는 내려가고 전자는 원자핵과 결합되었다. 일단 수소는 원자로서 존재 할 수 있게 되었다. 그런데 우주 암흑 시대에 다시 전리 한 것 같다. 이 사건은 **우주 재전리(우주 재이온화)**로 불린다. 현재의 은하 사이에서도 수소는 전자가 분리한 이온화 된 상태에 있다.

이 기간에 일어난 것은 그것 만이 아니다. 우주는 팽창 하는 데 따라서 온도가 저하 한다고 생각 된다. 그런데 이 우주 팽창 시대에는 3000K에서 1만K까지 온도가 다시 상승한 것 같다.

이 모든 사건은 우주의 제 1세대의 원시 은하 안에서 탄생해 대폭발을 이룬 무거운 별들의 행위 라고 생각되어 진다.

Chapter

3

허블 울트라 딥 필드

적방편이 Z=5.9 약 125억년전의 우주가 파악 되었다. 하얀 원에 둘러싸인 부분이 그 무렵의 은하의 모습. 이렇게 은하가 모인 것에서도 우주의 재 이온화가 진행되었다고 생각할 수 있다.

● Tip ● 우주의 제 1세대에 탄생해서 대질량의 무거운 별들이 발하는 강한 자외선이, 성간 가스의 수소를 재전리 한 것 같다.

퀘이사(Quasar)

Key Word 라이만 α 휘선　수소 원자가 가진 스펙트럼의 피크로 그 파장은 121.566nm. 활동 은하 핵이나 퀘이사가 발하는 휘선 스펙트럼 안에선 특히 밝다.

❯ 무섭고 먼, 굉장한 에너지를 발하는 수수께끼의 천체

1960년대 초기, 기괴한 천체가 발견되었다. 그 천체는 매우 먼 곳(터무니없는 옛날)에 있고 놀라울 정도의 에너지를 발하고 있었다. 그럼에도 불구하고 빛을 보면 별과 같이 점 형태로 밖에 보이지 않는다. 당시의 물리학에서는 설명이 되지 않는 천체였다.

이 천체를 분류한 것은 미국의 마틴 슈미트다. 파는 3C273의 위치에 있던 13 등급 항성의 **스펙트럼**(P102)을 촬영해, 그 스펙트럼을 붉은 쪽으로 크게 위치를 움직이면 수소가 나타내는 배열과 꼭 닮은 것을 발견한다.

동시에 이 **적방편이**(P134)의 수치에서 십수억광년 저편에 무섭고 멀리 있는 천체인 것이 밝혀졌다. 이 천체는 **퀘이사** 라고 이름이 붙여 졌다.

그 당시 까지는 퀘이사 라고 생각된 천체가 벌써 수백 개 발견 되고 있었다. 슈미트에게 배워 다른 천체의 적방편이의 수치도 조사할 수 있고 차례차례로 그러한 적방편이의 수치가 높다는 것이 확인되었다. 이 적방편이의 수치는 큰 논쟁을 일으키게 되었다. 이 정도의 에너지를 발하는 천체가 그렇게 멀리 있을 리가 없다……실제 3C237은 우리의 은하계 전체의 수천~수만배의 에너지를 방출하고 있었던 것이다.

❯ 은하의 중심 핵을 파악하고 있다

망원경의 정도나 화상 처리 기술이 향상되면서 퀘이사 주위에 흐릿한 안개와 같은 것이 보이게 됐다. 그것은 퀘이사의 주위에 퍼져있는 은하의 모습

퀘이사 3C237

중심으로부터 강한 빛을 차단하는 코로나그래프 라고 하는 장치를 사용해 허블 우주 망원경에 의해 관측되었다.

● Tip ● 라이만 α 휘선에 나타나는 다수의 흡수선(라이만 α의 숲으로 불린다)은 천체와 지구의 사이에 많은 수소원자의 덩어리가 있는 것을 나타내고 있다.

이었다.

또 퀘이사는 **라이만 α 휘선**이라 불린다. 특히 강한 수소의 피크를 가진 것을 알 수 있다. 이 휘선의 적방편이를 조사하는 것으로 퀘이사 까지의 거리를 거의 정확하게 구할 수 있게 되었다.

현재 퀘이사는 가시광선, X선, 자외선, 적외선, 감마선 등 모든 전자파로 관측되어 발견된 수는 1만3000개 이상이 된다. 먼 곳은 130억년 전, 가까운 곳도 8억년 전의 범위에 있다. 대략 120억년 전의 범위에 그 수는 피크에 달하고 있다.

퀘이사는 은하의 중심핵에 있고 오래된 것은 130억년 전에 발견된다. 이 일부는 우주 초기에 있는 은하일거라고 생각할 수 있다. 중심핵이란, 은하의 중심으로 밝게 빛나는 부분이다.

약 125억년 전의 은하의 종

육분의 자리 방향으로 파악된 우주 탄생 후 10억년 정도 있는 가벼운 은하. 현재 있는 전형적인 은하의 수백 분의 1 정도의 질량 밖에 안된다. 토호쿠대학의 다니구치 요시아키 등이 발견했다. 아래의 그래프는 휘선의 폭으로부터 라이만 α 의 휘선인 것을 알 수 있다.

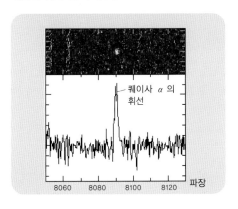

다양한 파장으로 파악된 퀘이사 3C295

위에서부터 X선, 가시광선, 전파로 파악된 퀘이사 3C295의 모습. X선으로 파악된 확대는 5000만 도에 달하는 가스 구름이 있는 것을 나타내고 그 직경은 200만광년에 미친다. X선화상의 중심부의 2개의 점은 전파화상의 제트와 대응한다. 가시광에서도 은하계의 수배정도의 질량을 가진 타원은하가 비추고 있다.

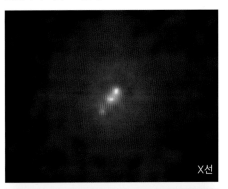

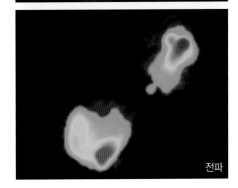

● Tip ● 직류전류의 전압을 바꾸기 위해서는 일부러 회로를 단속시켜 자력선에 변화를 주는 방법이 이용된다.

Section 12 은하중심의 블랙홀

Key Word 블랙홀　태양질량의 10배 정도의 소질량의 것과 은하의 중심에 있는 수백 이상의 초거대의 것 2종류로 알려져 있었다. 최근에는 이 두 가지 타입의 중간형이 관측되고 있다.

❯ 방대한 에너지원 그 끝에 다다르면 블랙홀이 있다

퀘이사의 주위에는 은하가 관측 되어, 퀘이사는 은하의 중심핵 일 것이라고 생각하게 되었다. 많은 퀘이사는 은하계 전체가 발하는 에너지의 수백 배의 에너지를 방출하고 있다고 한다. 이 에너지는 어떻게 공급되는 것일까.

그 에너지원에 **중성자성**(P116)이 모여 중성자성단이나, 태양 질량의 1억 배나 있는 초신성이 고안되었다. 그러나 어떤 안도 마지막에 다다른 것은 **블랙홀**(P118)이었다.

127억 광년 떨어진 블랙홀

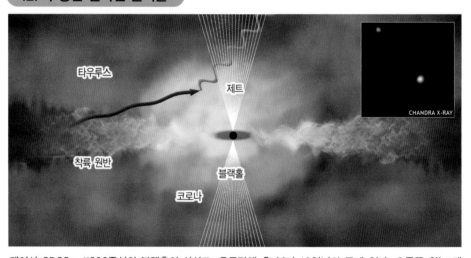

퀘이사 SDSSp J1306중심의 블랙홀의 상상도. 우주탄생 후 불과 10억년의 곳에 있다. 오른쪽 위는 퀘이사의 화상. 이 퀘이사의 X선 스펙트럼은 근방의 퀘이사의 것과 거의 변함없는 것을 알 수 있다. 코로나는 10억도에 달하는 가스구름을 타우루스라는 도너츠형태에 둘러싸인 먼지나 가스구름이다. 착륙원반에서 코로나에 물질이 흐르는 것으로 방대한 에너지가 방출된다.

❯ 많은 은하의 중심에는 블랙홀이 있다

먼 곳의 은하중심에 있는 거대한 블랙홀, 그것이 퀘이사의 정체이다. 블랙홀을 사용해서 퀘이사의

● Tip ● 현재까지 발견되어 있는 블랙홀의 수는 수십개이다.

막대한 에너지를 설명하는 이론은 1969년 도널드 린든 벨에 의해 제안 되었다. 벨은 은하중심의 블랙홀(태양질량의 1억배 이상)과 그 블랙 홀의 주위에 있는 **착륙 원반**(P120)에 의해 퀘이사의 막대한 에너지를 설명했다. 은하중심에는 별의 밀도가 높다. 그 때문에 거대 블랙 홀의 중력에 파악되고 가스를 떼어내 그 강한 **조석력**에 의해서 뿔뿔이 흩어지게 되는 별이 무수히 존재한다고 생각할 수 있다. 그 때에 방대한 에너지가 방출된다는 것이다.

초거대 블랙홀과 착륙원반의 페어에 의해 은하의 중심핵이라는 모습은 격렬하게 에너지를 방출하는 **활동은하**(P150)의 모습으로서 널리 받아 들여지는 이론이 되고 있다.

Chapter

3

❯ 작은 블랙 홀이 충돌해 거대한 블랙홀에

현재에는 다양한 관측으로부터 은하의 중심에 거대한 블랙홀이 있는 것이 표시 되고 있다. 또 하나의 문제는, 이 정도 큰 블랙홀이 어떻게 탄생 했을까라는 것이다.

이것에는 몇 개의 가설이 있었다. 은하가 생길 때 중심부가 **중력 붕괴**(P118)를 일으켰다고 하는 것이나, 은하 중심의 무거운 별이 중력 붕괴 해 주위의 가스 등을 삼켜 거대화했다. 또 은하끼리의 합체에 의해서 생겼다 등이다.

이러한 가설에 결착은 붙어 있지 않다. 하지만 M82의 관측으로는 초거대한 블랙홀과 항성의 중력붕괴에 의해 때마침 블랙홀의 중간형이 발견 되었다. 이러한 중질량의 블랙홀은 대질량의 별이 중력 붕괴해서 탄생된 것이라고 생각된다.

초거대 블랙홀도 어떠한 과정을 거쳐 충돌 합체 해, 성장했다고 할 수 있다.

중질량 블랙홀의 발견

M82로 발견된 중질량 블랙홀의 주위에 지금부터 약 100만년전의 약 1만개의 초신성 폭발에 의해서 되었다고 생각 되는 거대한 가스 팽창의 거품이 관측되고 있다. 이러한 사실이나 시뮬레이션에서 중질량 블랙홀은, 항성 사이즈의 작은 블랙홀이 충돌 합체한 것이라고 생각 되었다.

물고기자리 M74로 강한 X선을 방사하는 천체(흰 사각)가 태양 질량의 약 1 만배 정도의 중질량 블랙 홀인 것이, X선 천문 위성 찬드라에 의해서 밝혀졌다.

● **Tip** ● 소질량의 블랙홀은 태양질량의 30배 이상의 별의 중력붕괴 등에 의해 생겨났다.

Section 13 다양한 은하

❯ 강한 전자파를 내고, 격렬하게 활동하는 은하

지금은 관측기술의 향상에 수반되 새로운 타입의 은하가 많이 발견되고 있다. 여기에서는 블랙 홀과 깊게 관계하는 방대한 에너지를 만들어 내는 은하(**활동은하**)를 소개한다. 활동은하에는 크게 2 종류가 알려져 있다. 1 개는 활동은하, 나머지 하나는 스타 버스트 은하다.

활동은하

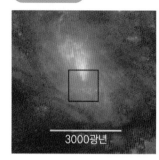
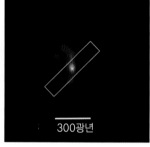

3000광년   300광년   3광년

NGC1068(M77)은 은하계에 가장 가까운 활동은하. 왼쪽에서 오른쪽으로 사각의 부분을 확대 하고 있다. 그 중심부에는 태양질량의 1억 배의 블랙홀이 있다. 관측에 의하면 중심부터 직경 2광년의 주위에는 500℃의 영역이 직경 11광년의 범위에는 50℃의 따뜻한 먼지 구름이 있는 것을 알 수 있다.

❯ 은하중심에 블랙홀을 가진 활동은하

활동은하란, 태양질량의 100만~10억 배의 대질량 블랙홀이라는 에너지원이 있고 그것이 대량의 물질을 삼키고 있는 것. 이러한 은하의 중심핵을 **활동은하 핵**이라 한다. 퀘이사도 이러한 천체의 동료다.

보통의 은하보다 100만 배의 강력한 전파를 보내고 있는 은하는 **활동은하**나 **전파은하**라고 불린다. 은하중심 핵에서 전자나 양전자 등의 플라즈마(전리된 상태의 입자)를 광속에 가까운 속도로 방출하는 **전파 제트**를 가진다. 전파 제트가 가끔 지구 방향으로 향해 오고 있으며 **블레이저**라 불린다.

태양광도의 10^9 ~10^{11} 배 정도의 밝기를 갖고 전파가 약한 활동 은하 핵을 가지는 것을 **세이퍼트(seyfert) 은하**라고 부른다. 은하중심에 대질량 블랙홀이 태양의 10분의 1~100분의 1정도의 가스를 들이 마시는 것으로 빛나고 있다고 생각 되어진다.

● **Tip** ● 은하 중 2000개에 1개는 전파제트를 가진 활동은하라고 한다.

❯ 격렬하게 별 형성을 실시하는 스타 버스트 은하

폭발적으로 별 형성(스타 버스트)을 하고 있는 은하를 **스타 버스트 은하**라고 한다. 이러한 은하에서는 태양 질량의 10배 이상의 대질량 별이 약 1000만년 동안에 1만~10만개나 만들어지고 있다.

이 은하에는 그 밖에도 특징적인 현상이 알려져 있다. 예를 들어, 초신성 버스트로 불리는 것으로, 대질량의 별이 일제히 초신성 폭발을 일으킨다. 이 초신성 버스트가 일어나면 은하중심 영역 전체가 가열되어 주변부의 가스를 팽창시킨다. 그 힘이 강하면 은하의 중력을 뿌리치고 가스는 우주 공간으로 불어 거칠어진다. 이러한 현상은 **은하바람(슈퍼 윈도)**이라고 불린다.

대질량의 별들은 최후의 대폭발로 무거운 원소를 방출했다. 이 무거운 원소는 먼지가 되고 이 먼지는 그 후에도 연달아 일어나는 별 형성으로 따뜻하게 되어 강력한 적외선을 낸다. 두꺼운 먼지에 감추어져 빛에서는 보이지 않고, 강력한 적외선을 발한다 이러한 은하는 **초광도 적외선은하**로 불린다.

세이퍼트 은하

컴퍼스자리 은하. 자색 가스는 은하중심에 있는 블랙홀에서 불기 시작 한 것. 은하 40개 안에서 1개는 이런 세이퍼트 은하이다.

슈퍼 윈도우

스타 버스트 은하 M82에서 불기 시작한 슈퍼 윈도우(은하바람)의 모습(적색). 별 형성으로 생긴 젊은 별에서 별 바람이나 초신성 폭발의 폭풍이 슈퍼 윈도우가 되어 있는 기둥 모양의 고온 가스를 만든다고 생각할 수 있다.

전파 제트

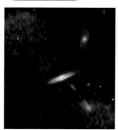

활동은하에서 나선은하의 0313-192. 나선은하에서 전파 제트를 내는 것이 처음 발견되었다. 활동은하의 전파 제트 길이는 100만~수백만 광년 정도 되어 때로는 은하 자체 크기의 수백 배에 달하는 것도 있다.

● **Tip** ● 세이퍼트 은하는 은하계 부근의 은하 중심 핵을 계통적으로 연구한 칼 세이퍼트와 관련된 이름이다.

Section 14 먼은하

Key Word ALMA계획 서브 밀리 파와 밀리 파를 80대의 고초정밀도 파라볼라안테나로 관측한다. 우주 초기 은하의 모습이 파악될 것이라 기대되고 있다.

❯ 우주암흑시대의 종언과 작은 은하

스바루 망원경이나 허블 우주 망원경 등 다양한 망원경이 보다 멀리 나머지 10%의 우주를 파악하려고 격전을 벌이고 있다.

현재 가장 먼 은하를 파악한 것은 일본의 스바루 망원경이다. 스바루는 2003년 3월에 약 128억년전의 은하를 파악하는데 성공했다. 유럽 남천천문대의 VLT가 발표한 약 132.3억년전의 은하의 발표는 오보였으므로 지금도 스바루 망원경의 발견이 세계 기록이다.

지금까지 파악된 130억 광년 전후의 은하는 작고 불규칙한 형태를 하고 있는 것이 많아 스바루가 파악한 약 128억 광년 저편의 은하도 작고 불규칙한 것이었다. 은하계는 태양질량의 1000억 배 이상의 질량을 가지고 크기도 10만광년을 넘는다.

그런데 우주탄생 후 10억년 정도였던 무렵의 전형적인 은하는 현재의 불과 수백만 분의 1 정도의 질량 밖에 없었던 것 같다.

이러한 사실로부터 추측되는 가장 유력한 가설은 이러한 작은 은하가 충돌 합체해서 현재 있는 큰 은하가 생겼다고 하는 것이다. 하지만 같은 스바루 망원경의 관측이라도 먼 곳의 은하의 크기도 근방의 은하의 크기도 그다지 변하지 않는 가능성도 시사되어 은하의 일생을 현시점에서 그리는 것은 어렵다.

128억광년 저편의 은하

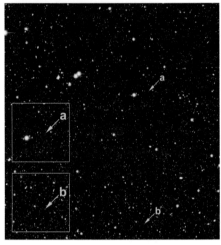

종합대학원대학 코다이라 케이이치나 토호쿠대학 다니구치 요시아키의 연구팀이 스바루 망원경을 사용해서 발견한 약 128억년전의 은하의 모습(지인 a,b). 우주탄생 후 약 9억년의 은하라고 생각된다.

먼 곳의 은하 베스트 10

순위	사용망원경	적방편이
1	스바루	6.597
2	스바루	6.58
3	스바루	6.578
4	스바루	6.578
5	켓쿠/스바루	6.56
6	스바루	6.544
7	스바루	6.542
8	스바루	6.541
9	스바루	6.54
10	킷피크/켓쿠	6.535

(데이터는 2004년 12월의 것, 적방편이의 수치가 큰 만큼 먼것이다.)

● Tip ● VLT란 Very Large Telescope, 즉 「매우 큰 망원경」 이라는 이름이다.

❯ 우주 암흑시대를 파악하지 않는 한, 은하의 일생은 그릴 수 없다

은하의 일생을 그릴 수 없는 원인 중의 하나는 은하의 연령을 알기 어렵기 때문이다. 은하계에서도 별 형성이 일어나고 있는 장소나 구상성단에 있는 별 같이 우주의 연령에 도달하는 것까지 그 구성원의 연령은 다양하다. 또 은하형성의 열쇠를 쥐는 중요한 시대에는, 우주 암흑시대가 가로 놓여 있다.

게다가 은하의 상당수는 우주의 연령에 필적하는 나이가 되었다고 하는 관측 결과도 있다. 그리고 현재의 우주에서는 은하가 많이 생겨나고 있는 모습은 없기 때문에 전형적으로 금방 생겨난 은하를 결정하는 것도 어렵다.

이렇게 생각하면 우주 탄생 후 10억년간을 파악하지 않는 한 은하형성의 모습은 잘 알지 못한다. 이 시대를 파악하는 방법으로는 우주 최초의 별들에 의해 따뜻해진 은하 속 먼지의 적외선을 파악하는 것이다. 우주 팽창에 의해 길게 늘어진 적외선은 밀리파, 서브밀리파(0.3~10mm)가 된다 그것들을 관측하는 **ALMA 계획** 등이 진행되고 있다.

젊은 은하

IZwicky18은 생긴지 5억년 정도의 젊은 은하라고 생각된다. 수소나 헬륨 등의 가벼운 원소가 대부분으로 무거운 원소는 매우 조금이다. 이러한 은하를 찾으면 원시은하의 실태를 알 수 있을지도 모른다.

은하진화는 복잡하다

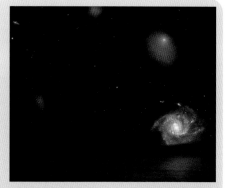

스피츠 우주망원경으로 허블 울트라 딥 피트 남쪽 하늘 영역을 관측했는데 100억광년~120억광년 저편에 있는 젊은 우주의 은하는 상상 이상의 다양한 타입이 포함된 것을 알 수 있다(좌). 젊어서 먼지가 많은 것, 적은 것, 또 연로하면서 먼지가 많은 것 등이다. 게다가 벌써 별 형성을 끝내고 죽음을 맞이할 것 같은 은하도 있어, 은하 형성의 시나리오는 한 가닥으로만 가지 않은 것 같다. 오른쪽은 그 당시의 은하를 물이 있는 혹성에서 본 상상도.

● **Tip** ● 아타카마 대형 밀리파 서브 밀리파(Atacama Large Milimeter/ Submilimeter Array), 생략해서 ALMA은 완성하면 지상에서 가장 감도의 높은 전파망원경이 된다.

Section 15 우주의 대구조

❯ 비눗방울이 모인 거품 우주의 대 구조

이 장에서는 은하계로부터 먼 은하까지를 개관 해 왔다. 은하는 모여서 **우주의 대구조**를 만들어내고 있다. 그 우주 대구조에는 수억 광년에 걸쳐서 은하가 아무것도 없는 **빈공간**이라고 하는 구조와 **은하단**이나 **초은하단**(P130)이 연결되어 있는 장소가 존재한다.

우주의 대구조는 자주 비눗방울이 모인 상태가 파악된다. 거품 안이 빈 공간 부분이고 거품끼리의 표면이 겹쳐진 부분이 은하단이나 초은하단이 연결된 부분에 해당한다. 이 거품의 표면 부분은 자주 그레이트 월(거대한 성운군)로 불린다(다만, 최근에는 그다지 사용하지 않는다)

❯ 20억년에 걸친 은하의 삼차원 지도

은하는 어떻게 배치되고 이 우주는 어떠한 형태를 하고 있는 것인가. 그 답을 찾으려고 5년 넘게 국제 프로젝트가 진행되고 있다. 우주의 삼차원 지도 만들기를 목표로 하는 **슬론 디지털 스카이 서베이(Sloan Digital Sky Survey : SDSS)**이다.

SDSS에서는 전체의 4분의 1이 해당되는 영역의 상세한 관측을 실시해, 1억개 이상의 천체의 위치와 밝기를 결정한다. 2005년에 20억 광년의 범위 내에 있는 약 100만개의 은하로부터 된 지도가 완성될 예정이었다. 이것은 인류 사상 가장 큰 지도가 된다.

우주의 지도

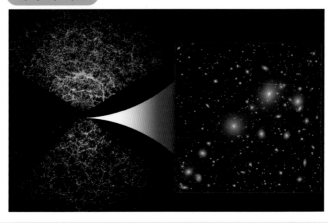

SDSS에 의해 2003년에 발표된 우주의 3차원지도(왼쪽). 20억광년까지의 6만6976개의 은하분포. 왼쪽은 은하단의 화상. 지금까지의 결과는 위성 WMAP가 파악한 무리로부터 관측된 물질량과 잘 일치하고 있다.

● Tip ● SDSS는 아메리카의 시카고대학, 페르미 국립 연구소 등과 우주선 연구소(일본) 마쿠스 프랑크 연구소(독일)의 국제 공동 프로젝트다.

❯ 은하진화의 수수께끼가 풀릴지도 모른다

SDSS에 의해서 우주에 존재하는 물질의 양이 정확하게 확정된다. 위성 WMAP가 파악한 몇 안되는 물질의 무리로부터 어떻게 은하가 진화하고 은하가 구성하는 우주가 진화했는지 그것을 알기 위한 정확한 데이터를 주게 된다.

지금까지 봐 온 것처럼 우주 탄생 후 38만년의 작은 무리는 은하, 결국은 우주의 "종"이 되어 말하자면 우주는 진화해 왔다. 위성 WMAP이 파악한 초기 우주의 모습, ALMA나 스바루 망원경 등에 의하면 태어나 얼마 되지 않은 은하의 모습, 그리고 SDSS에 의한 근방의 우주모습, 각각의 모습을 정확하게 파악하는 것이 가능하다면 이론 시뮬레이션에 의해서 우주진화의 모습을 그리는 일도 가능해질 것이다. SDSS의 삼차원지도는 우리들이 여기에 존재하는 이유, 관측과 우주론을 잇는 우주진화의 모습을 알기 위한 장대한 이정표가 될 것이다.

세계 최대 규모의 우주 시뮬레이션

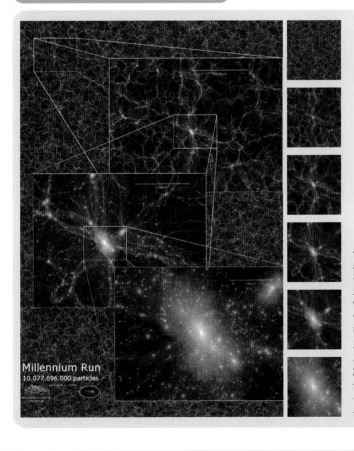

Millennium Run
10.077.696.000 particles

독일(마쿠스 프랑크연구소), 일본, 아메리카 등의 천문물리학자로 된 국제 그룹 「Virgo협회」는 20억입방광년에 있는 100억개 이상의 분자분포의 변천을 시뮬레이션했다. 화상은 시뮬레이션으로 재현된 암흑물질의 모습. 2000억개의 은하와 그 중심에 있는 블랙홀의 진화를 쫓을 수 있다. 오른쪽은 확대 한 것.

● Tip ● 우주가 대규모 구조를 가진 것을 최초로 발견한 것은 마가렛트 게라 등이다.

밝고 가까운 은하

NGC	M	별자리	형	분류기호	적경	적강	등급(B)	시직경	거리(만광년)	비고
NGC55		조각실	나선은하	SBm	00 14. 9	−39° 11'	7.9	32' X 6'	690	
NGC205		안드로메다	타원은하	E5p	00 40. 4	+41° 41'	8.9	17' X 10'	230	국부은하군
NGC224	31	안드로메다	나선은하	SAb	00 42. 7	+41° 16'	4.4	180 X 63'	230	국부은하군 안드로메다은하
NGC221		안드로메다	타원은하	E2	00 42. 7	+40° 52'	9.2	8' X 6'	230	국부은하군
NGC247	32	고래	나선은하	SABd	00 47. 1	−20° 46'	9.4	20' X 7'	780	
NGC253		조각실	나선은하	SABc	00 47. 6	−25° 17'	8.0	25' X 7'	880	
SMC		큰부리새	나선은하	SBmp	00 52. 7	−72° 50'	2.8	280 X 160'	20	국부은하군 소마젤란운
NGC300		조각실	나선은하	SAd	00 54. 9	−37° 41'	8.7	20' X 15'	690	
Sculptor system		조각실	타원은하	dE3p	01 00. 0	−33° 42'	9.0	20' X 20'	30	국부은하군
NGC598	33	삼각형	나선은하	SAcd	01 04. 8	+30° 39'	6.3	62' X 39'	250	국부은하군
Fornax system		화로	타원은하	dE0p	02 39. 0	−34° 31	9.0	20' X 14'	60	국부은하군
NGC1291		에리다누스	나선은하	SB0/a	03 17. 3	−41° 08'	9.4	10' X 9'	3200	
NGC1313		그물	나선은하	SBd	03 18. 3	−66° 30'	9.4	9' X 7'	1400	
IC342		기린	나선은하	SABcd	03 46. 8	+68° 06'	9.1	18' X 17'	1800	
LMC		황새치	나선은하	SBm	05 23. 6	−69° 45'	0.6	650' X 550'	16	국부은하군
NGC2403		기린	나선은하	SABcd	07 36. 9	+65° 36'	8.9	18' X 11'	980	
NGC3031	81	큰곰	나선은하	SAab	09 55. 6	+69° 04'	7.8	26' X 14'	1200	
NGC3034	82	큰곰	불규칙은하	IO	09 55. 8	+69° 41'	9.3	11' X 5'	1200	
NGC4258	106	사냥개	나선은하	SABbc	12 19. 0	+47° 18'	9.0	18' X 8'	2100	
NGC4472	49	처녀	타원은하	E2	12 29. 8	+08° 00'	9.3	9' X 7'	5900	
NGC4594	104	처녀	나선은하	SAa	12 40. 0	−11° 37'	9.3	9' X 4'	4600	
NGC4736	94	사수	나선은하	SAab	12 50. 9	+41° 07'	8.9	11' X 9'	1600	
NGC4826	74	머리털	나선은하	SAab	12 56. 7	+21° 41'	9.4	9' X 5'	1600	
NGC5055	63	사냥개	나선은하	SAbc	13 15. 8	+42° 02'	9.3	12' X 8'	2400	
NGC5128		센터우루스	렌즈형은하	S0p	13 25. 5	+43° 01'	8.0	18' X 14'	1400	
NGC5194	51	사냥개	나선은하	SAbcp	13 29. 9	+47° 12'	9.0	11' X 8'	2100	
NGC5236	83	바다뱀	나선은하	SABc	13 37. 0	−29° 52'	8.2	11' X 10'	1600	
NGC5457	101	큰곰	나선은하	SABcd	14 03. 2	+54° 21'	8.2	27' X 26'	1900	
NGC6744		공작	나선은하	SABbc	19 09. 8	−63° 51'	9.0	15' X 10'	2900	
NGC6822		궁수	불규칙은하	IBm	19 44. 9	−14° 48'	9.4	10' X 10'	170	국부은하군 바나드은하

*분류기호는 P130 참조

Chapter >>

04
우주론

빅뱅

Key Word **팽창하는 우주** 1929년 허블은 먼 은하의 모습을 관측하고, 우주가 팽창하고 있는 것을 발견. 우주는 진화하는 것을 알게 되었다.

▶ 초고온 초고밀도의 불의 구슬 우주

우주가 팽창하고 있는 것을 발견한 것은 **에드윈 허블**이었다. 그때까지 우주는 크기가 변화하지 않는 **정상 우주**라고 생각하는 쪽이 주류였다. 허블의 발견에 의해서 우주는 팽창한다, 말하자면 진화하는 것이 밝혀졌던 것이다. 이 **팽창하는 우주**를 역회전하고 과거로 거슬러 올라가면 어떻게 될지 생각 보자.

다양한 항성, 은하 등 우주는 물질이 흘러 넘치고 있다. 항성이 진화하고 언젠가 그 일생을 끝내더라도 성간 물질이 되고, 새로운 별들로 다시 태어난다. 이 우주에서 물질의 양은 변하지 않는다. 시간을 거슬러 올라가면 우주라고 하는 공간이 수축한다. 그 때문에, 물질은 작은 범위에 집어넣을 수 있게 되어 초고밀도로 초고온의 마치 불의 구슬과 같은 세계의 시작이 된다. 그것이 **빅뱅**이다.

▶ 초기의 우주는 미크로한 입자의 세계

시간을 거슬러 올라가면 태양계는 없어지고 은하는 태어난 지 얼마 안된 모습으로 돌아와 최초의 별들의 탄생을 넘어, 물질이 서서히 분해되어 간다. 용광로의 철이 액체로 바뀌는 것처럼 고온, 고압 상태에서의 물질은 통상의 모습을 유지할 수 없기 때문이다.

물질은 원자가 결합 되어 있다. 이 원자도 초고온 초고밀도로 분해되고 전자와 원자핵으로 나뉘어지고 원자핵도 분해되어 양자와 중성자로 나뉘어진다. 게다가 이러한 양자나 중성자도 더 이상 분할 할 수 없는 **소립자**(P160) 라고 하는 입자로 나뉘어진다. 우주의 초기는 이런 미크로한 입자의 세계이다.

그러나 허블의 발견을 기초로 만들어진 초기 우주의 이론(**빅뱅 이론**)에는, 미크로한 세계를 말하는 물리학의 이론은 끼워 넣지 않았던 것 같다.

우주팽창은 공간의 확대

빅뱅 우주는 우주라는 [공간]만이 커진다.

시간

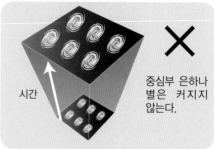

시간

중심부 은하나 별은 커지지 않는다.

● **Tip** ● 빅뱅이라는 이름은 정상 우주를 믿는 다른 과학자가 빈정대 사용한 말이었다.

❯ 미크로한 세계를 모른다

　여기까지 태양계에서 초기은하, 그 안에서 태어난 별들에 대해서 생각해 왔다. 이 장에서는 먼저 별이 탄생하는 것 보다 더 전의 우주의 시작에 대해서 생각한다. 빅뱅 이론에 의해 우주를 그림으로 나타내면 시작에 가까워질수록 공간은 좁아져 단지 한 점에 가까스로 도착한다. 이 한 점은 **특이점**이라 불려 모든 물질이 한 점에 응집해 그 밀도나 에너지는 무한대가 된다. 이것은 물리학의 어느 법칙도 적용할 수 없다.

　마크로한 세계를 말하는 물리법칙에서는 우주의 시작과 같은 미크로의 세계를 밝혀내는 것은 불충분하다고 하는 것이 20세기에 발견된 새로운 물리 이론으로 밝혀졌다. 그것이 미크로한 세계를 말하는 **양자론**이다. 양자론이 그리는 우주의 시작을 보자.

우주론

미크로한 세계와 마크로한 세계의 2개의 톱니바퀴(물리법칙)가 서로 맞물리면 우주론을 기술할 수 있어 우주의 시작을 이해할 수 있다.

빅뱅 우주

팽창하는 우주를 거슬러 올라가면 수축으로 향한다. 그러면 지금 있는 물질의 모든 것을 좁은 범위에 집어넣어 초고온 초고밀도의 빅뱅 우주가 된다. 게다가 마크로한 세계의 물리법칙으로 밖에 말해지지 않는 빅뱅이론으로는 우주 시작의 한 점이 되어 모든 물질이 응집한 특이점 이라고 하는 물리학의 어느 법칙도 성립되지 않는다는 대문제가 생긴다. 이 문제를 해결 하려면 미크로한 세계를 말하는 양자론과 마크로한 세계의 물리 법칙을 합칠 필요가 있다.

시간 / 현재 137억년후 / 10억년후 / 38만년후 / 초고온, 초고밀도의 빅뱅 우주 / 특이점 : 마크로한 세계의 물리법칙만으로 말해진다. 빅뱅이론으로는 해결 불가능한 큰문제 / 우주의 시작

● Tip ● 할로겐전구는 조리용 할로겐 전열기, 선풍기형 방사식 난방기구 등 히터로서도 폭넓게 사용되고 있다.

Section 2
미크로한 세계 I(소립자)

Key Word 소립자　물질의 최소 단위. 현재는 쿼크나 렙톤이지만 쿼크를 구성하는 물질이 발견되면, 그것은 소립자라고 불리게 된다.

❯ 우주의 시작은 미크로한 소립자의 세계

빅뱅이론이 올바르다면 과거로 점점 거슬러 올라간 우주 초기의 모습은 매우 미크로한 것이 된다. 우리가 익숙해져 있는 마크로한 세계와 매우 작은 미크로의 세계에서는 물질의 행동이 크게 다르다. 빅뱅 이론에서는 말할 수 없는 우주의 극히 초기의 모습을 알기 위해서 우선은 양자론과 그 미크로한 세계의 작은 입자(소립자)의 이야기에서 시작하자.

❯ 궁극의 소립자, 쿼크의 발견

1802년 물질이 원자로부터 성립된다는 것을 나타낸 것은 **존 돌턴**이었다. 19세기말, 1897년에 죠셉 톰슨이 전자를 발견할 때까지 원자가 물질의 최소단위라고 생각되고 있었다.

게다가 1911년 **어니스트 러더퍼드**가 원자 안에 원자핵이 있는 것을 발견. 이것 이후, 전자와 원자핵이 물질의 최소단위라고 생각하게 되었다. 1932년에는 **제임스 채드윅**이 원자핵은 양자와 중성자로부터 된다는 것을 나타냈다. 이것들이야 말로, 더 이상 분할 할 수 없는 입자인 **소립자**라고 생각되었다. 그러나 그 후, 양자나 중성자와 닮은 입자가 100 종류 이상 발견되어 자연을 구성하는 물질이 이 정도 많은 것은 이상하다고 생각하게 되었다.

1961년, 해결책을 찾아낸 것은 **머리 겔만**과 **유바하 네이먼**이다. 그것은 양자나 중성자 등이 한층 더 작은 3개의 입자, 쿼크로부터 되었다고 하는 **쿼크 모형**이었다. 이 쿼크가 현재는 궁극의 소립자의 1개라고 생각되고 있다.

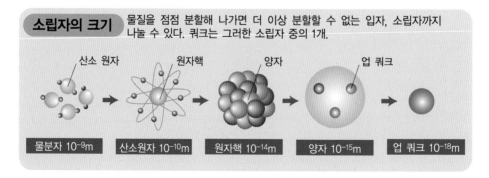

소립자의 크기 물질을 점점 분할해 나가면 더 이상 분할할 수 없는 입자, 소립자까지 나눌 수 있다. 쿼크는 그러한 소립자 중의 1개.

| 산소 원자 | 원자핵 | 양자 | 업 쿼크 |

| 물분자 10⁻⁹m | 산소원자 10⁻¹⁰m | 원자핵 10⁻¹⁴m | 양자 10⁻¹⁵m | 업 쿼크 10⁻¹⁸m |

●**Tip**● 쿼크라고 하는 이름은 제임스 조이스의 소설 「피네간의 경야(經夜)」로, 새가 "quark"라고 3회 울었던 것과 연관된다.

6종류의 쿼크와 6종류의 렙톤

현재 **쿼크**에는 업(up), 다운(down), 참(charm), 스트레인지(strange), 보텀(bottom), 톱(top)이라고 명명된 6종류가 발견되고 있다. 양자나 중성자를 닮은 100 종류 이상의 입자는 겔만 등의 쿼크 모형에 의해서, 지금은 6종류의 쿼크를 동류로 해서 설명할 수 있다.

예를 들어, 양자는 하나의 다운 쿼크와 2개의 업 쿼크, 중성자는 2개의 다운 쿼크와 하나의 업 쿼크로 부터 된다.

한편, 원자핵의 주위를 도는 전자의 한 무리에도 6종류의 입자가 있다. 전자, 전자 뉴트리노, 뮤온, 뮤온 뉴트리노, 타우온, 타우온 뉴트리노가 있어, 이것들을 총칭해 **렙톤(lepton)**이라고 부른다.

쿼크와 렙톤의 종류

위는 명칭, 아래는 발견년도 혹은 명명된 해

쿼크	u 업 1961년	c 참 1974년	t 톱 1995년
	d 다운 1961년	s 스트레인지 1961년	b 보텀 1977년
렙톤	νe 전자 뉴트리노 1956년	$\nu \mu$ 뮤온 뉴트리노 1962년	$\nu \tau$ 타우온 뉴트리노 1998년
	e 전자 1897년	μ 뮤온 1947년	τ 타우온 1975년

쿼크와 렙톤은 미크로한 입자를 정의하는 수(양자수)에 의해서 동류로 나뉘어진다. 예를 들어 전하 등이 양자수.

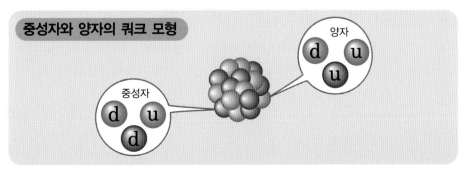

중성자와 양자의 쿼크 모형

양자
d u u

중성자
d u d

● Tip ● 쿼크는 단독으로 꺼낼 수 없다.

Section 3　미크로한 세계 Ⅱ(대생성, 대소멸, 터널 효과)

Key Word　**터널 효과**　마크로한 세계에서는 뛰어 넘기 불가능한 높은 에너지 장벽을 미크로한 세계에서 입자가 마치 빠져 나가는 것처럼 보이는 현상.

❯ 입자, 반입자, 대생성, 대소멸 미크로 세계의 불가사의한 현상

소립자의 세계는 우리의 상식과 내기는 익숙해져 있다. 공간에 폭하고 입자가 나타났다 사라지는 것도 그러한 현상의 하나이다. 이것은 대생성·대소멸로 불리는 미크로의 세계에서는 일상적인 현상이다.

소립자에는 **반입자**라고 하는 질량, 스핀 등이 같고 전하 등의 부합(+, −)이 반대의 입자가 있다. **스핀**이란 소립자가 가진 독자적인 특성의 1개로 각운동량이라고 불리는 물리량. 소립자도 마치 지구처럼 회전하고 있을 것 같은 성질이 보여 각운동량이라고 불리는 물리학적인 수치를 가진다. **대생성**은 이러한 입자와 반입자가 갑자기 함께 태어나는 현상을, **대소멸**은 이것들이 충돌해서 함께 소멸하는 현상을 말한다.

❯ 전자의 반입자, 양전자가 발견되었다

반전자의 존재는 이론상 예언 되고 있었다. 1928년 **폴 디랙**이 상대론을 사용해서 전자의 성질을 조사하던 중 전자와는 반대의 플러스 전하를 가진 입자가 그 이론 안에서 나타났다. 이후 4년, 우주선 안에 플러스의 전하를 가지는 입자가 실제로 발견되었다. 이것이야말로, 디랙이 예언한 전자의 반입자, **양전자**였다.

❯ 입자가 벽을 빠져 나가는 터널 효과

우주의 창생기를 알기 위해서, 이제 하나의 중요한 소립자의 성질을 설명해 두자.

그것은 터널 효과다.

가모프는 원자핵이 붕괴돼 알파 입자를 방출하는 알파 붕괴라고 하는 현상을, 양자론 특유의 **터널효과**를 이용해 설명했다.

원자핵의 안에 있는 **알파 입자**는 원자핵이 가진 에너지의 벽 안에서 파악되었다. 마크로세계의 상식에 따르면 알파분자는 원자핵이 가진 에너지의 벽을 넘을 수 없다. 그러나 양자론으로부터 이끌린 방정식을 풀면 알파 입자가 원자핵의 밖에서 발견되는 확률이 제로가 아닌 것을 알 수 있다. 양자론에서는 여기에 전자가 존재하는 확률은 30%라고 하는 입자의 상태가 확률로 나타난다. 알파분자가 밖으로 나오는 확률도 존재한다.

실험적으로도 알파 입자는 방출되는 것이 확인되고 있다. 알파 입자는 넘을 수 없는 벽을 마치 터널을 파고 벽을 빠지는 것 같이 바깥쪽으로 나온다.

터널 효과와 친밀한 예도 있다. 예를 들어, 공기중의 금속은 대부분이 산화막이라고 하는 전기가 통하지 않는 막에 덮여 있다. 그러나 터널 효과에 의해서, 이 막을 통해 전자는 접속된 다른 전선으로 흘러 간다.

중성자와 양자의 쿼크 모형

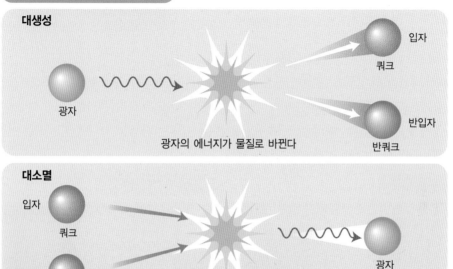

양자론적인 미크로 세계에는 무 상태라도 언제나 미크로한 입자의 대생성, 대소멸이 일어나 요동하고 있다. 입자의 쿼크에 대해서, 대소멸을 일으키는 반입자를 반쿼크라고 한다.

마크로한 세계

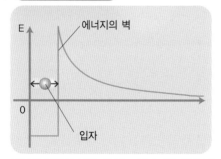

에너지 레벨이 낮은 입자는 에너지의 벽에 갇혀져 있고 벽을 넘어서 밖으로 나올 수 없다. 나올 확률이 존재한다.

미크로한 세계

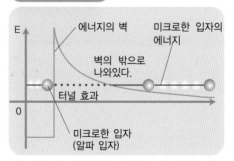

미크로한 입자의 존재는 확률로 나타낸다. 미크로한 입자가 가진 에너지 양으로는 결코 뛰어 넘을 수 없는 에너지 벽이라도 밖으로 터널에서도 빠지는 것 같이 밖에 있기 위해 터널 효과로 불린다.

● Tip ● • 반입자로 구성되어 있는 물질을 반물질이라고 한다.
• 플래시 메모리나 에사키 다이오드(터널 다이오드)도 터널 효과를 이용한 것이다.

Section 4 인플레이션

Key Word 진공의 에너지 아무것도 없는 공간에도 존재하는 척력(반발력). 현재의 우주를 팽창시키고 있는 에너지의 후보 중 하나.

❯ 양자론을 도입하지 않는 한, 빅뱅 이론은 파탄한다

미크로한 세계를 생각 하지 않는 한 빅뱅이론이 파탄한다 라는 것은 **로저 펜로즈**와 **스티븐 호킹**에 의해서 수학적으로 엄밀하게 증명되고 있다. 먼저 말한 것처럼 모든 물질이나 에너지가 집중해, 그 밀도나 수치가 무한대가 되는 **특이점**이 태어나기 때문이다. 그럼, 양자론으로 우주의 시작은 어떻게 생각되고 있는 것인가. 우선은 시작의 순간부터 보자.

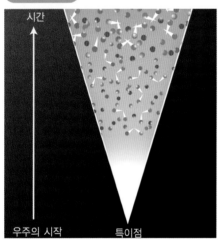

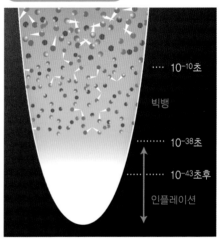

양자론을 고려하지 않는 빅뱅 이론에 의한 우주의 시작으로는 특이점이 생긴다. 양자론을 고려한 인플레이션 이론에 의한 우주의 시작은 급격한 가속 팽창을 한다. 특이점을 만들지 않는 방법이 호킹에 의해서 생각 되었다(P164).

❯ 알렉산더 비렌켄「무로부터의 우주 탄생 이야기」

아메리카의 알렉산더 비렌켄에 의하면 우주의 시작은 무라고 한다. 다만 양자론에는 완전한 무, 전혀 아무것도 없는 상태는 없다. 무와 유의 사이를 흔들리는 것이라고 설명되고 있다.

비렌켄은 우주를 말하자면 하나의 볼에 비교, 마크로한 세계를 기술하는 **일반상대성이론**(P168)과 미크로한 세계를 말하는 **양자론**을 묶어 우주 창생의 모습을 나타냈다(오른쪽페이지 그림). 횡축은 우주의 반경이다. 비렌켄에 의하면 반경이 제로였던「무」의 우주(점A)의 전에는 그 팽창을 막는「에너지의 벽」이 있었다는 것이다. 여기서 터널 효과(P162)가 등장한다. 무 상태의 원점 즉, 반경 제로의 상태로부터 에너지의 벽을 빠져, 터널 효과로 우주 크기를 가지고 돌연 폭하고 태어났다(점 B). 한 번 장벽 밖으로 나온 소우주의 볼은 에너지의 판을 굴러 떨어진다. 이 때 에너지의 낙차는 우주를 팽창시키는 원동력, **진공의 에너지**로 불리고 있다. 구르는 소우주는 급격하게 반경을 늘려 간다. 이 급격한 가속 팽창은 **인플레이션** 이라고 명명되고 있다.

무의 흔들림

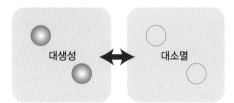

물질은 대생성과 대소멸을 반복하고 있어, 미크로의 세계에는 완전한 무는 없다.

비렌켄에 의한다(무로부터 우주 탄생)

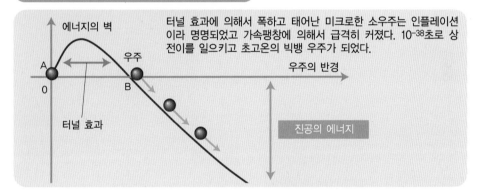

터널 효과에 의해서 폭하고 태어난 미크로한 소우주는 인플레이션 이라 명명되었고 가속팽창에 의해서 급격히 커졌다. 10^{-38}초로 상전이를 일으키고 초고온의 빅뱅 우주가 되었다.

❯ 진공의 상전이

우주의 초기에 급격한 가속팽창이 있었다고 하는 우주론을 **인플레이션이론**이라고 한다. 진공의 에너지에 의해서 인플레이션을 일으켰던 우주는 우주탄생 후 10^{-38}초로 상이 바뀐다. 이것은 **상전이**라고 불리는 현상으로 물에서 얼음으로 같이 「상」이 바뀌는 현상이다. 물은 얼음이 될 때 잠열(응축열)을 낸다. 우주의 상전이로 진공의 에너지의 일부가 열에너지로 바뀐다. 우주의 상전이로 진공의 에너지의 일부가 열에너지로 바뀐다. 여기가 빅뱅의 시작이며, 초고온인 것은 이 열에너지 때문이라고 한다.

진공의 상전이

● Tip ● • 인플레이션 이론에는 크게 세가지가 있다. 상전이를 사용한 것은 도쿄대학의 사토 우 카츠히코에 의해서이다.
  • 빅뱅을 일으킨 우주는 직경 10센티, 그레이프 후르츠 정도의 크기라고 한다.

끝없는 우주

Key Word 허수시간 가설　우주 초기의 시간을 허수시간이라고 한다면 어느 한점에 모든 물질이 집중하는 특이점의 문제를 회피할 수 있다고 하는 가설

❯ 호킹과 펜로즈의 특이점 문제

특이점에서는 물질과 에너지의 양이 무한대를 나타내고 모든 물리법칙이 적용할 수 없게 된다. 그래서 특이점의 존재는 매우 난감하다.

1970년에 이 특이점 문제에 본격적으로 매달린 사람이 **호킹**과 **펜로즈**였다. 두사람은 양자론을 포함하지 않는 빅뱅이론으로 생각하는 한 이 대문제가 물리학에 분명히 위배된다는 것을 엄밀하게 나타냈다.

❯ 「허수」시간에서의 시작

하지만 13년 뒤, 호킹과 캘리포니아 주립대학의 제임스 허틀은 양자론을 고려하여 어느 특별한 아이디어

빅뱅 이론의 우주

미크로한 세계의 양자론을 고려하지 않으면 빅뱅이론에서는 물리법칙이 전혀 성립되지 않는 특이점이 생겨난다.

를 도입하면 특이점이란 난해한 질문이 해결 가능하다는 것을 표명했다. 우주의 시작에 있어서의 시간이 「허수」라고 한다면 특이점은 나타나지 않는다는 것이다. 이 가설은 **허수시간가설**이라고 명명되었다.

허수란 곱하면 −1이 되는 수로 −1이나, i라고 쓴다. 허수로 나타나는 시간은 실수의 시간에 길들여져 있는 우리에게는 상상도 할 수 없지만, 우주의 초기에는 있을 수 있다는 것이다.

빅뱅이론에서는 우주의 시작이 원추의 정점(특이점)이 된다. 하지만 「허수시간」을 쓰면 시간은 구면처럼 매끄러운 곡면의 1점이 된다(P167 아래그림). 매끄러운 곡면이라면 시작의 1점의 성질은 다른 부분의 점과 별로 다르지 않다. 시작이라고 하는 의미에서는 특별해도 그 점이 갖는 성질은 다른 점과 구별 할 수 없다. 즉 특이점이 존재할 수 없으면 우주의 시작에도 물리법칙이 적용될 수 있는 것이다.

허수시간을 빠져 나왔을 때, 인플레이션을 일으키는 소우주가 생겨났다. 비렌켄(P164)도 터널 안의 우주의 시간은 마치 허수처럼 처신한다고 말하고 있다. 호킹에 의한 특이점 없는 「**끝없는 우주**」의 아이디어에 의해 우주의 시작 이론은 특이점 문제를 일단 극복하였다.

● Tip ●　우주의 시작에는 인류가 아직 발견하지 못한 무거운 소립자의 세계가 있었다고 예측되고 있다.

▶ 궁극적인 시작은 아직 해결되지 않았다

인플레이션 이론(P165)과 빅뱅이론을 연결한 우주론은 실제의 관측결과와도 잘 맞아서 우주의 **표준이론**이 되었다. 표준이론이란 많은 과학자가 틀리지 않았다고 생각하고 있는 이론을 말한다.

다만 허수시간 가설에 대해서는 아직 증명방법이 발견되지 않았다. 우주의 궁극적인 시작에 대해서는 아직 잘 알고 있지 못하다는 것이 실상이다.

비렌켄의 우주탄생과 허수시간

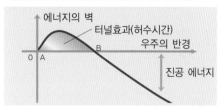

알렉산더 비렌켄에 의한 「무에서의 우주탄생」에서는 반경=0인 점에서 얼마의 크기를 갖은 점B 사이에 우주가 생성된다. 이 사이는 터널효과에 의한 것으로 그 시간의 흐름은 마치 허수시간과 같다고 한다.

허수시간과 우주의 진화

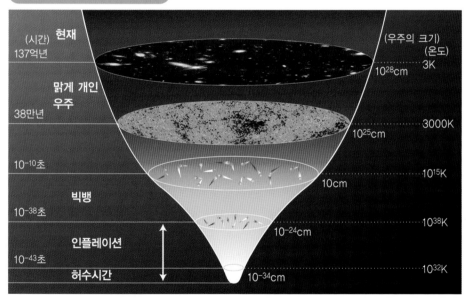

구상의 점은 전부 같다

구상에서는 점 α도 점 β도 구별할 수가 없다.

호킹은 물리법칙이 아무것도 성립하지 않게 되는 특이점을 피하기 위하여 우주의 시작이 허수시간에서부터 시작되었다고 했다. 그렇게 하면 정점은 없어지고 끝은 둥글게 된다. 둥글고 매끄러운 면에서는 뾰족한 점이 없다. 둥근 구형체의 α점과 다른 β점은 형체로서 구별할 수가 없는 것이다.

● Tip ● 호킹은 30년째 근위축성측색경화증이라고 하는 난치병을 앓고 있으면서도 정력적으로 연구를 계속하고 있다.

Section **6**

우주를 지배하는 「4가지의 힘」

Key Word | 일반상대성이론   물질의 주위에서 공간이 비틀어지고 그 비틀어짐을 따라서 물질이 운동한다고 하는 중력이론.

❯ 우주는 4개의 힘이 지배한다

우주탄생에서 38만년 후까지의 세계는 현재의 기술로는 관측이 불가능하다. 우리들은 이론으로서 만 그 모양을 알 수밖에 없다. 하지만 우주 초기의 모습은 이론에 의해 잘 묘사하기가 어렵다. 그 이유는 미크로의 세계를 설명한 **양자론**과 마크로의 세계를 설명한 **일반상대성이론**(중력이론)을 통일한 **양자중력이론**이 실은 아직까지 완전하게 정리된 것이 아니기 때문이다. 여기까지 보아 온 비렌켄이나 호킹의 우주론도 양자중력이론이지만 전체적인 상을 묘사하고 있지는 않다. 이 이론이 완성된다면 우주의 시작을 알 수 있는 것이다. 여기에서 이 이후에는 중력만 보지말고 우주에 존재하는 「4개의 힘」을 양자론을 이용하여 한꺼번에 통일시킨다고 하는 색다른 접근 방법을 써보자.

「4개의 힘(상호작용)」이란 중력, 전자기력, 약한 힘, 강한 힘이라 불리는 것이다. 이 4개의 힘이 우주의 모든 물질의 작용과 구조를 지배하고 있다고 생각할 수 있다. 실로 이 4개의 힘은 우주의 진화와 함께 1개의 힘에서 곁가지처럼 분리되었다는 것이다. 우주의 진화는 물질의 진화이고 힘의 진화이기도 하다. 힘의 통일을 안다는 것은 우주 초기도 포함한 우주의 모습에 대해 아는 것도 된다. 우선 이런 힘이 어떤 것인가를 소개하겠다.

❯ 마크로한 세계의 힘

중력은 모든 물체가 갖는 인력으로 도달거리에 한계가 없다. 현재 발견되고 있는 모든 소립자에 관한 힘은 중력뿐이다. 다른 3개의 힘은 제 각각의 성질을 갖는 소립자에만 작용한다.

전자기력은 전자 등 하중을 갖는 소립자에 작용한다. 전자기력도 도달거리는 무한대다. 즉 마크로한 세계의 힘이다.

우주론의 2개의 바퀴

양자론과 일반상대성이론이 잘 맞물려 양자중력이론이 완성되면 우주의 시작을 알 수 있다.

우주를 지배하는 4개의 힘

⟩ 미크로한 세계의 힘

남은 강한 힘과 약한 힘은 원자핵(P160) 안과 같은 매우 좁은 범위에서만 작용한다. 미크로한 세계의 힘이다. **약한힘**은 소립자의 일종, **쿼크** 와 **렙톤**(P161)과 같은 사이에서 작용하는 미약한 힘으로 원자핵 붕괴 등을 일으킨다. 예를들어 약한 힘이 중성자의 다운 쿼크를 업 쿼크로 바꿈으로써 중성자는 양자로 변하고 원자핵을 변화시킨다. 이 반응을 **베타붕괴**라고 한다.

강한 힘은 쿼크끼리를 묶어주고 있는 힘이다. 예를 들어 양자에서는 업 쿼크 2개와 다운 쿼크 1개를 결합한다. 전자가 전하로 전자기력을 느끼듯이 쿼크는 **색짐**이라 불리는 3종류의 컬러(빨강, 파랑, 녹색)의 어느 쪽인가를 갖고 강한 힘으로 서로 당긴다. 물질을 만들고 있는 소립자는 렙톤(전자의 일종)과 쿼크지만 강한 힘은 색짐을 갖는 쿼크에만 작용한다.

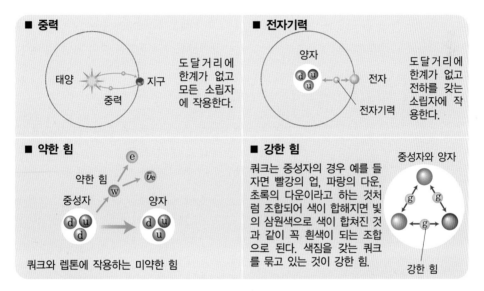

물질을 구성하는 입자에는 전하가 1e만 틀린 2개의 소립자로 되는 쌍이 있다. 예를 들어 다운은 1/3e를, 업은 2/3의 전하를 갖는다. 발견되고 있는 모든 소립자는 그 성질에 따라 제 1세대부터 제 3세대라 불리는 그룹으로 분류된다.

물질입자의 종류와 전하	제1세대	제2세대	제3세대
쿼크	ⓤ ⓤ ⓤ 업 2/3e	ⓒ ⓒ ⓒ 참 2/3e	ⓣ ⓣ ⓣ 톱 2/3e
	ⓓ ⓓ ⓓ 다운 −1/3e	ⓢ ⓢ ⓢ 스트레인지 −1/3e	ⓑ ⓑ ⓑ 보텀 −1/3e
렙톤	υe 전자 뉴트리노 0e	υμ 뮤 뉴트리노 0e	υτ 다운 뉴트리노 0e
	전자 −1e	μ 뮤 −1e	τ 다운 −1e

● **Tip** ● • 색짐의 색은 실제의 색이 아닌 빛의 삼원색에 비교하여 붙여진 명칭.
• 세대가 3대 있다는 것을 예언한 것은 일본인 고바야시와 마쓰가와이다.

전약력과 우주

와인버그-살람이론　히그스로 불리는 입자의 존재를 가정해 전자기적 상호작용과 약한상호작용을 통일한 이론을 말한다. 1967년에 발표되었다.

❯ 입자의 상호작용이 「힘」이다.

우주의 초기를 찾기 위해서 필요한 우주의 힘의 통일은, 도대체 어떻게 생각 되어지고 있는 것일까. 양자론에서는 힘(상호작용)은 각각 미세한 입자에 의해서 거래되고 있다고 생각한다. 4개의 힘은 모두 힘을 매개하는 입자의 교환으로 일한다(아래 그림).

각각의 힘을 매개하는 입자를 보자. 강한 힘(강한 상호작용)은 **글루온**(g), 전자기력은 **광자**(γ), 약한 힘(약한상호작용)은 **위크보손**(W 보손, Z 보손), 중력은 **중력자**(G : 그래비톤)라고 하는 입자의 수수에 의한다.

❯ 와인버그 · 살람이론

힘을 통일하는 이론의 발견은 우주의 진화를 거슬러 올라가듯이 행해져 왔다. 먼저 전자기력과 약한 힘이 1967년 스티븐 와인버그와 압두스 살람에 의해서 통일 되었다. 두 개의 힘을 합쳐 **전약력**이라 불리는 통일된 이론을 **와인버그 – 살람이론**이라고 말한다.

지금부터 아득한 옛날 우주의 온도가 1000조도 이상이었던 무렵, 약한 힘을 전하는 위크보손의 질량은 제로로, 전자기력을 전하는 광자와의 구별이 되지 않았다. 즉, 약한 힘과 전자기력의 구별이 되

힘을 매개하는 입자

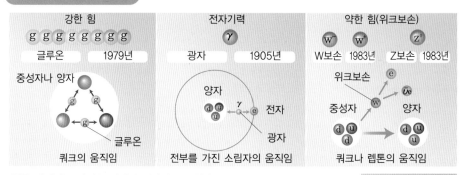

힘을 매개하는 입자를 게이지 입자라고도 한다. 쿼크 같은 종류에는 색하에 의해서 강한 힘이 움직이지만 그 강한 힘을 매개하는 입자 글루온도 색라를 갖고 있다. 히그스 입자는 와인버그 – 살람이론으로 존재가 예언된 입자로 미발견. 연호는 각각의 입자의 발견한 해, 혹은 명명된 해.

지 않았다고 하는 것이다.

　와인버그 살람 이론에서는 **히그스**라고 불리는 입자의 존재를 가정한다. 히그스는 1000조도 이상에서는 자유롭게 운동하고 있지만, '우주가 팽창하고, 온도가 그 이상에 되면 응집해서 공간을 메운다. 이것이 **진공의 상전이**라고 불리는 현상이다. 온도가 내려가면 물이 기체에서 액체로 변하듯이 히그스도 「상」을 바꿔 응집하는 것이다. 히그스가 응집한 장소에서는 광자만 질량을 가지지 않고 자유롭게 날아다닐 수 있지만, 위크보손은 응집한 히그스에 진행을 방해하고 좁은 범위 밖에 이동 할 수 없게 된다. 힘을 매개하는 두개의 입자 사이에 이렇게 차이가 생기고 힘에 구별이 붙게 되었다.

　실은 이 때의 상전이를 마지막으로 4개의 힘은 모두 분리하게 되지만, 우주는 아직 너무 뜨겁고, 에너지가 높았다. 강한 힘은 온도가 높을수록 힘의 효능이 약하다. 그 때문에, 약한 힘이 분리됐다고 계산된 10^{-10}초 후에는 아직 쿼크끼리 강한 힘으로 결합될 수 없었다.

진공의 상전이

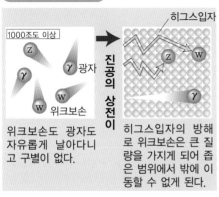

위크보손도 광자도 자유롭게 날아다니고 구별이 없다.

히그스입자의 방해로 위크보손은 큰 질량을 가지게 되어 좁은 범위에서 밖에 이동할 수 없게 된다.

힘의 통일과 시간

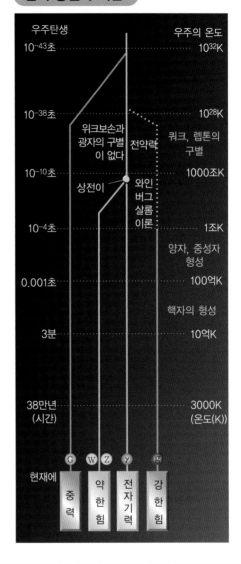

●Tip● • 기체로부터 액체, 액체로부터 고체와 「상」이 바뀌는 것을 화학의 말로 상전이라고 한다.
　　　　• 와인버그 – 살람이론은 글래드쇼 와인버그 살람 이론이라고도 한다.

Section 8 대통일 이론과 우주

 대통일 이론 전약력(전자기력과 약한 힘)과 강한 힘을 통일 한 것을 대통일 이론이라고 부른다. 아직도 미완성.

🔸 10^{28}도로 전약력과 강한 힘의 구별이 불가능에

우주를 지배하는 「4개의 힘」을 통일하고 우주진화를 이해하기 위해 다음의 스텝으로서 강한 힘과 전약력을 통일하는 시도가 있다. 이 이론이 완성 되려면 우주탄생 후 10^{-38}초 정도까지 이해가 진행 되게 된다. 이 **대통일 이론**은 아직 확립 되어 있지 않지만 연구는 진행되고 있다. 대통일 이론의 후보 인 가장 단순한 SU(5) 라고 불리는 이론은 어떻게 통일 할 수 있다고 생각하는 것일까.

쿼크를 움직이는 것은 강한 힘과 전약력. 한편, 렙톤은 **전약력**만 움직인다. 양자의 구별은 명쾌하 다. 그런데 온도가 10^{28}도 이상이라는 고온에서는 쿼크와 렙톤의 입자의 사이를 왕래하고 있는 힘을 매개하는 입자(X보손과 Y보손)가 빈번히 교환되기 위해, 양자를 구별할 수 없게 된다는 것이다. 그 러면 전약력과 강한 힘의 구별도 없어진다. 대통일 이론의 후보로 SU(5)는 이 X, Y 보손이라고 하는 입자의 존재를 예언하고 전약력과 강한 힘의 구별이 고온에서는 없어지게 된다는 것이다.

이 대통일은 우주탄생 후 10^{-38}초 때로 역시 **진공의 상전이**가 관계 되고 있다. 이것도 입자의 조업 이다. 다만, 와인버그 – 살람 이론에 등장하는 히그스와 이 히그스와는 다른 것이다(힘을 통일하는 이야기에는 다양한 히그스가 등장한다).

진공의 상전이

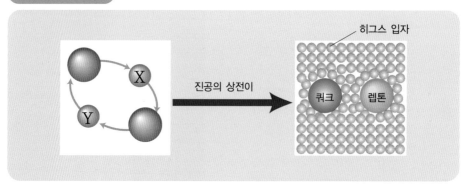

10^{28}도 이상에서는 X, Y 보손이 입자의 사이를 빈번히 왕래하고 쿼크와 렙톤의 구별이 되지 않는다. 진 공의 상전이에 의하면 히그스 입자가 장을 메우면 X, Y보손은 움직일 수 없게 되어 쿼크와 렙톤에 구 별이 되게 된다.

● **Tip** ● CP 대칭성의 파괴는 쿼크가 6개 있어야 비로소 성립된다는 것을 일본의 고바야시, 마스가와가 나타냈다.

자유 운동을 하고 있던 이 히그스는 10^{28}도 이하(10^{-38}초)로 상전이해서 장을 메운다. 그러면 X, Y보손은 히그스가 만드는 장소에 저항을 받아 막대한 질량을 가지게 된다(히그스는 질량을 공급하는 입자로 불린다).

막대한 질량을 가진 X, Y 보손은 입자간을 쉽게 이동할 수 없게 해서 쿼크와 렙톤의 구별이 되는 것이다. 덧붙여서 빅뱅은 이 직후부터 시작되었다고 생각하고 있다.

강한 힘이 통일되기 전은 인플레이션으로 한창이었다. 이 즈음 입자와 반입자는 등량이 있었다고 생각 된다. 그런데 10^{28}도까지 온도를 내리면 입자와 반입자의 양에 얼마 안 되는 차이가 생기기 시작한다. 우주에 **CP 대칭성의 파괴**라고 불리는 반입자 보다 입자를 많이 만드는 성질이 있기 때문이다. 반입자로 된 반물질이 우리들의 우주에서는 거의 볼 수 없고, 물질 우세인 것은 이 성질 때문이라고 생각되고 있다.

힘의 통일과 우주

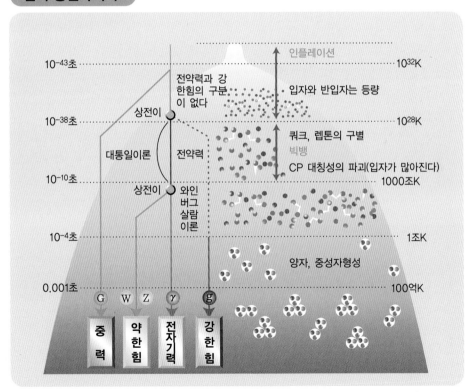

우주가 팽창하고, 온도가 10^{28}K까지 내려가면 진공의 상전이가 일어나 강한 힘과 전약력을 매개하는 힘의 입자가 구별할 수 있게 된다. 강한 힘은 쿼크에 움직이는 힘 때문에 쿼크와 렙톤이 구별이 가능하게 된다.

● Tip ● 10^{-43}초는 계산으로 도출되는 최소의 기본단위가 되는 시간. 프랑크 시간이라고 부른다.

Section 9
4개의 힘의 통일

초대통일이론 4개의 힘을 통일한 이론. 바꾸어 말하면, 대통일이론에 중력을 융합시킨 것. 미완성. 유력 후보에 M이론이 있다.

❯ 대통일이론을 카미오칸데가 부정

오랫동안 물리학자는 4개의 힘을 통일하는 유일한 궁극 이론을 찾아 왔다. 그러나 그 전에 큰 벽이 가로놓여 있었다.

전약력과 강한 힘을 통일하는 대통일 이론에는 SU(5)(P172)과 그 밖에 SO(10)이라고 하는 두 개의 유력후보가 있다. 하지만 이것들을 예언한 양자의 수명(양자가 붕괴해 다른 소립자로 변화할 때까지의 평균 시간)은 슈퍼 카미오칸데의 실측치(10^{32} 년 이상)보다 짧고 이런 이론은 부정되어 버렸다.

다음으로 이러한 이론에 초대칭성이라고 하는 새로운 아이디어를 더한 **초대칭성대통일 이론**이 태어났다. 이 이론은 모든 입자에 스핀(P162)이 1/2 다른 입자의 존재를 예언하고 이것에 의해서 양자의 수명은 늘어난다. 하지만 그 수명도 실측치 보다 짧고 3개의 힘을 통일하는 시도는 벽에 부딪쳤다.

❯ 떨리는 「끈」이론

한편, 4개의 힘을 단숨에 통일할 가능성을 가진 다른 이론의 흐름이 60년대에 의외의 곳에서 신생하고 있었다. 물질의 최소단위를 입자가 아니고 **끈** 같은 것이 존재 한다고 파악된 **끈 이론(현이론)**이다. 양자의 무리가 200종류 이상 출현했을 때에 그 분류용으로 고안 되었지만 현실의 소립자의 세계를 설명하지 못하고 잊혀지고 있었다.

초대칭성의 세계

		입자				반입자				게이지 입자				
		제1세대	제2세대	제3세대		제1세대	제2세대	제3세대						
쿼크	스핀	업 ⓤⓤⓤ 1/2	참 ⓒⓒⓒ 1/2	톱 ⓣⓣⓣ 1/2	쿼크	반업 ⓤⓤⓤ 1/2	반참 ⓒⓒⓒ 1/2	반톱 ⓣⓣⓣ 1/2	게이지보손	광자 γ 1	글루온 g 1	보손 플러스 ⓦ 1	보손 ⓩ 1	중력자 (그래비톤) Ⓖ 2
	스핀	다운 ⓓⓓⓓ 1/2	스트레인지 ⓢⓢⓢ 1/2	보텀 ⓑⓑⓑ 1/2		반다운 ⓓⓓⓓ 1/2	반스트레인지 ⓢⓢⓢ 1/2	반보텀 ⓑⓑⓑ 1/2						
렙톤	스핀	전자 뉴트리노 ⓥₑ 1/2	뮤 뉴트리노 ⓥμ 1/2	타우 뉴트리노 ⓥτ 1/2	렙톤	반전자 뉴트리노 ⓥₑ 1/2	반뮤 뉴트리노 ⓥμ 1/2	반타우 뉴트리노 ⓥτ 1/2	반게이지보손	광자 γ 1	글루온 g 1	보손 플러스 ⓦ 1	보손 ⓩ 1	중력자 (그래비톤) Ⓖ 2
	스핀	전자 e⁻ 1/2	뮤 μ⁻ 1/2	타우 τ⁻ 1/2		반전자 e⁺ 1/2	반뮤 μ⁺ 1/2	반타우 τ⁺ 1/2						

●**Tip**● 펜 로즈는 양자 중력 이론이 완성하면 히트의 의식을 해명할 수 있을지도 모른다고 말했다.

그런데 1980년대에 브라이언 그린 등은 끈 이론에 감춰진 뜻밖의 사실을 눈치챈다. 스핀2의 입자를 식 안에서 찾아냈던 것이다.

스핀 2는 알려져 있는 소립자 안에서 중력자만 가지는 성질이다. 끈 이론은 중력의 새로운 이론으로서 다시 생겨날 가능성이 생겼다. 다만, 이 때 우리들이 사는 우주를 공간(3차원)＋시간(1차원)의 합계 4차원으로 생각하면 안되고, 10 차원의 시공이라고 생각하고 한층 더 초대칭성을 짜 넣은 초끈이론이라면 4개의 힘을 통일할 전망이 깊어졌다.

그런데 1990년대에 들어와 초대칭성을 짜 넣을 수 있는 방법이 다수가 있어 결국 **초끈이론**은 무려 5개나 탄생했다. 유일의 궁극 이론을 요구해 온 과학자들은 많이 낙담했다.

❱ M이론에는 증명 방법이 아직 없다

밝은 빛이 비친 것은 1995년. 에드워드 위튼이 발표한 **M이론**은 초끈이론에 1차원 더해 시공을 11차원이라고 한 것으로 5개의 초끈이론의 통일이 성공했다. 5개의 초끈이론은, M이론이 가진 다른 측면에 지나지 않는다고 한다.

M이론은 중력을 포함하고 또, 수학적으로 아름다운 궁극의 **초대통일이론**일까 라고 기대되고 있다. 다만, 유감스럽지만 그것을 실증하는 방법은 아직 발견되지 않았다.

끈 이론

끈이론에서는 물질의 최소단위를 입자가 아니라 진동하는 「끈」이라고 파악된다. 끈의 진동 패턴으로 성질이 정해진다.

M이론

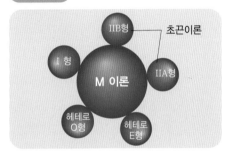

5개로 탄생한 초끈이론은 M이론이 가진 다른 측면을 보고 있을 뿐이라고 생각할 수 있다.

입자				반입자				보손의 초대칭성 파트너				
스칼라 쿼크		업 $\tilde{u}$ $\tilde{u}$ $\tilde{u}$	참 $\tilde{c}$ $\tilde{c}$ $\tilde{c}$	톱 $\tilde{t}$ $\tilde{t}$ $\tilde{t}$	**반스칼라 쿼크**	반업 $\tilde{u}$ $\tilde{u}$ $\tilde{u}$	반참 $\tilde{c}$ $\tilde{c}$ $\tilde{c}$	반톱 $\tilde{t}$ $\tilde{t}$ $\tilde{t}$	**구지보손의 초대칭성 파트너**	포티노 $\tilde{\gamma}$ 전자기력 1/2	그루이노 $\tilde{g}$ 강한 힘 1/2	위노 $\widetilde{w^+}$ 약한 힘 1/2	즈노 $\widetilde{z^0}$ 약한 힘 1/2	그래비티노 $\tilde{G}$ 중력 3/2
	스핀	0	0	0		0	0	0						
		다운 $\tilde{d}$ $\tilde{d}$ $\tilde{d}$	스트레인지 $\tilde{s}$ $\tilde{s}$ $\tilde{s}$	보텀 $\tilde{b}$ $\tilde{b}$ $\tilde{b}$		반다운 $\tilde{d}$ $\tilde{d}$ $\tilde{d}$	반스트레인지 $\tilde{s}$ $\tilde{s}$ $\tilde{s}$	반보텀 $\tilde{b}$ $\tilde{b}$ $\tilde{b}$						
	스핀	0	0	0		0	0	0						
스칼라 렙톤		전자 뉴트리노 $\tilde{\nu}$	뮤 뉴트리노 $\tilde{\nu}_\mu$	타우 뉴트리노 $\tilde{\nu}_\tau$	**반스칼라 렙톤**	반전자 뉴트리노 $\tilde{\nu}$	반뮤 뉴트리노 $\tilde{\nu}_\mu$	반타우 뉴트리노 $\tilde{\nu}_\tau$	**반구지보손의 초대칭성 파트너**	반포티노 $\tilde{\gamma}$ 1/2	반그루이노 $\tilde{g}$ 1/2	반위노 $\widetilde{w}$ 1/2	반즈노 $\widetilde{z^0}$ 1/2	반그래비티노 $\tilde{G}$ 3/2
	스핀	0	0	0		0	0	0						
		전자 $\tilde{e}^-$	뮤 $\tilde{\mu}^+$	타우 $\tilde{\tau}^+$		반전자 $\tilde{e}^+$	반뮤 $\tilde{\mu}^+$	반타우 $\tilde{\tau}^+$						
	스핀	0	0	0		0	0	0						

● **Tip** ● 끈이론은 일본의 난부 요이치로나 카브리에레 베네치아노에 의해서 생각되었다.

브레인 우주

> 브레인 월드　우리가 사는 우주는 고차원의 시공에 떠오르는 복수의 3차원적인 막의 1장이라는 설.

고차원우주에 떠오르는 우리의 브레인 우주

　5개의 **초끈 이론**을 포함한 **M이론**은 새로운 우주 모델을 제안한다. 우리들이 사는 우주는 1장의 막이며, 이 **막(브레인) 우주**는 4차원보다 고차원의 시공의 안을 떠돌아 다니고 있다는 것이다. 이 설을 **브레인 월드**라고 한다. 상당히 새로운 문제로, 검증 방법도 아직 모르지만 매우 주목 받고 있는 우주론이다.

　브레인 월드에는 고차원의 시공이 존재한다. 초끈 이론에는 10차원이 M이론에는 11차원이 등장하기 때문이다. 이러한 고차원은 수학적으로 이끌어 내었다. 우주를 D차원과 가정해 가장 수학적으로 아름답고 단순한 식이 되는 값(D)을 구하면, 초끈 이론(P172)에서는 10차원이다. 게다가 M이론에서는 1차원 더한 것으로 5개의 초끈 이론을 모두 내포 할 수 있었던 것이다.

　그럼 우리가 익숙해지고 있는 이 공간과 시간의 합계 4차원 이외의 시공은 도대체 어떻게 되어 있을 것인가. 물리학자들은 그러한 잉여 차원이 미크로에 접어 넣어져서 우리의 눈에 보이는 것은 없다고 한다. 1장의 종이를 상상해 본다. 이것에는 세로와 가로의 2차원이 있다. 하지만 이 종이를 말아 통으로 하면 그 직경이 한없고 작으면 단순한 1본의 선, 즉 1차원에 느껴진다. 이와 같이 차원의 「콤팩트화」가 일어나고 있다고 생각한다.

우주는 순환한다?!

　브레인 월드에서는 다양한 우주 탄생의 모습이 제안 되고 있다. 예를 들어 우주의 시작은 고차원의 시공과 함께 무로부터 막 우주가 탄생하는 것 등이 있다고 한다.

　수많은 브레인 월드의 가설로부터 지금까지와 전혀 다른 우주의 진화도 제안되었다. 그 하나 **에크피로틱 우주 모델**을 보자.

　우리의 우주 외에도 막이 있어 2장의 막 우주는 **진공의 에너지**에 의해서 서로 당겨서 충돌한다. 이 때 막 우주의 운동 에너지가 물질 등으로 변환된다. 이것이 **빅뱅**이라고 한다. 여기서부터 막 우주는 튀어올라 우주는 완만한 팽창을 시작한다. 2장의 우주가 너무 떨어지면 막과 막 사이에 인력이 작용한다. 속도는 늦어지고 물질도 희박하게 된다. 머지않아 막 우주는 이동을 정지, 이번은 다시 서로 당기기 시작한다. 이렇게 우주는 순환한다는 것이다.

　이러한 우주론은 제안 된 바로 직후이다. 이제부터 관측이나 실험과 어떻게 결합되어 가는지 향후가 기다려진다.

에크피로틱우주

M이론으로부터 이끌려 나온 순환하는 우주의 모습. 우리의 우주는 1장의 막이며, 다른 우주의 막과 부딪치는 것으로 빅뱅이 일어난다.

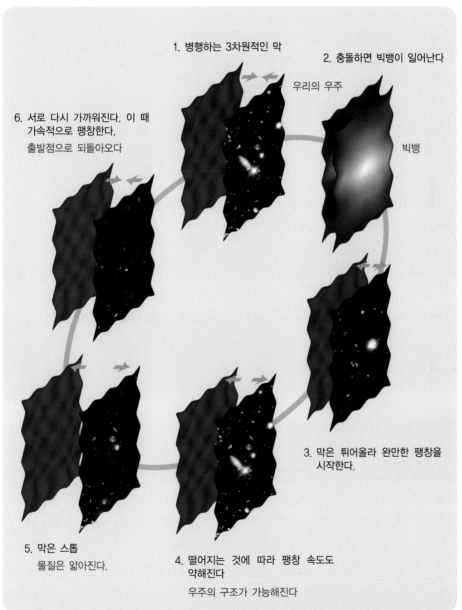

1. 병행하는 3차원적인 막

2. 충돌하면 빅뱅이 일어난다

우리의 우주

6. 서로 다시 가까워진다. 이 때 가속적으로 팽창한다.
   출발점으로 되돌아오다

빅뱅

3. 막은 튀어올라 완만한 팽창을 시작한다.

5. 막은 스톱
   물질은 얇아진다.

4. 떨어지는 것에 따라 팽창 속도도 약해진다
   우주의 구조가 가능해진다

● **Tip** ● • 에크피로틱 우주의 이름에는, 불꽃(빅뱅)에 의한 재생이라는 의미가 있다.
  • 잉여 차원이 존재한다는 증거는 아직 없다. 다만, 물리학자는 고차원 이론에 아름다운 대칭성이 있다고 믿고 있다.

Section 1 초기 우주의 모습

> **Key Word** 무 고전물리학은 아무것도 없는 상태를 진공, 무라고 했지만 양자론의 등장으로 진공이라도 입자의 대생성, 대소멸 등이 있는 것을 알 수 있어, 완전한 무는 부정되었다.

❯ 미크로한 세계의 무는 흔들리다

이제까지 보아 온 우주 탄생의 모습을 처음부터 한번 더 복습 해 보자. 우주는 무에서부터 시작했다. 양자론에는 완전한 무는 존재하지 않는다. 미크로한 세계의 무는 항상 흔들리고 있다.

호킹에 의하면 허수 시간에 의해서, **비렌켄**에 의하면 **터널 효과**에 의해서, 소우주가 가진 크기로 폭하고 태어나 그 후, **진공의 에너지**에 의해서 가속 팽창인 **인플레이션**을 일으켰다. 10^{-43}초 후 부근으로 중력이 다른 3개의 힘이라고 알 수 있다.

우주는 팽창하는 것에 따라 온도가 내려간다. 우주탄생으로부터 10^{-38}초 후, 10^{28}도가 되면 히그스 입자에 의해 상전이가 일어나고, 강한 힘과 전약력이 분리되고, 쿼크와 렙톤의 구별이 되게 되었다. 그직후 진공의 에너지의 일부가 열에너지로 변하고 초고온 초고밀도의 **빅뱅우주**가 되었던 것이다.

초고온에서는 소립자는 자유롭게 고속으로 운동하고 있고 그 집합체로서의 물질은 만들 수 없다. 즉, 소립자만의 세계가 거기에는 있었다. 강한 힘이 분리해, 처음 렙톤과 쿼크의 구별이 되게 됐을 때와 같은 무렵, **CP 대칭성의 파괴**라고 하는 우주의 성질에 의해서 반입자 보다 입자의 쪽이 대부분이었다. 여기서 반물질보다 물질 우세라고 하는 현재의 세계를 방향 지을 수 있었던 것이다.

❯ 이렇게 우주는 맑게 개었다

우주탄생 후 10^{-10}초에 온도가 1000조도까지 내려가고 전약력에서 전자기력이 독립해 4개의 힘의 모든 것이 나뉘었다. 하지만 우주의 온도가 너무 높아서 소립자는 한 덩어리가 될 수 없다. 우주탄생의 0.0001초 후 온도가 1조도가 되면 여기에 겨우 쿼크가 강한 힘으로 모여 양자나 중성자 등의 원자핵을 구성하는 **핵자**가 생기게 되었다. 그러나 아직 전자가 핵자의 전자기력에 잡힐 만큼 우주 온도는 낮지 않았다. 자유롭게 날아다니는 전자에 의해 광자는 산란되고 전방을 방해하였다.

우주는 빛이 산란되고 먼 곳까지 닿지 않는 "흐린" 세계였던 것이다.

약 38만년 후 우주의 온도가 3000K가 되어 겨우 원자핵에 전자가 잡히게 되어 광자가 똑바로 진행하게 된다. 이렇게 해서 먼 곳까지 빛이 닿게 되었다. 이것이 **우주의 맑게 개임**이다. 이렇게 우리에게 있어서 친숙함이 있는 우주가 되었던 것이다.

그런데 이론의 발전과는 별도로 현실의 우주는 최신 기술에 의해서 어떻게 관측되고 있는 것일까. 그것을 다음에서 보고 가자.

힘의 통일과 우주의 타임스케일

우주탄생 후 38만년 보다 전의 우주의 모습은 관측 불가능하기 때문에 이론에 의해서 알 수 밖에 없다. 우주의 초기를 알 수 있는 이론의 접근은 1개에 우주에 있는 4개의 힘의 통일이 있다. 우주 탄생 시, 1개였던 힘은 우주가 팽창해 온도가 내려가는 동시에 분리되었다. 힘의 분리에 따라 우주를 구성하는 물질의 성질도 변화해 갔다.

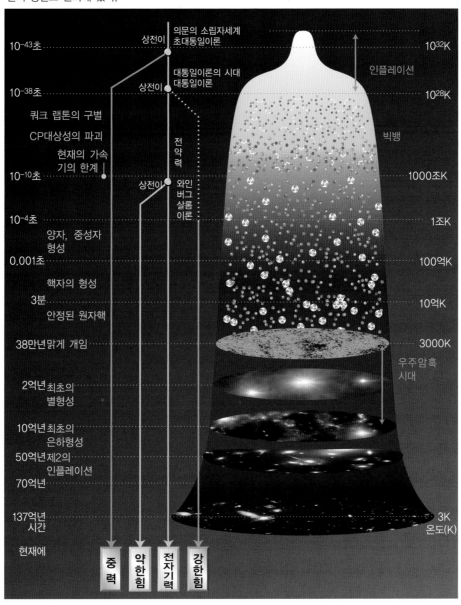

Chapter
4

● Tip ● • LHC 가속기는 2007년 완성 예정으로, 히그스 입자나 초대칭성 입자의 발견을 목표로 하고 있다.
• 우주가 맑게 개일 때의 에너지가 TV프로 종료 후의 사풍 속에 1%포함되어 있다. 안테나가 그 에너지를 파악하고 있다.

Section 12 우주배경방사

Key Word

우주배경방사　　빅뱅 우주의 열이 우주팽창에 의해 지연되어져 약 3K에 대응하는 열파로부터의 전파로서 하늘 전체로부터 관측된다. 그 전파의 것.

가모프의 예언과 빅뱅우주의 자취

　물리학에 있어서 이론의 올바름은 관측이나 실험으로 확인되어 처음 증명된다. 여기에서는 관측을 주로 보고 가자.

　우주가 관측 가능하게 된 것은 **우주가 맑게 개인**(P178) 이후가 된다. 그 이전은 원자핵으로부터 분리된 자유전자의 움직임에 방해 받고, 광자는 직진 하지 못하고 산란해 버린다. 빛은 먼 곳까지 닿지 못하고 흐린 것 같은 상태다. 이 운천이 맑게 개이는 것이 우주 탄생의 약 38만년 후.

　이 때의 빛을 관측 가능하다고 빅뱅 우주를 제창 한 죠지 가모프는 예언했다. 동시에 초고온, 초고압의 빅뱅 우주의 열이 우주 팽창에 의해서 차가워져 현재는 5K(약 −267℃) 나 7K(약 −265℃)정도로 되어 있을 것이라고 가모프는 예언했던 것이다.

우주로부터의 메시지

　가모프의 예언은 우연히 실증되게 되었다. 1965년 벨 연구소에 통신위성의 연구를 하고 있던 **로버트 윌슨과 알노·벤지아스**는 통신용 안테나를 만들고 있었다. 그 안테나가 캐치 하는 전파 안에, 각도를 바꾸어도 무엇을 해도 변하지 않는 "잡음"이 있었다. 그 힘은 항상 일정하게 어디를 향해도 사라지지 않았다.

　「무엇인가는 모르지만 매우 중요한 메세지를 우주로부터 받고 있다」 라고 두 명은 느꼈다.

직진할 수 없는 빛

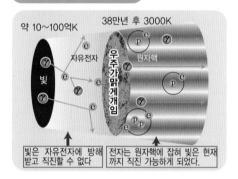

약 10~100억K　　38만년 후 3000K

자유전자　우주가 맑게 개임　원자핵　빛　e　γ　p　e

빛은 자유전자에 방해 받고 직진할 수 없다　전자는 원자핵에 잡혀 빛은 현재까지 직진 가능하게 되었다.

빅뱅우주와 우주 배경방사

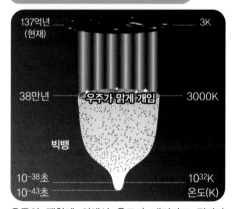

137억년 (현재)　　3K

38만년　우주가 맑게 개임　3000K

빅뱅

10^{-38}초　　10^{32}K

10^{-43}초　　온도(K)

우주의 팽창에 의해서 온도가 내려가고 전자가 원자핵에 잡혀 광자는 직진 할 수 있게 되었다. 이것이 우주가 맑게 개이는 것이다. 여기서부터 관측 가능한 시대가 찾아왔다. 위성 COBE나 위성 WMAP는 이때의 빛을 전파로 파악하고 있다.

● Tip ●　세계 명지에 있는 소립자의 가속기는 우주가 맑게 개이기 이전의 모습을 찾기 위한 것이라고도 말할 수 있다.

세기의 대발견이었다. 이 "잡음" 이야말로 빅뱅의 자취, 가모프가 예언한 열에너지가 차가워진 찌꺼기였기 때문이다. 그 전파의 에너지를 온도로 환산하면 약 3K로 가모프의 예언과 거의 일치했다. 이 빅뱅의 자취는 3K의 **우주배경방사**로 불리게 되었다.

❯ 모두 우주의 무리에서 시작했다

발견 당초 어디를 향해도 같다고 생각되고 있던 우주배경방사에 실은 작은 무리가 있는 것을 알게 된 것은 1992년 일. **위성 COBE**가 우주배경방사의 온도가 정확하게는 2.73K인 것, 또 하늘 전체를 관측한 결과 온도가 똑같지 않은 작은 무리가 있는 것 등을 밝혔던 것이다.

게다가 2001년에 쏘아 올린 전파 천문관측 **위성 WMAP**는 COBE보다 상세하게 우주배경방사를 관측했다. WMAP은 COBE의 10배의 감도, 10만분의 1정밀도의 무리까지 잴 수 있었다. 얻을 수 있는 우주배경방사의 무리는 초기 우주의 물질의 격차다. 물질이 진한 부분은 더욱더 주위의 물질을 모아 별이나 은하, 은하단(P130)을 만들었다. 작은 것으로부터 큰 것으로 우주는 진화하는 것이다.

성장하는 무리

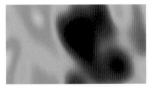

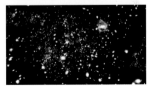

1. 현재 관측할 수 있는 가장 오래된 우주의 모습(위성 WMAP에 의한 우주배경방사)

2. 우주배경방사의 무리는 물질의 치우침을 나타낸다. 물질이 많은 곳에 더욱더 물질을 끌어 들일 수 있다.

3. 무리의 진한 곳으로부터 최초의 별이 탄생한다.

4. 많은 별이 탄생해서 은하가 생겼다.

5. 현재의 우주가 완성되었다.

위성 COBE와 위성 WMAP가 파악한 우주배경방사

COBE

WMAP

왼쪽이 위성 COBE, 오른쪽이 위성 WMAP의 파악한 것. 2개의 위성이 파악한 우주배경방사는 거의 한결같지만 극히 미소한 무리가 파악되고 있었다.

● Tip ● 우주배경방사는 휴대전화의 잡음 안에도 포함되어 있다.

^{Section}13 암흑물질

Key Word **차가운 암흑물질** 암흑물질에는 운동속도가 빠르고 뜨거운 물질과 차가운 물질의 2종류를 생각할 수 있다. 관측으로부터 우주의 암흑물질 대부분은 후자라고 생각할 수 있다.

❯ 이 우주의 90%이상이 미지의 것

위성 WMAP는 뛰어난 시력으로 다양한 발견을 했다. 그 하나가 이 우주를 구성하는 요소를 밝혀 낸 것이다. 이 우주에는 우리가 가진 현재의 기술(빛이나 전파)로 관측할 수 있는 것이 단지 4%밖에 없었던 것이다. 나머지는 모두 미지. **암흑물질(Dark Matter)**로 불리는 빛도 전파도 보내지 않는 물질이 23%, 나머지의 73%가 암흑에너지(Dark Energy). 이 암흑에너지야말로 인플레이션을 일으킨 에너지의 근원이라고 생각되고 있다.

❯ 보이지 않는 물질이 있을 것이다

암흑물질에 대해서 WMAP가 그 비율을 밝혀내기 전에 존재의 증거는 들고 있었다. 무엇보다 설득력이 있는 것은 나선은하의 회전 속도로부터 구할 수 있던 것이다. 태양계에서도 태양에 가까운 혹성만큼 빠른 공전 속도를 가지고 빠른 만큼 천천히 하고 있다. 은하의 경우도 외측으로 가는 만큼 느린 속도로 회전하고 있을 것이다. 그런데 어느 나선은하에서 조사해 보면 별의 수로부터 생각할 수 있는 질량으로 구한 회전 속도보다 은하 원반의 외측은 훨씬 빠른 스피드로 회전하고 있는 것을 알 수 있다. 이것은 눈에 보이지 않는 대량의 물질이 은하 원반의 주위를 둘러싸지 않았다고 설명할 수 없다. 이 정체 불명의 암흑 물질은 현재는 은하 주변뿐만 아니라 은하의 집단인 은하단, 우주 전체에까지 퍼져 있다고 생각되고 있다.

나선은하가 보여주는 회전 속도의 의문

나선은하의 안쪽만큼 중력이 강하기 때문에 회전속도는 빨라진다고 생각되고 있다. 그런데 실제로 측정해 보면 안쪽에서도 바깥쪽에서도 속도는 변하지 않았다. 이 관측 결과로부터 은하의 주위에는 관측할 수 없는 의문의 암흑물질이 있는 것을 알 수 있었다.

◑ 암흑물질의 후보

암흑물질에는 「뜨거운 것」과 「차가운 것」 이 후보로서 생각되고 있었다. 뜨거운 것은 그 자체의 운동 속도가 빠른 것을, 차가운 것은 늦은 것을 가리키고 있다. 하지만 현재는 우주의 23%를 차지하는 것은 거의 차가운 암흑 물질이라고 생각되고 있다. 그것은 운동 속도가 빠른 물질이라고 열에 의해서 팽창해 버려 별이나 은하를 탄생하게 하는 만큼 물질을 수축할 수 없기 때문이다.

차가운 암흑물질의 구체적인 후보로서는 액시온이라고 불린다. 강한 힘(P169)에 관계 있다고 예언 되어 있는 소립자 등도 있다. 수년전까지 뉴트리노도 그 후보였지만, 뉴트리노는 빠른 속도로 이동하고 있기 때문에 뜨거운 쪽으로 분류 되고 있다.

암흑물질이 현재 후보가 되고 있는 것의 편성일까 그렇지 않으면 완전히 다른 별도의 물질인가, 지금은 잘 모른다.

암흑물질존재의 증거

X선 관측위성 찬드라가 파악한 타원은하의 모습(좌)과 가시광선으로 파악된 같은 은하(우, NGC4555). X선으로 파악된 은하의 주위에는 1만℃의 가스가 직경 40만 광년의 가스가 찍혀 있다. 이 정도 거대한 고온 가스가 머물기 위해서는 주위에 암흑물질이 필요하다. 이 질량은 별의 전 질량의 10배 고온가스의 질량의 300배로 추정 되고 있다.

타원은하 NGC 720. 오른쪽은 가시광선, 왼쪽은 찬드라에 의한 X선 화상. X선으로 관측하면 고온 가스에 은하가 둘러 쌓여 있는 것을 알 수 있다. 빛이나 X선으로 관측 할 수 없는 물질을 Dark Matter 라고 부른다. 이 천체의 관측결과로 계산하면 NGC720에는 별이나 가스 질량의 5~10배 가 차가운 암흑물질로 존재하고 있는 것 같다.

●Tip● ・현재, 암흑 물질의 존재를 조사하는 방법은 중력을 이용할 수 밖에 없다.
・우주론 연구자는 암흑물질이 약한 힘 밖에 느끼지 못하는 가벼운 소립자는 아닐까 하고 짐작하고 있다.

Section 14 암흑에너지

Key Word 우주항 아인슈타인이 일반상대성이론의 중력방정식에 당초 덧붙여진 후에 철회한 방정식의 일부. 현재의 우주론에서는 암흑에너지로 부활한 것 같다.

❯ 우주항은 진공의 에너지이다

인플레이션 이론에서는 우주의 창성기에 **진공에너지**(P165)라고 불리는 척력이 미크로한 소우주를 급격하게 팽창시켰다고 여겨진다. 위성 WMAP는 이 에너지를 관측할 가능성이 있다.

위성 WMAP가 관측한 우주의 73%를 차지한 **암흑에너지**(Dark Energy)야말로, 우주를 팽창시키는 근원이 된 진공에너지의 가능성이 높다.

인플레이션 이론에 의하면 진공에너지는 빅뱅으로 그 일부가 열에너지로 바뀌었지만 그 대부분이 남아 우주를 오늘까지 팽창시켜 왔다고 한다.

게다가 그 73%의 암흑 에너지의 정체는 아인슈타인이 최초로 제창한 **우주항(우주 정수)**이라고 말해지고 있다.

원래 아인슈타인은 우리의 우주를 팽창도 수축도 하지 않는 **정상 우주**라고 생각하고 있었다. 일반상대성이론을 우주에 적용시키면 우주항을 더하지 않는 이상 정상 우주가 되지 않기 때문에, 당초부터 우주항을 더했던 것이다. 하지만, 그 후 허블에 의해서 우주는 팽창하고 있는 것이 발견되어 아인슈타인은 우주항을 철회. 우주항을 더한 것을 생애에 있어서의 최대의 실수였다고 스스로 말했다고 한다.

❯ 우주는 다시 가속 팽창으로 바뀌었다

1998년과 2001년에 허블 우주망원경을 사용해 행해진 연구로부터 우주는 100억년 이전의 먼 과거에는 일단 팽창을 감속시켰는데도 불구하고 50억년 전 정도부터 다시 가속 팽창을 시작했던 것이 밝혀졌다.

이 관측 결과는 물질의 중력을 이기는 척력이 없으면 설명할 수 없다. 이 사실은 암흑에너지(우주항)의 존재를 증명하는 것이다.

❯ 암흑에너지는 우주항인가?

다만, 암흑에너지가 정말로 우주항인지 어떤지는 아직 결론에는 이르지 않았다. 암흑에너지에는 그 밖에도 후보가 생각되고 있다.

우주항과 같은 일정한 값을 나타내는 것이 아니고, **퀸테센스**(그리스어로 제5의 원소, 천공의 원소)로 불리는 시간과 함께 변화하는 에너지도 있다. 퀸테센스의 근원으로서는 미지의 소립자를 들 수 있다.

우주는 가속팽창으로 바뀌었다

WFPC2 1995

WFPC2+ACS 2002

허블 우주망원경에 의해서 파악된 50억~70억년전의 Ia형 초신성이 2002년 쪽에 찍혀있다 (화살표). Ia형의 초신성은 2개의 별이 한 쌍이 된 연성계로 다른 한쪽이 백색 왜성(태양 질량 정도의 별의 말기)의 것. 이 Ia형은 원래의 밝기를 알기 위해 외관의 밝기와 비교하는 것으로 거리나 후퇴 속도를 산출할 수 있다.

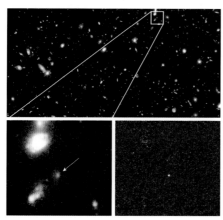

대략 100억년 전의 초신성 SN1997ff(왼쪽 아래 화살표). 오른쪽 아래 사진 1997년의 화상으로부터 1995년의 화상의 밝기를 뺀 것으로 초신성이 폭발한 부분만큼 빛나고 있다. 이 별의 관측으로부터 우주는 한때 팽창을 감속시키고 있었던 것이 밝혀져 암흑 에너지의 존재가 강하게 시사되었다.

Ia형초신성 폭발

백색왜성

우주를 구성하는 것

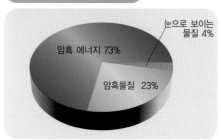

눈으로 보이는 물질 4%

암흑 에너지 73%

암흑물질 23%

Tip • 퀸테센스는 그리스 철학으로 공기, 흙, 불, 물에 이어지는 완전한 원소의 의미가 있다.
• 태양의 4배 이상의 질량의 항성이 최후에 일어난 폭발을 초신성 폭발이라고 하고 그 모습을 초신성이라고 부른다.

평탄한 우주

Key Word 우주의 곡률 시공(시간＋공간)의 곡선 상태를 나타낸 값으로 일반상대성이론으로부터 나왔다. 우주 연령이나 은하 형성, 우주의 최후 등과 밀접하게 관계한다.

❯ 일반상대성이론이 이끄는 우주의 곡선

위성 WMAP의 한 가지 더 발견은 우주가 평탄하다는 것이다. 하지만 평탄이란 무엇일까. 실은 일반상대성이론이 이끄는 우주에는 3타입이 있다. 그 우주가 「닫혀있을까, 열려있을까, 평탄할까」 라는 것이다. 이 우주의 모델은 우주의 연령이나 은하형성의 열쇠를 쥐고 있다.

닫힌 우주는 **우주의 곡률**이 플러스의 경우이다. 우주의 곡률이라는 것은 오른쪽 그림처럼 시공의 곡선을 나타내는 수치로 우주에 포함된 물질의 양으로 결정된다. 우주의 물질의 평균 밀도가 **임계량**(수소원자 5개분 정도. 1cm³정도 10^{-29}g)보다 위라면 곡률은 플러스다. 닫힌 우주를 이미지 하기 위해서 2차원의 면으로 생각하면 우주는 구면이 된다. 출발점에서 앞으로 나아가면 또 같은 장소로 돌아오기 위해 「닫고 있다」 라고 한다. 닫힌 우주에서 우주는 어느 사이에 수축한다.

곡률이 제로의 우주는 곡선이 없고 2차원으로 말하면 평탄한 면이 된다. 임계량과 같은 정도의 물질이 우주에 있는 경우다. 이 경우는 팽창한다.

곡률이 마이너스의 경우, 열린 우주가 된다. 이것은 임계량보다 물질이 적은 경우다. 2차원의 면으로 나타내면 말의 안장과 같은 형태로 설명된다. 열린 우주도 영원히 팽창을 계속한다.

우주의 3타입

닫힌 우주(곡률 플러스)에서는 탄은 우주를 일주해서 어느 사이 원래의 장소로 돌아온다.

평탄한 우주(곡률 제로)에서는 2개의 탄은 병행하여 진행한다.

열린 우주(곡률 마이너스)에서는 2개의 탄을 발사하면 점점 떨어져 간다.

일반상대성이론에서 이끌어낸 우주의 모델을 2차원의 면에 비유해서 생각하면 위와 같은 형태가 된다. 열린 우주에서는 영원히 팽창을 계속한다. 평탄한 우주에서는 팽창을 계속 하지만 어느 시점부터 팽창의 속도는 떨어진다. 닫힌 우주에서는 어느 사이에 중력에 의해서 수축으로 바뀌어 버린다.

● Tip ● 우주의 3가지 모델은 수학자이며 항공 공학자인 알렉산더 프리드먼이 주창했다.

❯ 위성 WMAP는 이렇게 분석하였다

위성 WMAP에 의한 우주의 반점관측결과, 우주의 곡률이 계산된다. 우주의 곡률이 플러스라면 반점은 보기에 실제보다도 더 큰 반점으로서 관측된다. 곡률이 제로이고 평탄하다면 반점은 실제 크기도 보이는 크기와 같다. 곡률이 마이너스로 열려있다면 보이는 반점의 크기는 실제보다도 작게 보인다. 본래의 반점의 크기와 관측된 반점의 크기를 분석한 결과 우주는 거의 평탄하다는 결과였다.

❯ 인플레이션 이론도 평탄을 예언한다

이 우주가 평탄하다고 하는 관측결과는 인플레이션 이론에 모순되지 않는다. 급격하게 팽창하여 거대화한 우주는 구면이 커지면 커질수록 굴곡이 완화되듯이 평면과 구별이 되지 않는다. 지구에서 살고 있어 지면이 평평하다고 생각하는 것과 같은 느낌이다. 인플레이션을 일으킨 커다란 우주는 평탄하다.

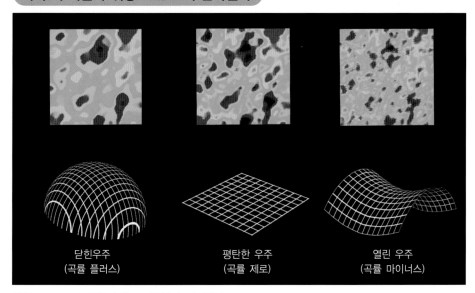

우주의 곡률과 위성 WMAP의 관측결과

| 닫힌우주 (곡률 플러스) | 평탄한 우주 (곡률 제로) | 열린 우주 (곡률 마이너스) |

위성 WMAP의 관측결과는 정중앙의 결과였다. 혹시 닫혀진 우주라면 오른쪽처럼 넓어지고 열린 우주라면 우주배경방사 반점은 왼쪽처럼 좁혀졌을 것이다. 이러한 결과로부터 우주는 평탄하다고 생각할 수 있다.

● **Tip** ● 닫힌 우주는 한때만 수축하고 원래의 빅뱅상태로 되돌아간다고 한다.

Section

우주의 연령

Key Word **허블의 정수** 은하 등의 천체의 후퇴 속도를 그 천체까지의 거리로 나눈 것. 허블 정수가 우주의 연령이 된다.

❯ 연령은 137억살 이다

위성 WMAP는 우주 탄생으로부터 약 38만년 후의 물질의 무리를 정밀하게 조사해서 우주에 존재하는 물질의 양을 이끌어 내었다. 여기부터 현재의 우주가 진화하듯이 계산된 우주의 연령은 137억살로 결론 되었다.

실은 우주의 연령은 1999년의 시점에서 120억살로 거의 확정이라고 했었다. 10억년 이상의 차이는 왜 생겼을까. 거기에는 과학자도 상상할 수 없는 사실이 잠재되어 있었던 것이다.

이 120억살이라고 하는 연령은 여성물리학자 웬디 프리드먼 등이 **허블 우주망원경**으로 한 연구였다. 원래 허블 우주망원경은 우주의 연령을 결정하는 것, 즉 허블 정수를 구하는 것을 최우선 과제로 하는 망원경이다. 우주의 연령을 결정 하는 것은 우주의 팽창 속도로 결정한다면 좋다. 팽창을 역산하면 시작을 알 수 있어 연령을 계산할 수 있기 때문이다.

위성 WMAP

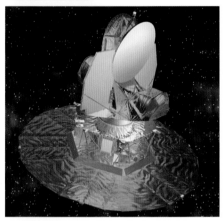

2001년 6월 30일에 쏘아 올려졌다

허블우주망원경

1990년 4월 24일에 쏘아 올려졌다

❯ 800개의 세페이드형 변광성을 사용해서 허블 정수를 결정할 수 있었다

프리드먼은 18개의 은하에서 800개의 **세페이드형 변광성**(P104)를 골라 내서 관측을 했다. 세페이드형 변광성은 주기적으로 빛을 바꾸는 별로, 같은 주기를 가지는 것은 본래 같은 밝기를 하고 있다. 외관의 밝기와 본래의 밝기를 비교하는 것으로 지구로부터 어느 정도 떨어진 별인지를 계산할 수 있다.

후퇴 속도는 빠르게 멀어지는 별이 발하는 빛만큼 파장이 성장한다고 하는 **적방편이**(P134)를 이용해 정확하게 구할 수 있다. 후퇴 속도를 천체까지의 거리로 나눈 것이 **허블 정수**이며, 이 정수를 사용하면 우주의 연령을 계산할 수 있다.

● Tip ● 적방편이는 천체가 멀어지는 속도에 비례해 빛의 파장의 진폭이 성장하는 현상.

❯ 팽창은 가속하고 있다

　1999년 그녀들은 1Mpc(326만광년) 떨어진 별의 후퇴 속도를 초속 70km로 산출해 허블 정수를 70km/s/Mpc로 결정했다. 그때부터 우주의 연령을 120억살이라고 했다.

　그녀들이 사용한 세페이드형 변광성은 태생이 잘 알려져 있는 대로 1억광년 이내의 것이다. 그런데 우주는 50억~70억년전부터 팽창속도를 가속되고 있었던(P184)것이 허블우주망원경의 다른 관측으로부터 밝혀진 것은 전에 말한 대로다. 1억광년 이내의 별에서 구한 후퇴 속도는 우주가 가속 팽창을 시작한 후의 값이다. 그 이전의 우주 팽창 속도가 더 완만했다는 것을 고려하면 우주의 연령은 한층 더 큰 값이 되는 것이다.

　이 당시, 그녀들을 포함해 많은 과학자가 우주의 팽창 속도는 빅뱅 이래, 거의 변하지 않다고 생각하고 있었다. 여기에 큰 오산이 있었던 것이다.

우주의 가속팽창

선상의 점은 관측된 초신성의 팽창속도를 나타낸다. 중간부터 가속 팽창하고 있는 것을 알 수 있다. 붉은 파선은 먼지의 흡수에 의해서 빛이 어두워지고 있는 경우의 라인.

허블정수를 구하기 위해서 사용된 약 1억광년 저편의 은하

프리드먼이 인솔하는 프로젝트 팀은 약 800개의 세페이드형 변광성을 관측하고, 허블 정수를 구했다. 이 화상은 그 중에서도 가장 빠른 1억800광년 저편에 있다.

● **Tip** ● 위성 WMAP의 우주배경방사에는, 사실은 은하단의 영향으로 생긴 흔들림도 섞여있다.

Section 17 우주의 마지막

 증발하는 블랙홀 호킹은 일반상대성이론에서는 아무것도 빠져 나갈 수 없는 구멍으로 되어 있던 블랙 홀이 실제로는 극미량의 방사를 해서 증발한다고 제창했다.

❯ 천체는 계속해서 고립해 간다

이제까지 우주의 탄생으로부터 현재까지를 개관 해 왔다. 그럼, 우주의 마지막은 도대체 어떻게 될 것이라 생각하고 있는 것인가.

우선 비교적 가까운(?!) 미래의 50억년 후에는 태양의 팽창에 의해서 지구는 태양에 삼켜져 버린다. 하지만 우주는 그런 일은 상관없이 팽창을 계속한다. 위성 WMAP가 게시한 우주는 평탄하고, 평탄한 우주는 영원히 팽창을 계속하기 때문이다.

그 뿐만 아니라, 현재의 우주는 가속 팽창하고 있다고 알려지고 있다.

공간이 넓어지기 위해서 관측할 수 있는 범위 내의 은하는 계속해서 줄어 든다. 관측에 의하면 은하계와 근처의 안드로메다 은하는 수십억 년 안에 충돌할 것 같다. 그런데 우주 팽창 때문에 합체 한 2개의 은하는 다른 은하로부터 고립한다. 모든 은하가 저마다 고독한 존재가 되어 간다.

항성의 장에서 본 것처럼 별은 진화하고 빛나지 않는 천체로 바뀐다. 공간이 팽창하는 부분, 물질의 밀도가 낮아지기 위해 새로운 별도 탄생할 수 없게 된다. 우주는 별의 마지막 모습인 백색 왜성이나 중성자성, 블랙홀뿐이다. 하지만 이것이 최후는 아니다. 블랙홀마저 결국은 증발해서 사라진다고 한다.

❯ 블랙홀 마저 증발한다

빛조차 피할 수 없는 블랙홀이 실은 다양한 소립자를 방출한다고 하는 놀랄 만한 사실은 호킹에 의해서 제창 되었다.

블랙홀의 표면 부근에서도 소립자는 **대생성**이나 **대소멸**(P162)을 한다. 대생성으로 생긴 1쌍의 소립자의 다른 한쪽이 블랙홀로 떨어지면 그 반동으로 또 한쪽이 밖으로 튀어 나간다. 이렇게 밖으로 튀어 나간 소립자에 의해서 블랙홀이 소립자를 발하고 있는 것 같이 보인다. 블랙홀은 소립자를 방출하면 질량을 잃어 반경이 작아진다. 반경이 작아지면 더욱더 방출하는 소립자는 증가하고 점점 더 작아져 마침내 소멸하게 된다. 이것을 **블랙홀의 증발**이라고 한다. 모든 블랙홀의 증발이 끝나면 우주에는 칠흑 같은 어둠이 찾아온다. 그런데도 우주는 팽창을 계속해서 어둠만이 증식을 계속한다.

그러나 생각해 보자. **M이론**으로부터 이끌어낸 **에크피로틱 우주**(P176)는 막우주끼리 충돌 하는 것으로 순환하는 우주를 제시하고 있었다. 또, 암흑에너지의 척력도 언젠가는 희박하게 되어 우주는 부서진다고 하는 설도 있다. 현재의 물리학에서는 우주의 모습을 모른다. 그 진정한 모습이 해명되는 것은 언제 일까.

증발하는 블랙홀

 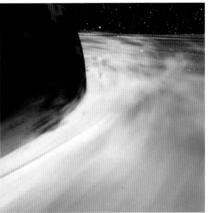

블랙홀이 증발하는 이미지. 중심에 검은 구체가 블랙홀. 위로부터 튀어 나오고 있는 것이 증발하고 있는 부분으로 블랙홀의 적도상의 빛은, 강한 중력에 의해 물질이 모이고 있다. MCG-6-30-15라고 하는 블랙홀은 이와 같이 보이는 것이 아닐까 하고 생각된다.

소립자의 대생성과 블랙홀

한쌍은 밖으로 튀어 나간다.

대생성한 소립자

한쌍은 블랙 홀로

호킹에 의하면 블랙홀의 표면 부근에는 소립자의 대생성이 격렬하게 일어나 표면 보다 가까운 쪽의 소립자가 블랙홀의 강한 중력에 끌려가서 안에 침체한다. 부딪치자 마자 대소멸 하는 것이었다. 또 한편의 소립자는 반동으로 밖에 튀어 나온다. 블랙홀은 소립자를 방출하면 질량을 잃는다. 이것을 블랙홀의 증발이라고 한다. 반경이 작아질수록 한층 더 격렬하게 증발한다.

은하중심의 블랙홀

허블우주망원경이 파악한 NGC7052. 은하중심에 태양 질량의 3억배라고 하는 주위의 물질이 희미하게 빛나는 대질량의 블랙 홀이 파악되었다.

우주의 미래

평탄한 우주의 미래는 영원히 칠흑 같은 어둠이 팽창을 계속한다. 자, 우주의 미래는 ?

●Tip● • 암흑 에너지의 정체나 양을 알면 우주의 미래에 대해 예측할 수 있다.
   • 호킹은 현재 브레인 월드의 연구에 임하고 있다.

Section 18　우주론 발견사

■ 우주론 발견사

발견자와 발견	연대	
뉴튼의 만유인력의 법칙	1687년	질량을 가지는 모든 것의 사이에 인력이 작용한다고 한다
맥스웰의 전자기 유도	1861년	전기와 자기가 같은 방정식에서 나타나는 것을 나타냈다.
플랑크의 양자 가설	1900년	에너지에 최소의 한 덩어리의 단위(양자)가 있는 것을 나타내, 양자 물리학의 세계를 열었다.
아인슈타인의 광양자가설	1905년	빛은 파로써의 성질만이 아니고 입자의 성질도 가지고 있다.
러더포드의 원자 모형	1911년	원자는, 전자와 원자핵으로부터 되는 것을 나타냈다.
아인슈타인의 일반상대성이론	1916년	물질 주위에 공간이 뒤틀려, 그 뒤틀린 곳을 따라서 물질이 운동한다는 중력 이론.
아이슈타인의 정적 우주론	1917년	우주는 팽창도 수축도 하지 않는다는 것, 일반상대성이론에 우주항을 더해 정지한 우주의 이론을 만들었다.
러더포드의 양자의 발견	1919년	원자핵 안에 양자가 있다는 것을 나타냈다.
프리드먼의 팽창우주론	1922년	일반상대성이론을 근거해 우주항을 더하지 않고 팽창하는 우주를 제창했다.
드 브로이의 물질파의 이론	1923년	입자라고 생각하고 있던 전자에도 파로서의 성질이 있다고 예언했다.
슈뢰딩거의 파동 방정식	1926년	미크로의 물질을 파로서 나타내 그 파가 어떻게 전해지는지를 나타내는 방정식을만들었다.
하이젠베르크의 불확정성원리	1927년	미크로의 세계에서는 물질의 위치와 운동량을 동시에 확정시킬 수 없다는 것을 나타냈다.
디랙의 반입자 예언	1928년	슈뢰딩거의 파동방정식에 상대성이론을 적용하면 모든 입자에 성질이 정반대의 입자가 있는 것을 예언했다.
허블의 우주팽창발견	1929년	먼 은하만큼 빠른 속도로 멀어지고 있는 것을 발견. 우주는 팽창하고 있었다.
하이젠베르크와 파울리	1929년	파이기도 하고, 입자이기도 하다는 미크로의 물질의 이상한 행동을 모순 없이 설명하는 이론을 구축했다.
채드윅의 중성자의 발견	1932년	원자핵이 중성자와 양자로부터 되는 것을 발견했다.
가모프의 빅뱅이론	1948년	우주는 초고온, 초고밀도 상태에서부터 시작했다.
토모나가와 슈잉거 파인만	1948년	장의 양자론을 사용하면 다양한 계산 결과가 무한대로 되는 문제가 있었다. 그 무한대를 『?재규격화이론』이라고 불리는 수법으로 처리해서 유한 결과적으로 요구하는 이론을 구축했다.
얀과 밀츠의 비가변 게이지 이론	1954년	「게이지이론」으로 불리는 이론을 전자기학 이외에도 확대해서 그 후, 약한 상호작용이나 강한 상호작용의 기초가 되는 이론을 구축했다.
에베렛트의 다세계해석	1957년	매크로한 물질도, 미크로한 입자가 모여서 된 것이기 때문에 양자론이 성립된 것으로 우리들이 모르는 우주 상태가 그 밖에도 많이 있다는 것을 나타냈다.
겔만의 쿼크 모델	1964년	양자나 중성자가 쿼크라고 하는 한층 더 작은 입자로부터 되는 것을 예언했다.
펜지어스와 윌슨의우주배경방사발견	1965년	빅뱅 우주의 자취이다. 우주배경방사를 파악했다.
글래쇼,와인버그,살람의 와인버그살람이론전약통일이론	1967년	약한 힘과 전자력을 통일 했다.
호킹과 펜로즈의 특이점정리	1970년	빅뱅우주를 거슬러 올라가면 모든 에너지가 1점에 집중하는 특별한 점, 특이점을 피할 수 없다는 것을 나타냈다.
난부와 베네치아노의 끈이론	1970년	양자나 중성자 등의 다양한 입자를 점이 아닌 끈으로 생각하는 이론을 만들었다.
죠자이와 글래쇼의 대통일이론 (GUT=Grand Unified Theory)	1974년	전약력과 강한 힘을 통일한 이론
베스와 즈미노의 초대칭성이론 (SUSY=Supersymmetry)	1974년	물질을 구성하는 소립자와 물질간의 상호작용을 만들어 내는 소립자를 교환 가능한 이론
사토우와구스의 인플레이션우주	1980년	초기의 우주는 초가속도적인 팽창을 했다는 이론
사카이,디모포로스와죠자이의 초대칭성대통일이론(SUSY GUT)	1981년	대통일이론에 초대칭성을 넣은 이론
비렌켄의 무에서의 우주탄생	1982년	미크로한 소우주가 무의 움직임 속에서 폭하고 나타나 인플레이션을 일으켜 현재의 우주가 되었다는 이론
호킹과 하틀의 허수시간설	1983년	우주의 시작이 허수 시간이면 특이점은 피할 수 있다는 가설.
그린과 슈바르츠의 초끈이론	1984년	끈이론에는 중력이 포함되어 있고 그 끈이론에는 초대칭성을 짜넣어 우주를 지배하는 4개의 힘을 한꺼번에 통일한다는 이론. 하지만 후에 짜넣는 방법이 5개나 있는 것으로 판명.
겔러의 우주대구조의 발견	1986년	우주에는 은하가 모여 있는 곳과 그렇지도 않은 곳이 있다는 것을 발견.
위성COBE프로젝트우주배경방사	1992년	전체를 관측해서 우주 배경방사에 극히 미소한 움직임(무리)이 있는 것을 발견. 이 무리가 우주 구조의 기본이 되었다.
가스페리니와 베네치아노의	1993년	끈이론을 우주론에 응용한 것으로 빅뱅은 통과점 이며, 빅뱅의 시작을 기점으로 시간을 거슬러 올라가면, 거기에는 가속 팽창의 반대 감속 팽창이 있다고 했다. 브레인 이론과 관련있는 것 같다.
폴친스키의 브레인	1995년	초끈이론의 끈은 D브레인 이라는 막의 위에 생겨나 있다.
위튼의 M이론	1995년	초끈이론의 차원을 1차원 올리는 것으로 초끈이론에 나타난 5개의 힘을 모두 내포 한 이론. 초대통일이론으로 부르는 소리가 높다.
알카니 그룹의 브레인 이론	1998년	막우주도 폴친스키의 브레인도 실은 같은것으로 브레인 월드라고 했다.
스타인하트와 터록의	2001년	우리들의 우주 외에도 3차원적인 막이 고차원의 시공에 떠있어 2장의 막의 충돌로 우주의 진화를 설명한다. 순환하는 우주 모델.
위성 WMAP 프로젝트의 관측결과	2003년	위성 WMAP위 관측결과로부터 우주의 연령은 137억살 인 것, 우주는 평탄한 것, 암흑물질은 23%, 암흑에너지가 73%, 남은 4%가 우리들이 알고 있는 물질로부터 되는 것을 나타냈다.

Chapter >>

05

우주의 개발

Section

로켓 개발

Key Word V-2 제2차 세계대전 중, 나치하에서 폰 브라운이 만든 역사상 최초의 유도탄 미사일. 후에 로켓의 기초가 되었다.

우주개발의 토대가 된 로켓의 기술

우주에 대한 관심을 갖고 그 불가사의한 신비를 하나씩 풀어 온 무수한 과학자가 있는 것처럼, 우주에 가고 싶다는 꿈이 인간을 강하게 움직여 그 꿈과 기술이 연결되어 우주개발도 진전되어 왔다.

그 우주개발은 로켓으로부터 시작된다. 인공위성과 스페이스 셔틀을 우주에 쏘아 올리기 위해 꼭 없어서는 안 되는 것이 로켓의 기술이기 때문이다.

로켓 자체의 역사는 중국의 **불화살**(火箭)이란 병기에

로켓의 시초

화약
대나무 통
화살촉
화약

11세기, 중국의 송나라에서 만들었던 불화살이라고 하는 병기. 이것이 로켓의 시초는 아닐까하고 생각되어지고 있다.

서 시작되었다고 한다. 하지만 그때의 로켓은 화약을 넣은 대나무 통을 화살에 붙이기만 한 간단한 것이었다.

우주를 목표로 한 과학적인 로켓의 탐구는 1858년 러시아에서 탄생한 **콘스탄틴 치올코프스키**부터 시작되었다. 그는 1898년, 후에 "치올코프스키의 공식" 이라고 불리어지는 로켓의 추진이론을 만들었다. 그 이론은 그 후의 우주여행의 기초가 되고 있다.

로켓을 몇 개인가 포개어 다단식으로 하는 아이디어와 액체수소와 액체산소를 로켓의 추진력으로 하는 방법도 그의 발상이었다.

인류 최초의 로켓 발사는 미국의 **로버트 고다드**에 의해 행해졌다. 고다드는 평생을 로켓의 연구를 계속하여, 그 기술은 훗날 아폴로 계획(P200)에도 활용되었다.

미·소의 우주개발을 이어온 2명의 거인

현대의 로켓에 직결되는 것은 제2차 세계대전 중에 만들어진 A-4로켓이다. 나치하에서 후에 미국의 우주개발을 떠맡고 가게 되는 독일인 **베르너 폰 브라운**이 이끄는 팀이 개발하여 1934년 12월에 처음으로 우주 발사에 성공했다. 이 로켓은 나치에 의해 **V-2**라고 개명 되어 제2차 대전 중에 추정 1만 2000명 이상의 희생자를 낳은 역사상 최초의 유도 미사일이 되었다. V-2는 약 1톤의 탄두를 탑재하고, 300km이상 먼 곳으로 비행이 가능하였다.

제2차 세계대전 후, 이 V-2의 기술을 기초로 하여 미국과 구 소련은 로켓의 개발을 진전시켜 간다.

V-2를 재현하여 로켓 만들기를 구 소련 정부로부터 임명받은 이는 후에 우주개발을 지켜온 **세르게이 파블로비치 코롤로프**였다.

브라운이 미국에서 행하였던 로켓 개발도, 코롤로프의 것도, 사실은 미사일 개발이었다. 그러나 다른 선인들과 같이 브라운도 코롤로프도, 우주를 꿈꾸고 우주를 지향하고 있었다.

V-2로켓의 구조

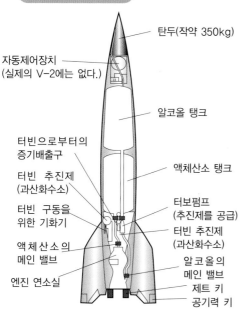

현대형 로켓의 기초가 된 V-2로켓. 전체 길이 약 14m, 직경 1.7m. 산화제의 액체산소와 연소제의 에틸 알코올은 터보 펌프에 의해 연소실로 옮겨져 연소됨으로써 로켓은 추진력을 얻는다.

베르너 폰 브라운(1912~1977)(오른쪽)과 월트 디즈니. 두 사람 사이에 있는 것은 브라운이 개발한 V-2로켓의 모형. 브라운은 디즈니의 3개의 필름에 테크니컬 디렉터로서 참가했다.

R-2A 미사일

코롤로프가 개발을 진행시킨 R-2A미사일(오른쪽). 세르게이 파블로비치 코롤로프(1907~1966) 구 소련의 우주개발을 지탱했다. (아래)

1950년 7월 24일에 케이프 커내버럴 공군 기지로부터 쏘아올려진 개량형 V-2로켓.[범퍼 8(Bumper8)]

● Tip ● • 코롤로프의 이름은 국가기밀로서 그가 죽을 때까지 밝혀지지 않았다.
• V-2 미사일은 독일어로 "Vergeltungawaffen(보복기계)"라는 의미를 갖고 있다.

우주 개발 경쟁

스푸트니크 구소련이 발사한 무인 인공위성. 전부 1호부터 5호까지 있다. 2호와 5호에는 동물이 태워졌다.

❯ 빛나는 스푸트니크 1호의 발사

1950년대, 60년대, 미국과 구소련에 있어서는 우주를 향한 도전은 국가에 있어 중요정책이 되었다. 보다 멀리 나는 로켓은 장거리 미사일의 완성을 의미했다. 우주를 향한 도전은 우수한 군사력으로 직결되는 높은 기술력을 과시하는 것이었다. 양국은 나라의 위신을 걸고, 우주 개발 경쟁으로 돌입해 갔다.

선수를 친 것은, 구소련. 1957년 10월 4일, 세계 최초의 인공위성 **스푸트니크 1호**가 코롤로프 (P194) 팀에 의해 우주에 발사 되었다. 매끈하게 다듬어진 공 모양의 스푸트니크는 해질 녘과 이른 아침의 주변이 아주 희미한 어둠에 쌓여있을 때, 태양의 빛을 반사시켜 빛나는 모습을 볼 수 있었다고 한다.

이 스푸트니크의 발사 성공은 서방제국을 떨게 했다. 우주에까지 위성을 띄우고, 지구주위를 돌게 하는 기술력을 사회주의국인 구소련이 가지고 있다는 것은, 즉 우수한 군사 미사일을 가지고 있다는 증명이 되었기 때문이다.

실은 스푸트니크가 발사되기 2년 전, 망명해 있었던 브라운(P194)은 미국에서 위성발사의 계획을 군 당국이 보류시키고 있었다. 스푸트니크의 소식을 들은 브라운은 이렇게 탄식했다고 한다.

"우리들이였다면, 2년전에 완성했을텐데!"

❯ 미소의 경쟁이 축이 되어, 우주개발이 진행되었다

스푸트니크의 발사로부터 불과 1개월 후에, 더욱 큰 충격에 휩싸였다. 개를 태웠던 **스푸트니크 2호**가 우주에 발사되어 궤도에 진입하였다는 것이다. 잡종이었던 "라이카"라는 이름의 암캐는 지구 주회 궤도를 돌며 움직인 최초의 동물이 되었다. 라이카는 우주에서 자고, 먹이를 먹고, 7일간 생존했다고 발표되어졌다.

스푸트니크

코롤로프의 지령으로 매끈한 모양의 스푸트니크 1호. 무게 약 83kg, 직경은 58cm정도.

스푸트니크 2호에 탑승하였던 개, 라이카. 우주 체류 중, 심장의 맥박을 지구로 계속 보냈다. 7일간 생존했다고 발표했지만, 4주째에는 (약 6시간 후) 생체반응이 없었다고 하는 증언도 있다.

이렇게 해서 1950년대 부터 걱정되었던 구소련이 대륙간 탄도 미사일을 완성시켜, 미국을 머지않아 사정거리 안에 둘지도 모른다고 하는 예감은 현실이 되었다. 당시 구소련에서도 개발 시키고 있었던 핵을 이런 미사일에 실어 전쟁에 이용하는 핵전쟁이 있을 수도 있다는 것이, 우주 개발이라고 하는, 언뜻 보기에 완전히 다른 형태로 백일하에 드러났다. 이 국가적인 위기는 **"스푸트니크 쇼크"**라고 불려진다.

한편 미국이 위성 발사에 성공한 것은 스푸트니크 1호의 3개월 후 1958년 1월 31일. 브라운 연구팀이 발사에 성공, 로켓에 탑재되어 있었던 위성은 "익스플로러 1호"라고 불리게 되었다. 미소의 경쟁이 축이 되어, 우주 개발이 전개되어 갔다. 이 해의 여름에는 우주 개발을 목적으로 한 조직인 **NASA(미국 항공 우주국)**가 설립 되었다.

■ 달 표면 착륙까지의 우주 개발 경쟁(역사 상 최초의 성공)

구소련	연월일		미국
인공위성 "스푸트니크1호"를 지구주회궤도 진입시켰다.	10월4일	1957년	
동물(개)을 태운 "스푸트니크 2호"가 최초로 지구주회궤도에 진입하였다.	11월3일		
		1958년	1월31일	인공위성 "익스플로러1호"로 우주에서 최초의 과학 관측
달탐사기 "루나1호(메치타)" 최초로 지구중력을 벗어났다	1월2일	1959년	8월7일	인공위성 "익스플로러6호"로서 최초로 우주에서 텔레비전으로 지구영상을 보냄
달탐사기 "루나2호" 최초로 다른 천체에 도착	9월12일		
달탐사기 "루나3호" 최초로 달의 뒷모습을 촬영	10월4일		
"스푸트니크5호"에서 동물(개 2마리)이 최초로 우주로부터 귀환	8월19일	1960년	3월11일	파이오니어5호가 최초의 심우주 탐사기 (deepspace probe)가 됨
금성탐사기 "베네라1호"가 최초로 다른 혹성을 접근통과 (플라이바이)	2월12일	1961년	
우주선 "보스토크1호"로 가가린이 최초로 유인비행	4월12일		
화성탐사기 "마스1호"가 최초로 화성을 접근통과	11월1일	1962년	8월27일	금성탐사기 "마리너2호"가 최초로 행성간 공간에서 과학적 발견
우주선 "보스토크6호"로 테레슈코바가 여성 최초로 우주에 감	6월16일	1963년	
우주선 "보스호트1호"로 최초로 3명의 승무원이 우주에 감	10월12일	1964년	
우주선 "보스호트1호"로 레오노프가 최초로 우주유영 (EVA)	3월18일	1965년	12월15일	우주선 "제미니6-A호/7호"가 최초로 랑데부 비행
금성탐사기 "베네라3호"가 최초로 다른 혹성(금성)의 대기에 돌입	11월16일		
달탐사기 "루나9호"가 최초로 다른 천체에 연착륙	1월31일	1966년		우주선 "제미니8호", 무인위성 아제나와의 도킹에 최초 성공
달탐사기 "루나10호"가 최초로 다른 천제(달)의 주회궤도에 진입	3월31일		3월16일	
		1968년	12월21일	우주선 "아폴로8호"가 최초로 다른 천체(달)를 사람이 주회함
		1969년	3월3일	우주선 "아폴로9호"가 최초의 달착륙선 유인 궤도 비행
			7월20일	우주선 "아폴로11호"로 인류가 최초로 다른 천체를 걸음

● **Tip** ●
- 브라운은 자신의 위성계획에 「미사일29」라는 코드네임을 붙여 비밀리에 로켓 등을 보존하였었다.
- 스푸트니크2호에 탔던 개 라이카는 우주선의 고장으로 기내가 가열되어 결국 열사했다고 한다.

Section 3 유인우주 비행

Key Word
보스토크   구소련에서 유인(有人)비행을 행했던 우주비행선의 이름. 1961년 세계 최초의 우주 유인 비행을 보스토크 1호로 성공시키고, 그 후 6호까지 발사가 이어졌다.

❯ 머큐리 계획과 머큐리 세븐

위성 발사로 구소련에게 선(先)이 넘겨진 미국은 1958년의 끝날 무렵 당시의 대통령 드와이트 데이비드 아이젠하워가 1961년까지 우주비행사를 우주에 떠나 보내고, 주회궤도를 돌고 다시 돌아오게 하는 **머큐리 계획**을 발표했다.

이 머큐리 계획실행을 위해서, 1958년 4월에는 **머큐리 세븐**이라고 불리어지는 7명이 선발되었다. 이와 관련하여 말하면, 1998년에 무카이 치아키(일본) 우주비행사와 함께 스페이스 셔틀 디스커버리에 탑승한 **존 글렌**이 이때의 멤버 중 한 명이다.

머큐리 세븐

미국 최초의 유인 우주비행을 위해 선발 되어진 7명. 앞줄 왼쪽에서부터 월타 시라, 도널드 슬레이트, 존 글렌, 스콧 카펜터, 앨런 셰퍼드, 가즈 다림, 리로이 쿠퍼.

❯ 1961년 인류 우주에 날아오르다

한편, 구 소련에서도 유인우주비행을 향해서 동물을 우주에 보내고, 데이터를 받을 준비가 착착 진행되고 있었다. 1960년 8월 19일에는 벨카와 스트렐카이라고 하는 2마리의 개가 지구 주회궤도에 진입하고 무사히 지구에 귀환했다.

미국에서는 햄이라고 하는 이름의 한마리 침팬지가 레드스톤 로켓에 탑재된 우주 비행사용 캡슐에 태워졌다. 그리고 1961년 1월 31일 우주로 날아올랐다. 햄의 비행이 잘 되면 3주 후에는 머큐리 세븐의 한명, 앨런 셰퍼드가 우주에 날아오를 예정이었다.

그런데 햄이 탄 캡슐에 전기계통의 트러블이 발생하였고, 또 예측하고 있었던 최대 가속도의 2배 이상의 힘이 소요되었다. 게다가 지구에 돌아와 해면에 낙하했던 때의 충격도 커, 캡슐 내부로 대량의 물이 들어와 버렸다. 그 결과로 앨런 셰퍼드의 우주 비행은 연기되었다.

그런 사이에 인류 최초의 우주비행의 영예는 구 소련이 가져오게 되었다. 1961년 4월 12일, 27세의 **유리 가가린**이 우주로 날아갔던 것이다. 가가린을 태운 **보스토크 1호**는 약 90분 지구를 한 바퀴 돌고, 무사고 귀환을 달성했다.

● Tip ● 머큐리 세븐은 필사의 도전(The Right Stuff, 1983)이라고도 불리며, 소설과 영화화도 되었다.

가가린에 의한 세계 최초의 유인비행을 알게 된 미국은 다시금 큰 타격을 받는다. 이를 이른바 "가가린 쇼크"라 한다.

셰퍼드가 우주 비행을 성공 시킨 것은 1961년 5월 5일. 현재와 같은 지구를 도는 주회궤도 비행이 아니라, 15분간의 탄도 비행이었다. 미국에서 최초의 유인 지구 주회궤도 비행은 1962년 2월 20일의 일이다. 머큐리 세븐 계획에서 3번째로 우주에 날아 올랐던 글렌이 우주선 **프렌드쉽7**(Frendship 7)로 지구를 세 바퀴 돌고, 4시간 55분의 비행을 달성했다.

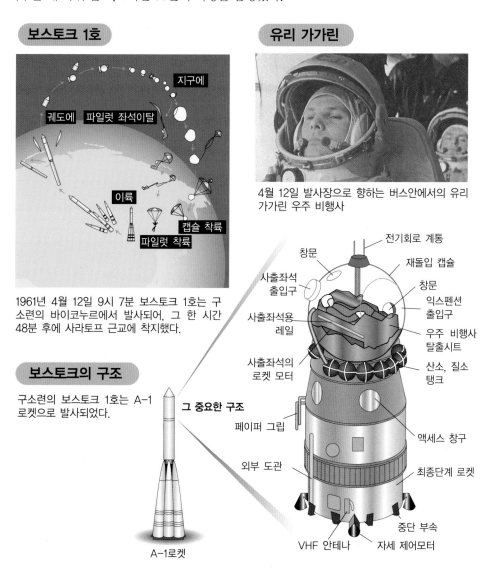

보스토크 1호

지구에
궤도에 파일럿 좌석이탈
이륙
캡슐 착륙
파일럿 착륙

1961년 4월 12일 9시 7분 보스토크 1호는 구 소련의 바이코누르에서 발사되어, 그 한 시간 48분 후에 사라토프 근교에 착지했다.

유리 가가린

4월 12일 발사장으로 향하는 버스안에서의 유리 가가린 우주 비행사

보스토크의 구조

구소련의 보스토크 1호는 A-1 로켓으로 발사되었다.

A-1로켓

그 중요한 구조

전기회로 계통
창문
재돌입 캡슐
사출좌석 출입구
창문
익스펜션 출입구
사출좌석용 레일
우주 비행사 탈출시트
사출좌석의 로켓 모터
산소, 질소 탱크
페이퍼 그립
액세스 창구
외부 도관
최종단계 로켓
VHF 안테나
중단 부속
자세 제어모터

●Tip● 구 소련은 자동 제어형의 우주선을, 미국은 비교적 우주 비행사가 조종 가능한 시스템을 만들려고 하고 있었다.

Section 4 아폴로 계획

Key Word 아폴로 11호　1969년 7월 20일 인류 최초의 유인 달 표면 착륙을 달성한 우주선. 우주 비행사는 닐 암스트롱, 마이클 콜린스, 버즈 올드린.

❯ 아폴로 계획의 탄생

1961년에 제 35대 미국 대통령에 취임한 존 F 케네디는 우주개발을 중요시하며 같은 년도 6월, 국가 긴급의 필요성으로, 사람을 달 표면에 보내고 무사히 귀환시킨다고 하는 **아폴로 계획**을 발표했다.

달이라고 하는 새로운 목표를 내걸었던 미국의 우주개발은 머큐리 계획으로 잇달아 유인비행을 성공시켜 우주에 사람을 내보내는 기술을 달성했다. 1965년 3월에는 머큐리 계획의 다음 단계인 **제미니 계획**에 돌입했다. 그 제미니 계획에서는 그때까지의 "살아서 지구로 돌아온다"고 하는 것으로부터 "조작성을 중시하다"라고 하는 스텝에 들어갔다.

한편, 구 소련에서도 정보를 계시해 가는 미국의 동향을 보면서 새로운 도전이 연이어 전개되었다. 1964년 10월 12일에는 **보스토크 1호**가 3명의 우주 비행사를 태우고 우주비행을 단행했었다. 그러나 그 우주선은 실은 한 명 탑승의 보스토크를 단순히 3명 탑승으로 했을 뿐인 말하자면 임시적인 것이었다. 좁은 선내에서는 우주복을 착용하고 3명이 함께 타는 것은 할 수 없었다. 게다가 탈출용의 방사 출입구도 3개가 마련이 안 되어 있어, 긴급 피난의 수단을 할 수가 없었다.

그런데 불과 5개월 후, 1965년 3월 18일 이번에는 보스토크 2호에 탄 2명의 우주 비행사 가운데 알렉세이 아르히포비치 레오노프가 **선외활동**(Extravehicular Activity, **EVA**)을 행하였다. 인류 최초의 우주 유영이라는 쾌거는 또 다시 구 소련에 의해 달성 되었다. 레오노프는 길이 4.8m의 위험한 줄에 지탱 받아, 21분간 우주를 유영했다.

❯ 1969년 인류는 달에 내려섰다

미국 최초의 2명 탑승은 1965년 3월 23일에 발사된 제미니 3호였다. 선외활동은 1965년 6월 3일. 구 소련의 움직임으로부터는 표면상 늦은 것처럼 보이고는 있지만, 두 기계가 합체하는 **도킹**과 접근해서 나란히 비행하는 **랑데부** 등 확실히 우주에서의 기술을 쌓아 올리고 있었다.

미국의 우주선

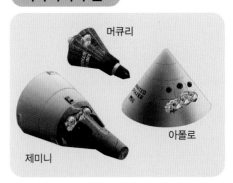

머큐리

아폴로

제미니

한명 탑승의 머큐리는 1961년부터 1963년까지 합계 5회의 유인우주비행이 행해졌다. 다음에 이어진 2명 탑승의 제미니는 1965년부터 1966년까지 10회, 그리고 3명 탑승의 아폴로는 1968년부터 1972년까지 11번의 유인비행이 행해졌다.

20개월 사이에 10회나 발사 된 제미니 계획은 1966년 11월에 종료. 아폴로 계획에 돌입했다.

1968년 12월 21일에는 아폴로 8호가 달의 주회궤도에 닿는 것에 성공, 미국은 구 소련에 대해서, 이 시점으로 달에서의 승리를 거의 손안에 넣었다. 아폴로 9호에서는 착륙기의 테스트가 행해지고, 10호에서는 달 착륙 이외의 공 들인 테스트가 이뤄졌다.

"인류에 있어서의 큰 진전이다." 1969년 7월 20일 **아폴로 11호**에서 달 표면에 착륙한 닐 암스트롱은 텔레비전의 화면 속에서 그렇게 말했다. 그 모습은 중계되어, 세계의 약 5억 명의 인구에게 알려졌다. 아폴로 11호로 인류는 마침내 달 표면 착륙을 달성한 것이다.

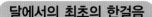

달에서의 최초의 한걸음

아폴로 11호로 달에 착륙한 닐 암스트롱과 그의 발자국.

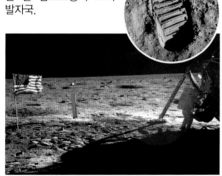

새턴 로켓/ 아폴로

사령선으로부터 내부 통로를 사용해, 2명의 우주비행사가 달 착륙기에 올라타고, 달 표면으로 착륙을 행하였다.

사령선

서비스모듈

엔진

달 착륙기

아폴로 계획의 중요한 과정

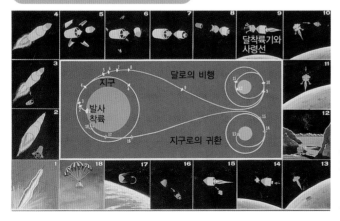

달착륙기와 사령선

지구

발사 착륙

달로의 비행

지구로의 귀환

아폴로 11호는 1969년 7월 16일 오전 9시 32분에 케네디 우주센터로부터 쏘아올려져, 7월 20일 16시 17분에 달에 착륙했다. 2시간 30분 정도 달 표면에서 활동하고, 7월 24일 12시 50분에 무사히 귀환했다.

● Tip ● • 1967년 1월 27일에는 아폴로 1호로 3명의 우주비행사가 모두 죽는 사고가 있었다.
  • 아폴로 11호 후, 17호까지 아폴로는 달을 목표로 하고 미국의 영화에서도 유명한 13호 이외에는 모두 달 표면 착륙을 달성했다.

Section **5**

스페이스 셔틀

스페이스 셔틀 크게 3개의 부분으로 구성된 우주 수송 시스템. 반복 사용 가능한 날개가 있는 오비터(Orbiter), 2개의 재사용 가능한 고체 로켓 부스터, 연료와 산화제를 공급하는 한번 쓰고 버리는 외부 탱크이다.

❯ 장대한 포스트 아폴로(POST-APOLLO) 계획

아폴로 11호의 달 표면의 착륙으로부터 2개월 후의 1969년 9월, 차세대 우주개발의 계획인 **포스트 아폴로 계획**이 발표되었다. 그것은 1975년까지 12명을 수용하는 **우주 정거장**과 **스페이스 셔틀(Space Shuttle)**을 만드는 것이다. 게다가 1976년까지 달의 주회궤도에 유인기지를 띄우고, 그 2년 후에는 달의 표면 기지를 만든다는 장대한 계획이었다.

그 포스트 아폴로 계획에 먼저로서 1968년에는 스페이스 셔틀의 계획이 개시되었지만 당초 예정되어 있었던 것은 지나치게 예산이 걸리는, 그리고 기술적으로도 곤란한 것이었다. 그 계획을 간소화하고 실현 가능한 현실적 계획으로 다시 고쳐 쓴 것이 V-2로켓을 개발한 브라운이었다. 브라운에 의해 그 계획이 현재의 스페이스 셔틀 계획의 기초가 되고 있다.

■포스트 아폴로 계획 (1969년 9월) 리처드 밀하우스 닉슨(Richard Milhous Nixon) 대통령	■신우주정책 (2005년 1월) 조지 워커 부시(George Walker Bush) 대통령
● 1975년까지 12명 수용의 스페이스 셔틀과 우주 정거장을 만듦 ● 1976년까지 달 주회궤도에 유인기지를 띄움 ● 1978년까지 달 표면 기지 만듦. 달과 지구 사이를 원자력으로 왕복하는 셔틀 실시 ● 1980년까지 50명수용의 우주 정거장 만듦 ● 1981년까지 화성 유인 비행 ● 1985년까지 지구 주회궤도 위에서 100명이 지낼 수 있는 우주정거장을 만듦	● 2010년까지 국제 우주 정거장 (P202)완성. 셔틀 은퇴 ● 2008년까지 우주심사도 가능한 새로운 우주선 CEV 만듦 ● 2014년까지 CEV를 사용한 유인 비행실시 ● 2016년 국제 우주 정거장 운용 종료 ● 2020년까지 달로 돌아와 긴 기간 달 체류하는 미션을 실시 ● 2030년 이후에 화성에 인류를 보냄

❯ 인류가 우주로 출발하기 시작한 20년째, 스페이스 셔틀은 날아올랐다

그 스페이스 셔틀이 날아오르게 된 것은 1981년 4월 12일. 신기하게도 가가린이 우주에 날아오르기 시작한 20년째의 일이다.

스페이스 셔틀은 그때까지 우주비행사를 태웠던 캡슐만이 귀환하는 것만이 아니라, 날개를 가진 **스페이스 셔틀 오비터**가 지구와 우주의 사이를 몇 번이나 왕복 할 수 있다고 하는 것이다. 비행기 타입의 우주선으로 무인(無人)으로의 비행은 사실상 할 수 없다. 그러므로 최초의 우주 발사 때도 테스트 없이 바로 행해졌다. 이 오비터의 이름은 콜롬비아호이다.

●**Tip**● 처음 우주에 날아 온 오비터는 2003년 2월 1일에 대기권 돌입 시에 대폭발을 일으켰다.

콜롬비아호는 2일간 우주를 비행하고 전 세계 사람들이 마른 침을 삼키며 지켜보는 가운데, 4월 14일 캘리포니아 주에 있는 에드워드 공군 기지에 무사히 착륙했다.

❯ 두 번의 불행한 사고

스페이스 셔틀은 이렇듯이 114회의 미션을 행하였고, 그 오비터 초기에는 콜롬비아호, 아틀란티스호, 디스커버리호, 챌린저호가 있었다. 그러나 1986년에 챌린저호가 발사 직후에 폭발해 그대신 인데버호가 첨가되어 4개의 기기로 운용 되어왔다.

스페이스 셔틀도 노후화 되고 있고 차세대 셔틀의 개발 계획이 일어나고 있었던 2003년, 이번에는 콜롬비아호가 귀환직전에 공중분해 되었다. 이 사건 이후 스페이스 셔틀은 남겨진 3개의 기기로 운용된다.

2004년 1월에 발표 되어진 미국의 **신 우주 정책**에 따르면, 2010년에는 스페이스 셔틀은 은퇴하고 새로운 우주선(CEV)이 만들어지고 있다.

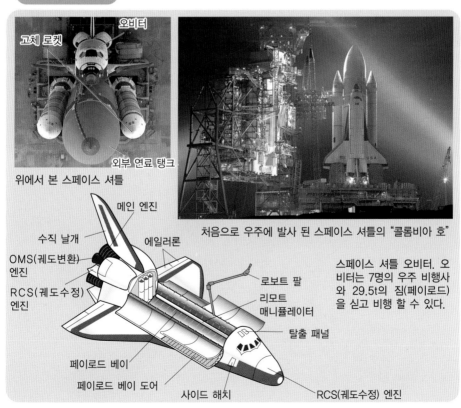

스페이스 셔틀

오비터
고체 로켓
외부 연료 탱크
위에서 본 스페이스 셔틀

처음으로 우주에 발사 된 스페이스 셔틀의 "콜롬비아 호"

메인 엔진
수직 날개
에일러론
OMS(궤도변환) 엔진
RCS(궤도수정) 엔진
로보트 팔
리모트 매니퓰레이터
탈출 패널
페이로드 베이
페이로드 베이 도어
사이드 해치
RCS(궤도수정) 엔진

스페이스 셔틀 오비터. 오비터는 7명의 우주 비행사와 29.5t의 짐(페이로드)을 싣고 비행 할 수 있다.

● Tip ● 머큐리 세븐 (P198)의 존 글렌은 77살로 스페이스 셔틀로 우주비행을 달성했다.

Section 6 우주 정거장

국제 우주 정거장 (International Space Station, ISS)　미국, 영국과 프랑스 등 유럽의 11개국 나라, 캐나다, 러시아, 일본이 공동으로 진행하고 있는 우주 정거장. 현재도 건설 중으로 2010년 완성 예정.

❯ 우주 체류 438일간의 수립

　달 표면 착륙으로 미국에게 패배한 후에도 구소련의 우주개발로의 도전은 계속 되어졌다. 그 1개가 우주 정거장「**살류트**」이다.

　1971년에는 살류트1호가 무인으로 쏘아올려지고 우주선 **소유즈**와 도킹하며 우주 정거장의 역할을 다했다. 그 후에도 살류트는 7호까지 쏘아올려져, 사람이 장기간 체류 할 수 있는 우주정거장을 위한 기술이 구소련에서 확실히 축적되어 갔다.

　1986년에는 우주 정거장「**미르**」가 쏘아올려졌다. 미르의 기본 크기는 직경 4.2m, 길이 13m. 여기에 4개의 다른 특징을 가진 모듈(지구와 같은 정도로 기압을 조정한 원통형의 용기)을 접속하고 미르는 확대되어갔다.

　이 미르는 9개국의 우주비행사, 총 100명 이상이 생활하여 우주 체류 438일간의 세계기록을 수립했다. 그 미르도 노후화와 러시아의 재정난에 의하여, 2001년 3월에는 대기권에 돌입하고 그 역할을 끝냈다.

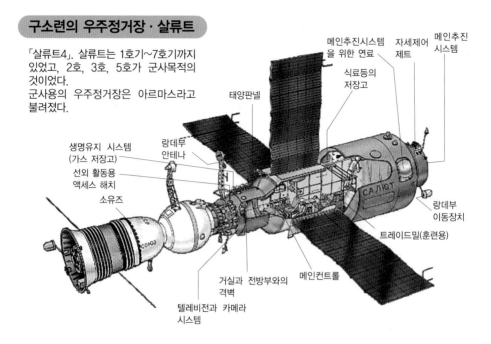

구소련의 우주정거장 · 살류트

「살류트4」. 살류트는 1호기~7호기까지 있었고, 2호, 3호, 5호가 군사목적의 것이었다.
군사용의 우주정거장은 아르마스라고 불려졌다.

메인추진시스템을 위한 연료
자세제어 제트
메인추진 시스템
식료등의 저장고
태양판넬
생명유지 시스템 (가스 저장고)
랑데부 안테나
선외 활동용 액세스 해치
소유즈
랑데부 이동장치
트레이드밀(훈련용)
거실과 전방부와의 격벽
메인컨트롤
텔레비전과 카메라 시스템

❯ 경쟁으로 국제 협조에

미르의 활약에 자극 받아 서방측에서는 1984년 미국의 호소로 **국제우주선(ISS)** 계획이 시작되었다. 영국과 프랑스 등의 유럽 11개국, 캐나다, 일본 등이 이 계획에 참가하게 되었다.

공산당의 움직임에 대항하기 시작했던 국제 우주정거장의 계획이었지만, 1991년에 소련이 붕괴하자 1993년에는 이 계획에 러시아의 참가가 결정되었다. 국제 경쟁에서 국제 협조로 국제 정세가 변하고 있는 가운데 우주 개발의 보조도 방향을 바꾸고 있었다.

1997년에는 국제 우주정거장의 기초가 되는 **자이아**가 쏘아올려졌다. 국제 우주정거장은 40회 이상의 구성부품 쏘아올림을 지나, 2010년 완성 예정이 되고 있다.

국제 우주정거장이 완성될 때에는 항시 7명의 탑승원이 체류할 수 있는 것이 되어 있고 그 내역은 러시아 3명, 미국 4명. 일본은 미국의 할당분으로부터 12.8%을 받아 대략 반년에 한 명의 배분으로 탑승할 수 있게 되어 있다.

국제 우주정거장

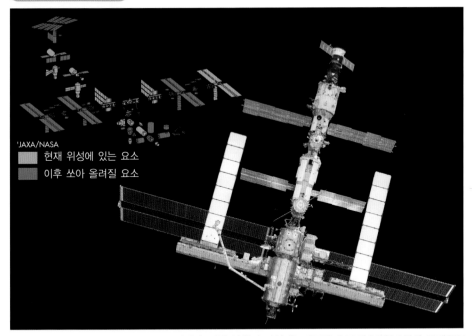

'JAXA/NASA
■ 현재 위성에 있는 요소
■ 이후 쏘아 올려질 요소

2005년 1월 25일 단계의 국제 우주정거장 진행 상황지도(위에). 사진은 2005년 8월 6일의 국제우주정거장. 노구치소라는 우주비행사가 탑승한 스페이스 셔틀·오비터「디스커버리 호」로부터 촬영되었다.

● Tip ● • 국제 우주정거장은 남극과 같이 국경 없는 장소다.
• 파라볼라 안테나는 전파 망원경에도 이용된다. 푸에르토리코의 아레시보 전파 망원경은 구경 305미터로 세계 최대이다.

Section

7

일본의 우주 개발

Key Word

펜슬 로켓　도쿄대학 이토가와 에이후라에 의해 만들어진 전체 길이 20cm의 「펜슬」이란 이름의 로켓. 이 로켓으로부터 일본의 우주개발이 시작되었다고 전해지고 있다.

❯ 50년 전, 불과 23cm의 로켓으로 시작됐다

일본의 우주개발은 **펜슬 로켓**이라고 불려지는 23cm의 정말 작은 로켓으로부터 시작되었다. 2005년 7월에 쏘아올려진 스페이스 셔틀·디스커버리호에서 노구치소라는 우주비행사가 손에 쥐고 있었던 장난감 같은 은색의 물체가 실제의 펜슬 로켓이다.

로켓에는 크게 나뉘어 2종류가 있다. **액체연료 로켓**과 **고체연료 로켓**이다. 직경 1.8cm, 크기 23cm, 무게 200g의 펜슬 로켓은 다루기 쉬운 고체연료 로켓이었다. 그 펜슬 로켓은 도쿄 대학 생산 연구소의 이토가와 에이후라에 의해 만들어졌다. 지금으로부터 50년 전,

노구치소 우주비행사와 펜슬 로켓

오비터 안에서 펜슬 로켓을 손에 쥐고 메시지를 전하는 노구치소 우주비행사.

세계의 주요한 로켓

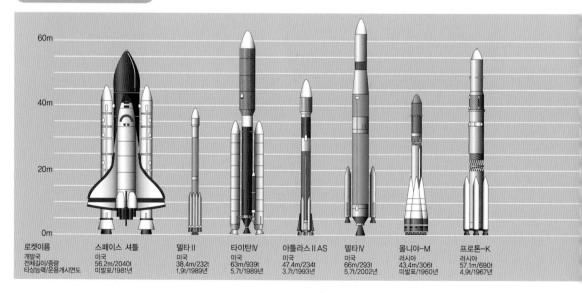

| 로켓이름 개발국 전체길이/중량 타상능력/운용개시연도 | 스페이스 셔틀 미국 56.2m/2040t 미발표/1981년 | 델타 II 미국 38.4m/232t 1.9t/1989년 | 타이탄 IV 미국 63m/939t 5.7t/1989년 | 아틀라스 II AS 미국 47.4m/234t 3.7t/1993년 | 델타 IV 미국 66m/293t 5.7t/2002년 | 몰니아-M 러시아 43.4m/306t 미발표/1960년 | 프로톤-K 러시아 57.1m/690t 4.9t/1967년 |

항공공학의 연구는 전후의 점령정책 아래에 있고 금지 되어지고 있는 중으로, 쿠로가와는 비행기보다 로켓을, 하늘보단 먼 우주를 지향했다.

펜슬 로켓의 최초 공개시사는 1955년 4월 12일. 정확히 가가린이 세계 최초의 우주비행을 성공시키기 6년 전, 일본의 우주개발은 시작되었다. 펜슬 로켓도 30cm의 펜슬300과 2단식의 펜슬 등 여러 종류의 기체가 만들어졌다. 여러 가지 데이터를 활용하여 축적된 기술은 이토가와의 일행들의 유파를 이어받은 **우주 과학 연구소(ISAS)**에 의해 베이비, 카파, 람다, 뮤, **M-V**라고 하는 고체연료 로켓으로 이어받아졌다. 한편, 액체연료 로켓은 1996년에 설립 된 **우주개발사업단(NASDA)**에 의해 개발이 진행되고, 그 **H-IIA**가 일본의 주력 대형 로켓으로 활약하고 있다.

❯ 일본의 우주개발을 지탱하는 JAXA의 탄생

일본의 우주개발을 지탱하는 단체는 바로 최근까지 3개 있으며, 우주개발을 각각 행하고 있었다. ISAS는 주로 고체연료 로켓과 혹성 · 우주연구 과학 위성개발을, NASDA는 액체연료 로켓과 실용위성 국제우주정거장 개발을 맡아왔다. 또한 **항공기술연구소(NAL)**는 주로 우주항공기 등의 연구를 중심으로 실행하고 있었다.

2003년 10월에는 이들의 단체가 통합되어 **우주항공 연구개발기구(JAXA)**가 탄생했다. 3단체의 통합으로 세계에서도 톱 클래스의 우주개발 · 우주탐사를 지향하고 있다.

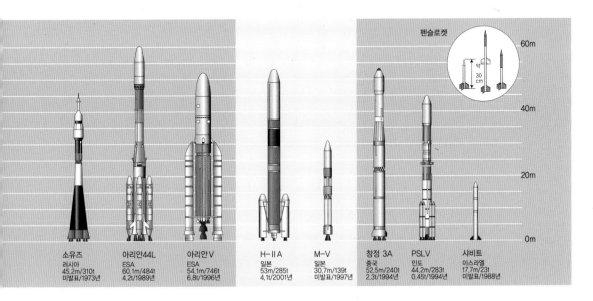

소유즈	아리안44L	아리안V	H-IIA	M-V	창정 3A	PSLV	샤비트
러시아	ESA	ESA	일본	일본	중국	인도	이스라엘
45.2m/310t	60.1m/484t	54.1m/746t	53m/285t	30.7m/139t	52.5m/240t	44.2m/283t	17.7m/23t
미발표/1973년	4.2t/1989년	6.8t/1996년	4.1t/2001년	미발표/1997년	2.3t/1994년	0.45t/1994년	미발표/1988년

펜슬로켓
약 30 cm

● Tip ●
• 고체연료는 액체연료에 비해 관리하기 쉽다. 그러므로 배치한 채 두는 미사일에 직결하는 기술이다.
• 일본은 러시아, 미국, 프랑스에 이어 세계에서 4번째로 자력으로 인공위성을 쏘아올렸다.

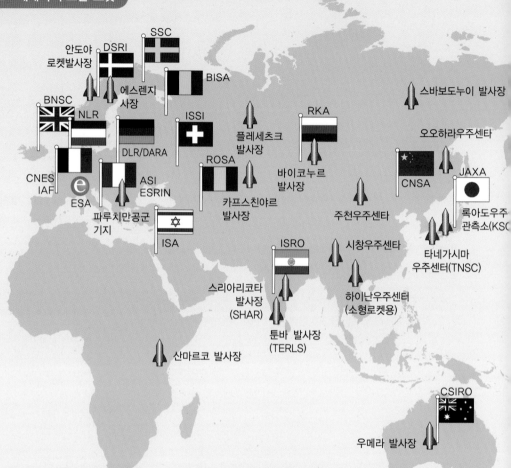

자료편 | 세계의 주요한 로켓

표준명	약칭	나라명	설립	장소
미국 항공우주국	NASA	미국	1958년 10월 1일	워싱턴DC
국제 우주정거장	ISSA	국제공동	불명	텍사스주 · 휴스턴
우주데이터시스템 자문위원회	CCSDS	국제공동	1982년 1월	워싱턴DC
브라질 국립 우주연구소	INPE	브라질	1971년 4월 22일	상조제두스캄푸스
캐나다 우주국	CSA	캐나다	1989년 5월	몬트리올
우주항공 연구기관	JAXA	일본	2003년 10월 3일	도쿄시 사포장
호주 연방과학공업 연구기관	CSIRO		1949년	캔버라
중국국가 항천국	CNSA	중국	1993년 6월	북경
러시아 연방 우주국	FSA	러시아	1992년 2월 25일	모스크바
인도 우주연구 기관	ISRO	인도	1969년	방갈로르
이스라엘 우주국	ISA	이스라엘	1983년	텔아비브
루마니아 우주협회	ROSA	루마니아	1995년	부쿠레슈티
국제 우주과학협회	ISSI	스위스	1995년 1월 31일	베른

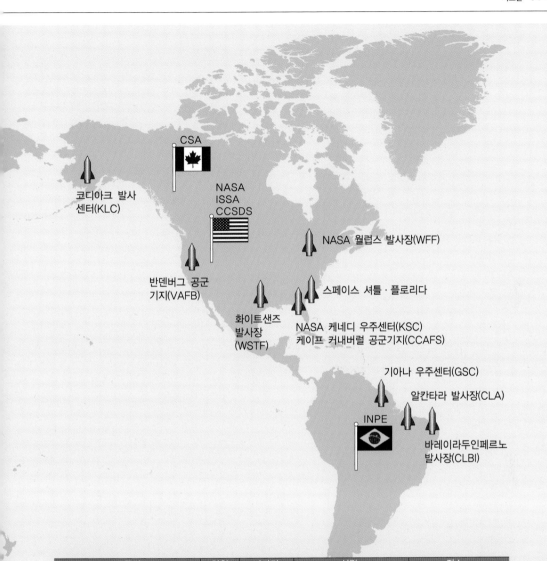

CSA

코디아크 발사
센터(KLC)

NASA
ISSA
CCSDS

NASA 월럽스 발사장(WFF)

반덴버그 공군
기지(VAFB)

스페이스 셔틀 · 플로리다

화이트샌즈
발사장
(WSTF)

NASA 케네디 우주센터(KSC)
케이프 커내버럴 공군기지(CCAFS)

기아나 우주센터(GSC)

알칸타라 발사장(CLA)

INPE

바레이라두인페르노
발사장(CLBI)

자
료
편

표준명	약칭	나라명	설립	장소
스웨덴 우주공사	SSC	스웨덴	1961년	스톡홀름 교외 소루나
벨기에 우주항공학 협회	BISA	벨기에	1964년 11월 25일	브뤼셀
덴마크 우주협회	DSRI	덴마크	1968년	코펜하겐
독일 항공우주 연구소	DLR	독일	1988년 12월 24일	쾰른
독일 우주기관	DARA	독일	1989년 4월 27일	본
이탈리아 우주 사업단	ASI	이탈리아	1988년	로마
유럽파 우주 연구소	ESRIN	국제공동	1996년	이탈리아 · 프라스카티
유럽파 우주 기관	ESA	유럽주	1975년 5월 31일	파리
영국 국립 우주센타	BNSC	영국	1985년 11월 20일	런던
네덜란드 국립 항공 우주연구소	NLR	네덜란드	1961년	암스테르담
프랑스 국립우주 연구센타	CNES	프랑스	1961년 12월	파리
국제 우주 항행 연맹	IAF	국제공동	1951년	프랑스 · 파리
노르웨이 우주센타	NSC	노르웨이	1987년	

자료편 | 세계의 인공위성

지역명			일본			유럽												
국명	구소련/CIS	미국	일본(JAXA)	일본(민간)	계	프랑스	독일	영국	이탈리아	룩셈부르크	스웨덴	스페인	체코	노르웨이	네덜란드	포르투갈	덴마크	중국
기술개발위성	817	532	23	3	26	14	8	9	9			3				1	1	1	17
(내부정지위성)	1	9	2		2				1										
과학위성	82	151	15		15	4	14	9	1		6		6					1	13
달탐사기	24	26	2		2														
혹성탐사기	42	45	3		3														
유인우주선	121	141			0														1
물자보급선	106				0														
통신방송위성	790	421	13	22	35	10	8	13	3			4			2	2			20
(내부정지위성)	111	200	10	22	32	10	4	10	3			4			2	2			17
기상위성	63	83	5		5														7
(내부정지위성)	1	81	5		5														1
지구관측위성	364	49	10		10	9	2	1	5	14	3							1	25
(내부정지위성)	3	1			0					14	3								
정찰위성	433	158			0	7													
(내부정지위성)	2	7			0														
조기경계위성	62	26			0														
항행·측정위성	244	82			0														3
(내부정지위성)																			1
측지위성	14	15	1		1	4	1		1										
아마추어무선위성	11	12	3		3	1	2	2	1										
미소중력실험	4	1	1	1	2							1							
데이터중계위성	14	10	1		1														
(내부정지위성)	14	9	1		1														
ISS 모듈	3	3			0														
그외		3			0														
합계	3194	1758	77	26	103	49	35	34	20	14	9	8	6	2	3	1	3	86
(내부정지위성)	132	307	18	22	40	10	4	10	4	14	3	4	0	2	2	0	0	19

범례: 🚀=10　=1000

아시아							아메리카					중근동						아프리카			
인도	인도네시아	한국	태국	말레이지아	파키스탄	필리핀	캐나다	브라질	멕시코	아르헨티나	칠레	호주	이스라엘	터키	이집트	UAE	사우디아라비아	남아프리카	모로코	알제리	나이지리아
2		3			2		3	1		2		2	3				3	1			
1																					
2		1					2	1	1												
16	12	3	3			1	17	8	5	5	1	7	2	3	2		3				
16	12	3	3	2		1	17	7	5	3		6	2	3	2	2	2				
1																					
1																					
14		1	1	1			4	1					1	1			1	1			1
													2								
												1									
												1									
35	12	8	4	3	2	1	26	11	6	8	1	11	8	4	2	2	6	1	1	1	1
18	12	3	3	2	0	1	17	7	5	3	0	6	2	3	2	2	2	0	0	0	0

* 데이터는 2004년말의 「우주연감 2005」 주식회사 아스토로아시에 의한 개변

자료편

자료편 |
탐사기

달탐사

나라명	계획	탐사기	발사	발사로켓	중량	운용종료	비 고
미국	파이오니어 계획	파이오니어0호	1958년8월17일	토르 에이블	38kg		발사실패
		파이오니어1호	1985년10월11일	토르 에이블	38kg		발사실패
		파이오니어2호	1985년11월8일	토르 에이블	39kg		발사실패
		파이오니어3호	1958년12월6일	주노-II	6kg		발사실패
		파이오니어4호	1959년3월3일	주노-II	6kg		달에서6만500km이내를통과
		아틀라스 에이블4A	1959년11월26일	아틀라스 에이블	169kg		발사실패
		아틀라스 에이블5A	1960년9월25일	아틀라스 에이블	176kg		발사실패
		아틀라스 에이블5A	1960년12월15일	아틀라스 에이블	176kg		발사실패
	레인저 계획	레인저1호	1961년8월23일	아틀라스 아제나B	306kg	1961년8월31일	달궤도 투입실패
		레인저2호	1961년11월18일	아틀라스 아제나B	306kg	1961년11월19일	달궤도 투입실패
		레인저3호	1962년1월26일	아틀라스 아제나B	330kg	1962년1월28일	달에서부터 실패
		레인저4호	1962년4월23일	아틀라스 아제나B	331kg	1962년4월26일	달궤도 투입실패하고, 달 뒷면과 충돌
		레인저5호	1962년10월18일	아틀라스 아제나B	341kg	1962년10월21일	달에서부터실패
		레인저6호	1964년1월30일	아틀라스 아제나B	356kg	1964년2월2일	달「고요한바다」과충돌(1964년2월2일).
		레인저7호	1964년7월28일	아틀라스 아제나B	366kg	1964년7월31일	달「구름의바다」과충돌(1964년7월31일). 4306장의 사진촬영에 성공.
		레인저8호	1965년2월17일	아틀라스 아제나B	367kg	1965년2월20일	달「고요한바다」과충돌(1965년2월20일). 7137장의 사진촬영에성공.
		레인저9호	1965년3월21일	아틀라스 아제나B	366kg	1965년3월24일	달「아르폰스·크레타」에 충돌 (1965년3월21일). 5814장의사진촬영에 성공
	서베이어 계획	서베이어1호	1966년5월30일	아틀라스 센토	995kg	1966년6월2일	달「폭풍의바다」에 연착륙. 1만1237장의 사진촬영.
		서베이어2호	1966년9월20일	아틀라스 센토	100kg	1966년9월23일	달과 충돌,, 실패
		서베이어3호	1967년4월17일	아틀라스 센토	1035kg	1967년4월20일	달「폭풍의바다」에 연착륙. 6315장의 사진촬영.
		서베이어4호	1967년7월14일	아틀라스 센토	1039kg	1967년7월17일	달표면 착륙실패.
		서베이어5호	1967년9월8일	아틀라스 센토	1005kg	1967년9월11일	달「고요한바다」에연착륙(1867년9월11일).1만8006장의사진과토양데이타 송신에 성공
		서베이어6호	1967년11월7일	아틀라스 센토	1008kg	1967년11월10일	달「중앙의 후미」에연착륙. 3만65장의 사진과 토양데이터 송신에 성공
		서베이어7호	1968년1월7일	아틀라스 센토	1014kg	1968년1월10일	달「티코·크레타」에 연착륙. 2만1274장의 사진과 토양데이터 송신에 성공
	루나 오비터 계획	루나 오비터 1호	1966년8월10일	아트라스아제나D	385kg	1966년10월29일	달주회궤도(1966년8월14일~), 달표면촬영, 달표면충돌(같은년도 10월29일).
		루나 오비터 2호	1966년11월6일	아틀라스 아제나D	390kg	1967년10월11일	달주회궤도(1966년11월10일), 달표면촬영, 달표면충돌(1967년10월11일).
		루나 오비터 3호	1967년2월5일	아틀라스 아제나D	385kg	1967년10월9일	달주회궤도(같은년도2월8일), 달표면촬영, 달표면충돌(같은년도 10월9일).
		루나 오비터 4호	1967년5월4일	아틀라스 아제나D	390kg	1967년10월6일	달주회궤도(같은년도5월8일), 달표면촬영, 달표면충돌(1967년10월6일).
		루나 오비터 5호	1967년8월1일	아틀라스 아제나D	390kg	1968년1월31일	달주회궤도(1967년8월5일), 달표면촬영, 달표면충돌(1968년1월31일).
	클레멘타인 계획	클레멘타인1호	1994년1월25일	타이탄2G	423kg	1994년5월7일	지구 플라이바이, 달주회궤도
		클레멘타인2호	미정	타이탄2G	미 정		달표면에 착륙하고, 탑재한 달표면로버로 지형의 비디오영상송신, 통신기술시험들을 계획
	루나프로스펙터계획	루나 프로스펙터 1호	1998년1월6일	아테나 2호	295kg	1999년7월31일	달의 남극에 있는 크레타에 루나·브로스베크타을얼음을 찾아내기 위해 충돌시켰다. 얼음은 확인할 수 없었다.
	그외의 달 탐사기	센토3	1965년8월11일	아틀라스 아제나	925kg		서베이어기능조사를위해 지구주회궤도에 투입
		익스플로러33호	1966년7월1일	델테E	93kg	1971년9월21일	달주회궤도투입, 우주입자와 달의 자기장관측
		센토5	1966년10월26일	아틀라스 센토	726kg		서베이어중량모형을 고지궤도에 투입, 센토재점화확인
		익스플로러35호	1967년7월19일	Delta DSV 3E1	104kg	1973년6월24일	달주회궤도투입, 우주입자와 달의 자기장관측
		아폴로15입자·자기장소형위성	1971년7월26일	아폴로15호로부터분리	36kg		달주회궤도투입
		아폴로16입자·자기장소형위성	1972년4월16일	아폴로16호로부터분리	36kg		달주회궤도투입
		익스플로러49	1973년6월10일	Delta 95	328kg	1975년6월	달주회궤도로 전파천문관측
		트레일블레이저	2003년6월	도니에부르	100kg		민간기업 트랜스오비털사에 의한 달주회위성
		아이스브레이커	2003년	프로톤	미정		민간기업 루나코프에 의한 달탐사계획
		달이코네이산스·오비타	2008년 예정	미정	미 정		달주회궤도위성.달을 화성유인비행으로 하기위한 조사목적
구소련	송도	3호	1965년7월18일	몰니아	950kg	비행중	달의 뒷면 사진촬영
		코스모스146	1967년3월10일	프로톤K·블록D	5600kg*		지구주회궤도만.
		코스모스154	1967년4월8일	프로톤K·블록D	5600kg*		지구주회궤도만.
		송도	1967년11월22일	프로톤K·블록D	5600kg*		지구주회궤도 투입실패
		4호	1968년3월2일	프로톤K·블록D	5600kg*		결과미발표.
		송도	1968년4월22일	프로톤K·블록D	5600kg*		지구주회궤도 투입실패.

참고 : http://sse.jpl.nasa.gov/missions/index.cfm, http://spaceinfo.jaxa.jp/db/kensaku_html/type1_j.html, 「스페이스 가이드2003」마루젠(丸善)주식회사, 「우주연감2005」주식회사 아스트로아시

나라명	계획	탐사기	발사	발사로켓	중량	운용종료	비 고
		5호	1968년9월14일	프로톤K·블록D	5600kg*	1968년9월21일	달주회 후, 인도양에 착수 성공(동년9월21일)
		6호	1968년11월10일	프로톤K·블록D	5600kg*	1968년11월17일	달주회 후, 구소련 영내에 착륙성공
		송도	1969년1월5일	프로톤K·블록D	5600kg*		지구주회궤도 투입실패
		7호	1969년8월7일	프로톤K·블록D	5600kg*	1969년8월14일	달주회 후, 구소련 영내에 착륙성공(동년8월14일)
		8호	1970년10월20일	프로톤K·블록D	5600kg*	1980년10월27일	달주회 후, 인도양에 착수(동년10월27일)
		1호(메치타)	1959년1월2일	A-1	361kg	비행중	달에서부터 5000km의 곳을 통과. 최초의 인공혹성
		2호	1959년9월12일	A-1	390kg	1959년9월14일	달「맑은바다」에 명중(동년9월14일)
		3호	1959년10월14일	A-1	278kg	1960년4월29일	처음 달의 뒷면 70%을 촬영
		루나	1963년1월4일	몰니야	1400kg*		실패. 지구주회궤도 투입만.
		루나	1963년2월3일	몰니야	1400kg*		지구주회궤도 실패
		4호	1963년4월2일	몰니야	1422kg	주회중	달에서 8500km을 통과, 인공혹성궤도
		루나	1964년4월9일	몰니야	1425kg*		지구주회궤도투입 실패
		코스모스60	1965년3월12일	몰니야	1470kg*		실패. 지구주회궤도 투입만.
		5호	1965년5월9일	몰니야	1476kg	1965년5월12일	달 연착륙 실패.달면 충동(동년 5월12일)
		6호	1965년6월8일	몰니야	1442kg	주회중	달 연착륙 실패.
		7호	1965년10월14일	몰니야	1506kg	1965년10월7일	달 연착륙 실패.달면 충돌(동년 10월7일)
		8호	1965년12월3일	몰니야	1552kg	1965년12월6일	달 연착륙 실패.달면 충돌(동년 12월6일)
		9호	1966년1월31일	몰니야	1583kg	1966년2월3일	달「폭풍의 바다」에 역사상 최초의 연착륙(동년2월3일).달면 파노라마 촬영
		코스모스111	1966년3월1일	몰니야	1600kg		실패. 지구주회궤도 투입만.
		10호	1966년3월31일	몰니야	1600kg	주회중	역사상 최초의 달주회궤도(동년4월3일)
		11호	1966년8월24일	몰니야	1640kg	주회중	달주회궤도(동년8월28일)
		12호	1966년10월22일	몰니야	1625kg	주회중	달주회궤도(동년10월28일)
		13호	1966년12월21일	몰니야	1590kg*	1996년12월24일	1996년12월24일 달「폭풍의 바다」에 연착륙(동년12월24일). 사진과 토양데이터 송신
		14호	1968년4월7일	몰니야	1615kg*	주회중	달 주회궤도(동년4월10일)
		루나	1969년4월15일	프로톤K·블록D	5600kg*		지구주회궤도투입 실패
		루나	1969년6월12일	프로톤K·블록D	5600kg*		지구주회궤도투입 실패
		15호	1969년7월13일	프로톤K·블록D	5600kg*	1969년7월21일	달주회궤도(동년7월17일)「위기의바다」에 충돌(7월21일)
		코스모스300	1969년9월23일	프로톤K·블록D	5600kg*		지구궤도탈출 실패
		코스모스305	1969년10월22일	프로톤K·블록D	5600kg*		실패
		루나	1970년2월19일*	프로톤K·블록D	5600kg		지구주회궤도투입 실패
		16호	1970년9월12일	프로톤K·블록D	5600kg*	1970년9월24일	1970년9월24일 달주회궤도(동년9월17일),「풍족한바다」에 연착륙(9월20일), 달표면표본을 채집하고, 소련영토안으로귀환(9월24일)
		17호	1970년11월10일	프로톤K·블록D	5600kg	1970년11월17일	달「비의바다」에 연착륙(동년11월17일), 자동 달표면 차·루노호트1호(756kg)으로 달표면 탐사.
		18호	1971년9월2일	프로톤K·블록D	5600kg*	1971년9월11일	달「풍족한바다」연착륙실패(동년9월11일)
		19호	1971년9월28일	프로톤K·블록D	5600kg*	주회중	달주회궤도(동년10월3일)
		20호	1972년2월14일	프로톤K·블록D	5600kg*	1972년2월25일	달「풍족의바다」,연착륙(동년2월21일) 달면 표본을 수집, 소련영토로 귀환(2월25일)
		21호	1973년1월8일	프로톤K·블록D	5600kg*	1973년1월15일	달「맑음의바다」에 연착륙하고, 자동 달표면차·루노호트2호(840kg)을 내리고 달표면 탐사
		22호	1974년5월29일	프로톤K·블록D	5600kg*	주회중	달주회궤도(동년6월2일)
		23호	1974년10월28일	프로톤K·블록D	5600kg*	1974년11월6일	1974년11월6일 달「위기의바다」에, 연착륙(동년11월6일), 달표면 표본 수집에 실패
		루나	1975년10월13일	프로톤K·블록D	5600kg*		지구주회궤도투입 실패
		24호	1976년8월9일	프로톤K·블록D	5600kg	1976년8월18일	달「위기의바다」에 연착륙(동년8월18일), 달표면표본수집하고, 소련영토로 귀환(8월22일)
일본		히텐(비천)	1990년1월24일	M-3SII-5	185kg	1993년4월10일	달의 플라이바이를 10회, 지구대기의 감속실험 2회, 달주회궤도투입(동년4월)브네레니우스·크레타에 낙하.
		하고로모(깃털옷)	히텐으로부터분리		11kg		「히텐」으로 분리(동년3월19일) 달 주회궤도 투입
		루나A	미정	M-V-2	540kg		달 주회궤도에 투입하고, 달 표면에 베네토레타를 박을 예정.
	셀레네	셀레네위성	미정	H-IIA	2900kg		달 주회궤도 투입후 2개의 위성을 떼어놓고, 달을 상세히 관측예정
		셀레네B	미정		2000kg		달표면에 탐사기를 연착륙시켜, 달표면이동로봇(로바)에 의한 달표면 탐사
ESA		스마트1	2003년9월27일	아리안5	350kg	진행중	달주회궤도투입(2004년11월15일)
중국	상아계획	상아호	2006년예정	장정3	130kg		주회, 착륙, 산부리탄을 행함.
인도		찬드라얀 1호	2008예정	PSLV	523kg		고도 100km의 달주회궤도로부터 2년에 걸쳐 관측 예정

*는 구소련 미발표로 미국의 추측에 의거한다.

태양 · 심우주탐사

국명	탐사기	발사	발사로켓	발사장소	중량	운용종료	비 고
미 국	파이오니어5	1960년3월11일	소에브루	케이프 커내버럴공군기지	43kg	1960년6월26일	역사상최초의 심우주 탐사기
	파이오니어6	1965년12월16일	추진력증강 델타	케이프 커내버럴공군기지	146kg		태양탐사기, 지구 공전궤도의 외측궤도에 투입
	파이오니어7	1966년8월17일	추진력증강 델타	케이프 커내버럴공군기지	138kg		태양탐사기, 지구 공전궤도의 외측궤도에 투입
	파이오니어8	1967년12월13일	추진력증강 델타	케이프 커내버럴공군기지	146kg		태양탐사기, 지구 공전궤도의 외측궤도에 투입
	파이오니어9	1968년11월8일	추진력증강 델타	케이프 커내버럴공군기지	147kg		태양탐사기, 지구 공전궤도의 외측궤도에 투입
	파이오니어E	1969년8월27일	추진력증강 델타	케이프 커내버럴공군기지	148kg	1969년8월27일	태양탐사기, 지구주회궤도 투입실패
	제네시스	2001년8월8일	델타Ⅱ	케이프 커내버럴공군기지	494kg	2004년8월9일	2년간에 걸쳐 태양풍을 수집, 지구로 회수
	솔라 · 브로브	2012년 예정	아틀라스	케이프 커내버럴공군기지	275kg		코로나의 가열과 태양풍의 가속메커니즘을 연구.
미국/구 서독일	헬리오스1	1974년12월10일	아틀라스센토	케이프 커내버럴공군기지	371kg	1986년3월15일	태양탐사기, 태양의 0.3AU이내로 접근
	헬리오스2	1976년1월15일	타이탄ⅢE센토	케이프 커내버럴공군기지	371kg	1981년1월8일	태양탐사기, 태양의 0.29AU이내로 접근
미국 /ESA	율 리 시 즈	1990년10월6일	스페이스셔틀 · 디스커버리 (STS-41)	케이프 커내버럴공군기지	370kg	진행중	ASA와의 공동운용. 태양극궤도탐사기, 극소기의 태양관측
	소호	1995년12월2일	아틀라스ⅡAS	케이프 커내버럴공군기지	1350kg	진행중	태양내부의 구조와 화학조성, 태양대기의 형성과 기원을 탐사
일본	히노토리	1981년2월21일	M-3S	우치노우라(内之浦)	188kg		태양극대기의 태양플레어관측
유 럽	파소 라오비타	2010년예정	아리안	기아나우주센타	130kg	1991년7월11일	태양으로부터 0.21AU이내의 궤도를 주회하고, 태 양표면과 대기를 관찰

수성탐사

국명	탐사기	발사	발사로켓	발사장소	중량	운용종료	비 고
미 국	마리나 10호	1973년11월3일	아틀라스 센토	케이프 커내버럴공군기지	474kg	1975년3월24일	수성3회접근,4165장의 사진을 촬영
	메신저	2004년8월3일	델타Ⅱ	케이프 커내버럴공군기지	485kg		2011년3월에 수성주회궤도에 들어갈 예정. 수성 의 내부구조등을 측정하고, 지구형 혹성의 진화를 조사함.
유럽파/ 일본	비로코론보	2009년도 예정	소유즈 · 후레가도	츄라타무	2272kg	2015년1월예정	두개의 탐사기와 1개의 착륙기를 수성에 보내 여 러가지 관측을 행함.

금성탐사

국명	탐사기	발사	발사로켓	발사장소	중량	운용종료	비 고
미 국	매리너 1호	1962년7월22일	아틀라스 아제나B	케이프 커내버럴공군기지	202kg	1962년7월22일	발사 실패.
	매리너 2호	1962년8월27일	아틀라스 아제나B	케이프 커내버럴공군기지	202kg	1963년1월3일	역사상 최초의 플라이바이, 금성으로부터3만 4827km를 통과(동년12월14일), 기온등을 측정
	매리너 5호	1967년6월14일	아틀라스 아제나D	케이프 커내버럴공군기지	245kg		비행중금성으로부터 3990km를 통과(동년10월19 일). 기온등을 측정.
	매리너 10호	1973년11월3일	아틀라스 센토	케이프 커내버럴공군기지	474kg	1975년3월24일	금성5760km의 곳을통과,(1974년2월5일)때 사진 촬영하고, 수성으로 향함
	바이오니아비 너스 1호	1978년5월20일	아틀라스 센토	케이프 커내버럴공군기지	517kg	1992년10월9일	금성주회궤도투입(동년12월6일), 1982년 하레이 혜성관측, 금성대기권에 돌입하여 소멸
	바이오니아비 너스 2호	1978년8월8일	아틀라스 센토	케이프 커내버럴공군기지	380kg	1978년12월9일	플로프를 4개 분리하여, 금성표면에 도착시켰다. 금성에 충돌.
	마 제 란	1989년5월4일	스페이스 셔틀(STS-30)	케이프 커내버럴공군기지	1035kg	1994년10월11일	금성주회궤도투입(1990년8월10일), 금성표면의 상세한 지도를 작성, 금성대기에 돌입하여, 소멸.
유럽	비너스 · 익스프레스	2005년11월예정	소유스 · 후레가도	튜라탐			금성도착(2006년4월예정).
구 소 련	스푸트니크7 호(이스포린)	1961년2월4일	몰니아	튜라탐	6843kg*		발사실패
	베네라1호	1961년2월12일	몰니아	튜라탐	644kg*		비행중전파연락불능으로 실패
	베네라	1962년8월25일	몰니아	튜라탐	890kg*		금성궤도에 오르지 못하고 실패
	베네라	1962년9월1일	몰니아	튜라탐	890kg*		금성궤도에 오르지 못하고 실패
	베네라	1962년9월12일	몰니아	튜라탐	890kg*		금성궤도에 오르지 못하고 실패
	코스모스21	1963년11월11일	몰니아	튜라탐	890kg*	1963년11월14일	금성궤도에 오르지 못하고 실패
	코스모드27	1964년3월27일	몰니아	튜라탐	6520kg*	1964년3월27일	금성궤도에 오르지 못하고 실패
	송드1호	1964년4월2일	몰니아	튜라탐	890kg*	1964년5월14일	전파연락불능으로 실패
	베네라2호	1965년11월12일	몰니아	튜라탐	963kg		비행중금성으로부터 2만4000km의곳을 통과, 텔 레비전 송신은 실패.
	베네라3호	1965년11월16일	몰니아	튜라탐	960kg	1966년3월1일	금성에 역사상최초의 페넌트 박음.(1966년11월6일)
	코스모스96	1965년11월23일	몰니아	튜라탐	6510kg*	1965년12월9일	금성궤도에 오르지 못하고 실패
	베네라4호	1967년6월12일	몰니아	튜라탐	1106kg	1967년10월18일	금성도착(동년10월18일), 대기측정

참고:http://sse.jpl.nasa.gov/missions/index.ctm,　http://spaceinfo.jaxa.jp/db/kensaku_html/type1_j.html,
「스페이스 가이드2003」마루젠(丸善)주식회사, 「우주연감2005」주식회사 아스트로아시

국명	탐사기	발사	발사로켓	발사장소	중량	운용종료	비 고
구 소 련	코스모스167	1967년6월17일	몰니아	튜라탐	1100kg*	1967년6월25일	금성궤도에 오르지 못하고 실패
	베네라5호	1969년1월5일	모루니야	튜라탐	1130kg	1969년5월16일	금성도착(동년5월16일), 대기강하중에 파괴.
	베네라6호	1969년1월10일	몰니아	튜라탐	1130kg	1969년5월17일	금성도착(동년5월17일), 대기측정강하중에 파괴.
	베네라7호	1970년8월17일	몰니아	튜라탐	1180kg	1970년12월15일	금성에 역사상 최초로 연착륙(동년12월15일), 기온등 측정.
	코스모스359	1970년8월22일	몰니아	튜라탐	6500kg	1970년11월6일	금성궤도에 오르지 못하고 실패
	베네라8호	1972년3월27일	몰니아	튜라탐	1180kg	1972년7월22일	금성에 연착륙(동년7월22일), 착륙후 50분간 대기 · 표면등을 측정
	코스모스482	1972년3월31일	몰니아	튜라탐	1180kg*	1981년5월5일	금성궤도에 오르지 못하고 실패
	베네라9호	1975년6월8일	프로톤K · 블록D	튜라탐	2300kg		진행중금성주회궤도(동년10월22일), 연착륙기(1500kg)가 파노라마촬영
	베네라10호	1975년6월14일	브로톤K · 블록D	튜라탐	2300kg		진행중금성주회궤도(동년10월25일), 연착륙기(1500kg)가 파노라마촬영
	베네라11호	1978년9월9일	프로톤K · 블록D	튜라탐	4940kg*		진행중강하선연착륙(동년10월25일), 각종데이터 송신
	베네라12호	1978년9월14일	프로톤K · 블록D	튜라탐	4940kg*		진행중강하선연착륙(동년12월21일), 각종데이터 송신
	베네라13호	1981년10월30일	프로톤K · 블록D	튜라탐	5000kg*		진행중금성연착륙(1982년3월1일), 최초의 카라사진 송신, 토양분석등.
	베네라14호	1981년11월4일	프로톤K · 블록D	튜라탐	5000kg*		진행중금성연착륙(1982년3월5일), 카라사진송신, 토양분석등
	베네라15호	1983년6월2일	프로톤K · 블록D	튜라탐	4000kg		진행중금성주회궤도(1983년10월10일), 금성표면과대기심사
	베네라16호	1983년6월7일	프로톤K · 블록D	튜라탐	4000kg		진행중금성주회궤도(1983년10월14일), 금성표면과대기심사, 북극부의 레이더 영상.
	베가1호	1984년12월15일	프로톤K · 블록D	튜라탐	2500kg		금성에 도착(1985년6월10일)하고, 스윙바이, 핼리혜성에.
	베가2호	1984년12월21일	프로톤K · 블록D	튜라탐	2500kg		금성에 도착(1985년6월14일)하고, 스윙바이, 핼리혜성에.
일본	플래니트C	2008년예정	M-V	우치노우라	647kg		2009년9월 금성 주회궤도 투입예정. 적외선 · 자외선카메라에 따른 금성대기의 입체적조사. 혹성환경이 만들어진 구조와 기후변동을 해명함.

화성탐사

국명	탐사기	발사	발사로켓	발사장소	중량	운용종료	비 고
미 국	마리나3호	1964년11월5일	아틀라스 아제나D	케이프 커내버럴공군기지	261kg	1964년11월5일	화성궤도에 오르지 못하고 실패
	마리나4호	1964년11월28일	아틀라스 아제나D	케이프 커내버럴공군기지	261kg	1965년10월1일	화성으로부터 9600km를 통과(1965년7월14일), 21장의 사진촬영, 및 대기등관측
	마리나6호	1969년2월24일	아틀라스 센토	케이프 커내버럴공군기지	412kg	1969년7월31일	화성으로부터 3429km를 통과(동년7월31일), 75장의 사진촬영 및 대기등 관측
	마리나7호	1969년3월27일	아틀라스 센토	케이프 커내버럴공군기지	412kg	1969년8월5일	화성으로부터 3430km를 통과(동년8월5일), 126장의 사진촬영 및 대기등 관측
	마리나8호	1971년5월9일	아틀라스 센토	케이프 커내버럴공군기지	559kg	1971년5월9일	발사에 실패
	마리나9호	1971년5월30일	아틀라스 센토	케이프 커내버럴공군기지	559kg	1972년10월27일	화성주회궤도(동년11월13일), 화성표면의 71%를 촬영
	바이킹1호	1975년8월20일	타이탄IIIE 센토	케이프 커내버럴공군기지	883kg	오비타:1980년8월7일 랜더:1982년11월13일	화성주회궤도에 들어가,착륙기(1180kg)을분리,1976년7월20일 연착륙.
	바이킹2호	1975년9월9일	타이탄IIIE 센토	케이프 커내버럴공군기지	883kg	오비타:1978년7월25일 랜더:1980년4월12일	화성주회궤도에 들어가,착륙기(1180kg)을분리,1976년9월3일 연착륙.
	마즈 · 오브사바	1992년9월25일	타이탄III	케이프 커내버럴공군기지	1018kg	1993년8월22일	통신두절
	마즈 · 구로바르 사베이야	1996년11월7일	델타II	케이프 커내버럴공군기지	1030kg	주회중	화성을 남북방향으로 도는 극주회궤도투입(1997년9월11일), 5만8000장이상의 화상촬영
	마즈 · 바이파인다	1996년12월4일	델타II	케이프 커내버럴공군기지	463kg	1997년10월7일	소형화성탐사기 소자나와 마이크로 · 로바가 연착륙(1994년7월4일), 암석의 분석과 기상관측.
	마즈 · 쿠라이메토 · 오비타	1998년12월11일	델타II	케이프 커내버럴공군기지	338kg	1999년9월23일	화성주회궤도투입실패.
	마즈 · 폴라 · 랜더	1999년1월3일	델타II	케이프 커내버럴공군기지	290kg	1999년12월3일	통신두절.
	2001마즈 · 오딧세이	2001년4월7일	델타II	케이프 커내버럴공군기지	376kg	운용중	화성주회궤도투입(동년10월23일). 화성구성물질과 물의 분포조사등을 실시.
	2003마즈 · 에크스브로레션 로바	2003년6~7월	델타II	케이프 커내버럴공군기지	150kg	운용중	같은 착륙차로바「스피릿」가 2004년1월25일에, 「오퍼튜니티」가 2004년1월4일에 착륙. 생명의 흔적등에 관한 조사를 행함.

화성탐사

국명	탐사기	발사	발사로켓	발사장소	중량	운용종료	비 고
미국	화성정찰오비타	2005년7~8월	아틀라스III		약1975kg		30cm의 고분해능센서로 물의 좌우를 구하고 화성표면관측.
	마즈·리코나이산스·오비타	2005년8월17일	아틀라스V	케이프 커내버럴공군기지		진행중	2006년3월 화성도달예정.30cm의 고분해능으로 화성표면 촬영예정
	피닉스	2007년8월28일 예정	델타II	케이프 커내버럴공군기지		계획중	화성 북극에 착륙하고, 화성 물역사에 도전함. 2008년5월18일 착륙예정
	스카우트	2007년 예정				계획중	중소형관측미션, 복수의 소형 랜더, 기구, 비행기등의 미션예정
	마즈·텔레커뮤니케이션·오비터	2009년1월1일 예정				계획중	마즈·사이언스·레버러토리를 위한 고속데이터통신을 행할예정
	마즈·사이언스·래버러토리	2009년 예정				계획중	착륙기 랜더에 가동식과학실험실이 되는 로버탑재
	마즈·샘플·리턴·랜더	2011년 예정				계획중	화성의 바위를 지구에 가지고 갈 계획.2012년착륙. 2014년 지구에 샘플리턴.
	마즈·스카우트2	2011년 예정				계획중	소형관측미션, 복수의 소형랜더, 기구, 비행기등의 미션을 예정.
구소련	마르스	1960년10월10일	몰니아	튜라탐	640kg*		발사에 실패
	마르스	1960년10월14일	몰니아	튜라탐	640kg*		발사에 실패
	마르스	1962년10월25일	몰니아	튜라탐	890kg*		화성궤도에 오르지 못하고 실패
	마르스1호	1962년11월1일	몰니아	튜라탐	893kg	1963년6월19일	화성으로부터 19만300km를 통과. (1963년6월19일경), 전파연락두절
	마르스	1962년11월4일	몰니아	튜라탐	890kg*		화성궤도에 오르지 못하고 실패
	송드2호	1964년11월30일	몰니아	튜라탐	890kg*		1965년4월화성에서부터 1500km이내를 통과..접근 전에 전파두절.
	마르스	1969년3월27일	프로톤K·블록D	튜라탐	4850kg		발사에 실패
	마르스	1969년4월2일	프로톤K·블록D	튜라탐	4850kg		발사에 실패
	코스모스419	1971년5월10일	프로톤K·블록D	튜라탐	4650kg	1971년5월10일	화성궤도에 오르지 못하고 실패
	마르스2호	1971년5월19일	프로톤K·블록D	튜라탐	2265kg		주회중화성주회궤도(동년 11월27일)페넌트를 화성에 명중.
	마르스3호	1971년5월28일	프로톤K·블록D	튜라탐	2265kg	1971년12월2일	화성주회궤도(동년 12월2일)착륙캡슐(450kg)이 연착륙하는 것도 20초로 연락두절.
	마르스4호	1973년7월21일	프로톤K·블록D	튜라탐	2270kg*	1974년2월10일	화성주회궤도에 들어가는것에 실패하고, 2200km부근을 통과. 사진촬영.
	마르스5호	1973년7월25일	프로톤K·블록D	튜라탐	2270kg*		화성주회궤도(1974년2월12일)사진촬영등.
	마르스6호	1973년8월5일	프로톤K·블록D	튜라탐	635kg*	1974년3월12일	화성주회궤도(1974년3월12일), 착륙캡슐이 연착륙하는것도 1초로 연락두절.
	마르스7호	1973년8월9일	프로톤K·블록D	튜라탐	1200kg*		화성주회궤도투입에 실패. 화성에서 2200km부근을 통과.관측데이터송신
	포보스1호	1988년7월7일	프로톤K	튜라탐	6220kg	1988년9월2일	통신두절
	포보스2호	1988년7월12일	프로톤K	튜라탐	2600kg	1989년3월27일	화성주회궤도(1989년11월29일), 화성의 위성 포보스탐사목적이었지만, 통신두절.
	마르스96	1996년11월16일	프로톤K	튜라탐	1750kg		러시아주도, 구미20개국이상참가.화성에 향하는궤도에 오르지못하고실패.
	포보스·소이루	2009년9월예정일	소유즈	튜라탐			화성탐사와 위성포보스의 샘플리턴계획.
유럽	마즈·익스프레스	2003년6월2일	소유즈	튜라탐	666kg		저생산비로 화성탐사.화성주회궤도(동년12월25일),대기와 지표탐사.
	네트랜더	2007년 예정	아리안V		미정		프랑스국립우주센타 최초의 화성탐사로 NASA의 디스커버리계획의 일환.
일본	노조미(플래니트B)	1998년7월4일	M-V-3		3722kg		화성주회궤도투입을 중지(2003년12월).

수성·토성·천왕성·해왕성·명왕성탐사

국명	탐사기	발사	발사로켓	발사장소	중량	운용종료	비 고
미국	파이오니아10호	1972년3월3일	아틀라스센토	케이프 커내버럴공군기지	285kg	1997년(비행중)	1973년12월3일 목성에서13만1500m의곳까지 접근, 목성과 그 의위성을 촬영과 관측. 1983년6월13일에 해왕성궤도통과,태양계탈출.2002년3월월통신성공.
	파이오니아11호	1973년4월6일	아틀라스센토	케이프 커내버럴공군기지	259kg	1996년말(비행중)	1974년12월2일목성에서4만1000km까지 접근, 목성과 그의 위성을 촬영,관측.1979년9월2일 토성에서 21만4000km까지 접근, 토성과 그의 위성을촬영,관측. 1990년 2월23일 해왕성궤도 통과, 태양계탈출. 통신두절.
	보이저2호	1977년8월20일	타이탄IIIE센토	케이프 커내버럴공군기지	722kg	비행중	1979년7월9일목성에서65만km까지 접근,사진촬영,관측. 1979년9월2일 토성에10만1000km의 곳까지접근,촬영과 관측.1990년2월14일59억km로부터 태양계전체를 촬영.
	보이저1호발사	1977년9월5일	타이탄IIIE센토	케이프 커내버럴공군기지	722kg	비행중	1979년3월5일목성에서27만8000km까지접근,사진촬영과관측. 1980년11월12일토성에서12만4000km까지접근,사진촬영과 관측. 그 후 태양계탈출. 1990년2월14일태양계전체를촬영.

참고 : http://sse.jpl.nasa.gov/missions/index.ctm,
http://spaceinfo.jaxa.jp/db/kensaku_html/type1_j.html,
「스페이스 가이드2003」 마루젠(丸善)주식회사, 「우주연감2005」 주식회사 아스트로아시

국명	탐사기	발사	발사로켓	발사장소	중량	운용종료	비 고
미국 / 유럽	갈릴레오	1989년10월18일	스페이스셔틀 (STS-34)	케이프 커내버럴공 군기지	2380kg	2003년9월	목성탐사위성. 1995년7월13일에본체로부터 프로브를 분리하고, 1995년12월목성주회궤도.12월7일프로.
	뉴호라이즌	2006년11월1일예정	델타Ⅳ또는	케이프 커내버럴공 군기지	463kg	계획중	명왕성과 카이퍼·벨트의 탐사계획.
	프로메테우스원	2015년예정	아틀라스Ⅴ		2523kg	계획중	목성의위성 칼리스토,가니메데,에우로파의탐사계획
	파캇츠니	1997년10월15일	타이탄IVE 센토	케이프 커내버럴공 군기지		진행중	국제공동토성탐사.2000년12월목성에 접근,탐사기 갈릴레오와 합동관측.2004년7월1일토성주회궤도,12월14일프로브「호이겐스」,(319kg)분리.

혜성·소혹성 탐사

국명	탐사기	발사	발사로켓	발사장소	중량	운용종료	비 고
미국	아이스3	1978년8월12일	델타	케이프 커내버럴공 군기지	390kg	1997년5월5일	1985년9월쟈코비니진나혜성에 7800km까지 접근관측.1986년 3월28일 할리혜성에3200만km까지접근, 관측.
	니어·슈메이커	1996년2월17일	델타Ⅱ	케이프 커내버럴공 군기지	478kg	2003년1월1일	소혹성 에로스의주회궤도(2000년2월).3~5m의분해능으로 에로스표면의모든영상촬영. 2001년2월12일,연착륙.
	딥·스페이스1호	1998년10월24일	델타Ⅱ	케이프 커내버럴공 군기지	374kg	2001년12월	1999년7월29일에소혹성 브라유에26km까지 접근과 관측. 2001년9월21일에는 보레리혜성에 접근관측
	스타더스트	1999년2월7일	델타Ⅱ	케이프 커내버럴공 군기지	300kg	진행중	2004년1월2일에 위르도2혜성과접근,혜성의코마로부터 물질을 채집하여 2006년에지구로 귀환예정
	콘시아	2002년7월3일	델타Ⅱ	케이프 커내버럴공 군기지	328kg	2002년8월	통신두절
	딥·인파크트	2005년1월12일	델타Ⅱ	케이프 커내버럴공 군기지	650kg	진행중	2005년7월4일 약350kg의인파크타(충격탄)를 텐뻬루 제1혜성 예충돌시켰다.날아오르는 먼지를 조사내부의 조성을 찾음.
	니프	2004년~2006년 예정	아리안Ⅴ			계획중	민간기업에 의한 세계최초의 상업목적우주탐사. 소혹성 네레우스의영상촬영,과학탐사,금과 플라티나등의 희귀한금속탐사
	돈	2006년5월27일 예정	델타Ⅱ		미정	계획중	소혹성 베스타와 케레스의궤도를주회하고,관측.베스타는2007년10월,케레스는2014년8월도착예정
구소련	베가1호	1984년12월15일	프로톤	튜라탐	2500kg		1985년금성관측 후 1986년3월6일할리혜성에8889m까지접근.
	베가2호	1984년12월21일	프로톤	튜라탐	2500kg		1985년금성관측 후 1986년3월9일할리혜성에8030m까지접근.
유럽	조토	1985년7월2일	아리안	기아나우주센타	950kg	1992년7월23일	1986년3월14일 할리혜성에 접근한 탐사기안에서 가장 가까운 670km까지 접근,핵의관측,측정등을 행하였음.
	로젯타	2004년3월2일	아리안Ⅴ	기아나우주센타	1200kg	진행중	2014년5월,츄류모흐·게라시멘코혜성의 주회궤도에도착예정. 착륙기「필러에」를 착륙시킬 예정.
일본	스이세이(플래니트)	1985년8월18일	M-3SⅡ-2	우치노우라	140kg		1986년3월8일헬리혜성에15만km까지 접근, 혜성코마의 관측 등.
	하야부사	2003년5월9일	M-V-5	우치노우라	360kg	진행중	2005년9월12일,소혹성 이토카와에도착.샘플리턴을계획하고있음.

일본의 과학위성

	위성명	발사	발사로켓	발사장소	중량	비 고
지구관측위성	TRMM	1997년11월28일	H-Ⅱ-6	타네가시마	3500kg	열도·아열도의 강우관측. 일,미공동개발
	아쿠아	2002년5월4일	델타Ⅱ	반덴버그 공군기지	3117kg	일,미,브라질의 공동개발
	칸타쿤	2002년12월14일	H-ⅡA	타네가시마	50kg	고래의 생태, 해양환경조사.
	IGS	2003년3월28일	H-ⅡA	타네가시마		정보수집위성
	히마와리6호	2005년2월26일	H-ⅡA	타네가시마	1400kg	항공기관제를 위한 항공미션과 기상관측.
	ALOS	2005년도여름이후	H-ⅡA	타네가시마	4000kg	세계최대급의 지구관측위성
	MTSAT-2	2005년도예정	H-ⅡA	타네가시마	1400kg	운수다목적 위성
	IGS	2005년도예정	H-ⅡA	타네가시마		정보수집위성
	GOSAT	2005년도예정	H-ⅡA	타네가시마		이산화탄소의 농도분포를 관측.
우주실험·관측위성	USERS	2002년9월10일	H-ⅡA3	타네가시마	1800kg	차세대형 무인 우주실험 시스템
지구주변관측위성	아케보노	1989년2월22일	M-3S-Ⅱ-4	우치노우라	295kg	오로라의 발광현상관측.
	GEOTAIL	1992년7월24일	델타Ⅱ	케이프 커내버럴공군기지	970kg	자기권 미분의 플라스마관측등.
천문관측위성	하루카	1997년2월12일	M-V-1	우치노우라	823kg	대형정밀 전개 구조등 연구
	스자쿠	2005년7월10일	M-V	우치노우라	1700kg	X선천문위성. 블랙홀과 활동은하등 관측.
	ASTRO-F	2005년도겨울예정	M-V	우치노우라	960kg	적외선 천문위성. 은하형성·진화,성생성 성간물질 관측등.
	SOLAR-B	2006년도이후	M-V	우치노우라	900kg	태양표면 자기장의 측정과 x선관측.

자료편

COLUMN | 지구외 지적생명 탐사(SETI ; Search for Extra Terrestrial Intelligence)

🔵 이 우주 어딘가에 우리들과 같은 지적인 생명체가 있는 것은 아닌가

이 우주 어딘가에 우주의 시작과 끝에 관하여 이리저리 생각하는 지적인 생명체는 없는 것일까. 태양계에는 어쩐지 우리들과 같은 정도의 문명을 가진 생명체는 없는 것 같다. 그러나, 태양계외에는, 은하계외에는 어떨까. 우리들의 존재를 알리는 또는 그러한 생명체로부터의 신호를 받는 과학적인 노력을 계속해왔다.

그것은, 1960년의 오즈마 계획이 시작이었다. 미국의 프랭크 드레이크박사의 연구계획으로 지적생명체로부터의 전파를 잡자고 하는 것이다. 방송과 휴대전화등, 우리들도 우주에 향하여 여러가지 전파를 보내고 있다. 그러한 전파를 전파망원경으로 파악하는 계획이었다.

역으로, 그쪽에서부터 메시지를 보내는 시험도 행해지고 있다. 미국의 계획 「콘택트」의 원작으로도 알려진 칼 세이건은, 1974년 아레시보천문대로부터 헤라클레스좌의 구상성단 M13에 향해, 펄스신호로 메시지를 보냈다. 이 아레시보·메시지는 2만4000년 걸쳐 M13에 닿게 된다.

또 NASA의 탐사기 파이오니아와 탐사기 파이자에는 남녀의 모습과 지구의 위치등을 기록한 금속판과 지구의 여러가지 소리를 넣은 디스크등이 탑재되어 있다. 4개의 탐사기는 각각 지구의 메세지를 가지고 우주를 향해 중

이다. 어느 사이엔지 지적생명체에 회수되어 그 메시지가 해독되는 날을 애타게 기다리고 있다.

🔵 누구라도 참가할 수 있는 SETI@home

컴퓨터만 가지고 있다면, 누구라도 지구외에 있는 생명체를 찾는 기회가 있는 획기적인 프로젝트도 진행 중이다. 1996년부터 시작된 SETI@home라고 하는 프로젝트로, 어느 소프트웨어를 다운로드하고 자택의 컴퓨터의 놀고 있는 시간을 이용하여 프로젝트로부터 보내지는 데이터를 해석한다. 해석결과를 프로젝트에 송부하면, 그 안에 지구외에 있는 생명체의 신호가 발견된다면 SETI@home으로부터 연락이 온다. 집안의 작은 컴퓨터가 창구가 되어 광대한 우주의 누군가와 자신이 연결되는 가능성이 있다.

드레이크 방정식

오즈마 계획을 시작한 프랭크 드레이크박사가 1961년에 발표한 은하계내의 지구외지적생명체가 만든 문명의 수를 계산하는 식이다. 가정하는 수치에 따라 결과는 N=1 (지구만)에서 100만 이상까지 다양하다. 그러나, 이 식이 지구외생명탐사의 이론적인 지주가 되고 있다.

$$N = N^* \times fp \times ne \times fl \times fi \times fc \times fL$$

N	은하계에 존재하는 지구외의 문명의 수
N*	은하계에서 별이 태어나는 속도
fp	혹성계를 가지는 별의 비율(%)
ne	하나의 성계로 생명이 존재할 수 있는 혹성의 평균수
fl	그 혹성 안에서 생명이 발생하는 비율(%)
fi	발생 한 그 생명이 지적생명체에까지 진화하는 비율(%)
fc	그 지적생명체가 성간통신을 행하는 비율(%)
fL	성간통신을 행할 수 있는 문명의 존속기간년)

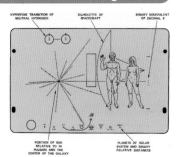

파이오니아 10호, 11호에 태워진 금속판에 그려진 그림. 파루사에 대한 태양계의 위치, 태양계의 구성과 지구로부터 여행을 떠나는 파이오니아, 그리고 파이오니아를 배경으로 한 사람의 그림등이 그려져 있다.

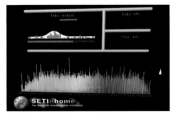

컴퓨터로의 해독 화면.

SETI@home(세티앳홈)은 인터넷에 연결된 컴퓨터를 사용하여 지구외 지적생명체를 찾는 프로젝트이다. 무료소프트웨어를 다운로드하면 이 연구에 누구라도 참가할 수 있다.

SETI@home의 한국어 URL은 http://kath2.koreaathome.org/

※korea@Home(KISTI ; 한국과학기술정보연구원)이 SETI KOREA(KASI ; 한국천문연구원)로 변경예정

여기에서 에이전트라는 소프트웨어를 다운로드 할 수 있다.

What's 우주 속이 보인다

2010년 4월 1일 초판인쇄
2010년 4월 10일 초판발행

編 著 : 신성출판사편집부
譯 編 : 임 봉 희
발행인 : 김 길 현
발행처 : 도서출판 골든벨
등 록 : 제 3-132호(87.12.11)
　　　　　ⓒ 2010 Golden Bell
ISBN : 978-89-7971-875-1

● 주소 : 140-100　서울특별시 용산구 문배동 40-21
● TEL : (02)713-4135　● FAX : (02)718-5510
● E-mail : gbpub@gbbook.co.kr　● http://www.gbbook.co.kr

정가 15,000원

Staff

- 번역책임 : 김 병 훈
- 초벌번역 : 강수진, 김가희, 최은주
- 1차 교정 : 임 봉 희
- 국어교정 : 조 경 미
- 교   열 : 임봉희, 김길현
- 본문디자인 : 예나루 기획(장은정)
- 커버디자인 : 유 병 용
- 제작진행 : 최 병 석
- 공급관리 : 안봉호, 장효정, 김경아
- 마 케 팅 : 우병춘, 양공용, 김길현